图文精解建筑工程施工职业技能系列

钢　筋　工

高　原　主编

中国计划出版社

图书在版编目（CIP）数据

钢筋工 / 高原主编. -- 北京 : 中国计划出版社,
2017.1
图文精解建筑工程施工职业技能系列
ISBN 978-7-5182-0530-1

Ⅰ. ①钢… Ⅱ. ①高… Ⅲ. ①配筋工程－工程施工－
职业培训－教材 Ⅳ. ①TU755.3

中国版本图书馆CIP数据核字(2016)第269346号

图文精解建筑工程施工职业技能系列
钢筋工
高　原　主编

中国计划出版社出版发行
网址：www. jhpress. com
地址：北京市西城区木樨地北里甲 11 号国宏大厦 C 座 3 层
邮政编码：100038　电话：(010) 63906433 (发行部)
北京天宇星印刷厂印刷

787mm×1092mm　1/16　13 印张　310 千字
2017 年 1 月第 1 版　2017 年 1 月第 1 次印刷
印数 1—3000 册

ISBN 978-7-5182-0530-1
定价：37.00 元

《钢筋工》编委会

主　编： 高　原

参　编： 徐　鑫　　任明法　　张俊新　　刘凯旋

蒋传龙　　王　帅　　张　进　　褚丽丽

许　洁　　徐书婧　　王春乐　　李　杨

郭洪亮　　陈金涛　　刘家兴　　唐　颖

前　言

钢筋工是指使用工具及机械，对钢筋进行除锈、调直、连接、切断、成型、安装钢筋骨架的人员。随着我国社会经济快速发展，城市建设突飞猛进，提高工程质量尤为重要。钢筋工已成为建筑业中的主要工种之一，由于建筑施工多为露天、高处作业，施工环境和作业条件差，不安全因素较多；现场作业人员组成比较复杂，流动性大，存在安全意识淡薄、自我防护能力差等问题；施工作业过程中，违章指挥、冒险作业等不遵章守纪现象有较多存在，从而发生了一次次安全事故，造成了人员伤亡和财产损失。因此，我们组织编写了这本书，旨在提高钢筋工专业技术水平，确保工程质量和安全生产。

本书根据国家新颁布的《建筑工程施工职业技能标准》JGJ/T 314—2016以及《混凝土结构工程施工质量验收规范》GB 50204—2015、《房屋建筑制图统一标准》GB/T 50001—2010、《钢筋焊接及验收规程》JGJ 18—2012、《钢筋机械连接技术规程》JGJ 107—2010、《冷轧带肋钢筋》GB 13788—2008、《预应力混凝土用钢丝》GB/T 5223—2014、《预应力混凝土用钢绞线》GB/T 5224—2014等标准编写，主要介绍了基础知识、钢筋工识图、钢筋的配料与代换、钢筋的加工机具、钢筋的加工技术、钢筋连接、钢筋绑扎安装、钢筋工程质量与安全等内容。本书采用图解的方式讲解了钢筋工应掌握的操作技能，内容丰富，图文并茂，针对性、系统性强，并具有实际的可操作性，实用性强，便于读者理解和应用。既可供钢筋工、建筑施工现场人员参考使用，也可作为建筑工程职业技能岗位培训相关教材使用。

由于作者的学识和经验所限，虽经编者尽心尽力，但书中仍难免存在疏漏或未尽之处，敬请有关专家和读者予以批评指正（E-mail：zt1966@126.com）。

编　者

2016年10月

目　录

1　钢筋工的基础知识

1.1　钢筋工职业技能要求

1.1.1　五级钢筋工

1. 理论知识

(1) 掌握钢筋简单加工成型的工艺要点。

(2) 熟悉钢筋的各种规格、品种、用途及绑扎常见形式和工艺要求。

(3) 熟悉钢筋保护层厚度的要求和钢筋的除锈、调直的操作方法。

(4) 熟悉绑扎不同钢筋规格时的铁丝规格。

(5) 熟悉常用工具、量具名称，了解其功能和用途。

(6) 了解钢筋加工的变形、位移等常用知识。

(7) 了解钢筋加工的质量验收标准。

(8) 了解简单建筑结构施工图，熟悉结构构件名称的代号。

(9) 了解钢筋绑扎与安装前的施工准备工作。

2. 操作技能

(1) 能够根据配料单或图纸要求进行钢筋品种、规格的辨认及简单加工成型，包括：除锈、调直、切割等。

(2) 会按钢筋品种、规格、尺寸进行分类堆放保管。

(3) 会规范使用常用的工具、量具。

(4) 会按施工图或配料单的要求，对一般基础、梁、板、墙、柱和楼梯的钢筋进行绑扎。

(5) 会对钢筋骨架的变形、位移等一般缺陷进行整修。

(6) 会按规范要求对绑扎成型的钢筋骨架放置保护层垫块。

(7) 会按质量验收要求进行质量自检，填写验收单（检验批）。

(8) 会使用劳防用品进行必要的劳动防护。

1.1.2　四级钢筋工

1. 理论知识

(1) 掌握编制钢筋配料单的步骤和方法。

(2) 了解较复杂的建筑、结构施工图。

(3) 熟悉钢筋的代换知识，并进行代换计算。

(4) 熟悉常用焊条的品种、规格和性能。

(5) 熟悉钢筋加工的质量验收标准。

(6) 了解钢筋的各种机械连接的材料性能、工艺要求，包括：直螺纹、锥螺纹连接、冷挤压、冷轧、冷拔钢筋的连接等。

（7）了解常见专用机械设备（手动、半自动）的技术性能。

（8）了解钢筋的焊接与各种连接的技术质量要求和冷加工后的技术质量标准。

（9）了解常用钢筋的材料力学性能。

2. 操作技能

（1）能够编制一般工业与民用建筑工程中的钢筋配料单。

（2）能够使用机械对钢筋进行加工成型。

（3）能够根据图纸或料单将钢筋加工成箍形，包括：弧形、圆形、T形、手枪形、菱形等。

（4）能够处理工程上的“三缝及端头”的钢筋绑扎。

（5）能够对钢筋工程完工后进行质量自检。

（6）会看懂钢筋的各种试验报告。

1.1.3 三级钢筋工

1. 理论知识

（1）掌握一般工程中的钢筋施工所进行的技术交底知识。

（2）掌握较复杂结构中节点钢筋的放样、配料的方法及施工操作程序。

（3）掌握一般预应力钢筋的配料计算及技术质量的检测标准。

（4）掌握预防和处理质量和安全事故的方法及措施。

（5）熟悉新材料（含钢筋新品种、规格、性能）的力学、化学性能及使用要求。

（6）熟悉各种钢筋加工机械和焊接机械的性能与选用。

（7）熟悉较复杂的建筑、结构混凝土构件施工图。

（8）了解计算机基础知识。

2. 操作技能

（1）能够对较复杂钢筋混凝土结构型钢混凝土劲性结构的节点放大样实样图。

（2）能够编制较复杂工程的钢筋配料单。

（3）能够用机械或手工加工螺旋型、复合型等复杂形式的箍筋。

（4）能够进行钢筋冷加工的操作和常用机械对钢筋的连接。

（5）能够进行计算机的一般操作。

（6）能够按安全生产规程指导作业。

（7）会排除常用机械的一般故障。

（8）会根据生产需要制作简单的辅助工夹具，并使用、维护和保养各种锚夹具、张拉设备。

（9）会一般预应力钢筋的张拉施工操作。

1.1.4 二级钢筋工

1. 理论知识

（1）掌握计算机程序对复杂结构进行放样的操作流程。

（2）掌握计算机程序对各种结构中钢筋工料计算的方法。

（3）掌握本工种施工预算的基础知识。

（4）掌握本工种施工质量验收规范和质量检验方法。

（5）掌握建筑力学和钢筋混凝土构件受力的一般理论知识，并会简单构件的内力计算。

（6）熟悉复杂的钢筋混凝土结构工程施工图。

（7）熟悉有关安全法规及一般安全事故的处理程序。

（8）熟悉复杂的预应力钢筋的施工工艺、技术、质量标准。

2. 操作技能

（1）能够进行本工种的工程质量验收和检验评定。

（2）能够绘制本工种较复杂结构的放样图。

（3）能够主持深大基坑的钢筋作业。

（4）能够参与编制复杂结构的钢筋施工方案。

（5）能够进行示范操作、传授技能。

（6）能够根据生产环境，提出安全生产建议，并处理一般安全事故。

（7）能够解决操作技术上的疑难问题。

（8）会主持大跨度的预应力梁和斜拉桥预应力钢筋作业。

（9）会进行简单结构构件的配筋设计计算。

（10）会应用计算机进行钢筋放样和计算工料，并绘制节点图。

（11）会运用新技术、新工艺、新材料和新设备，并能根据生产需要设计制作较复杂的工夹具。

1.1.5 一级钢筋工

1. 理论知识

（1）掌握特殊预应力钢筋的施工工艺、技术要求、质量标准。

（2）掌握编制本工种的工艺要求、操作程序。

（3）掌握有关安全法规及突发安全事故的处理程序。

（4）熟悉复杂的钢筋混凝土结构施工图。

（5）熟悉相关加工机械的性能及原理。

（6）熟悉相关工种的施工工艺要求。

2. 操作技能

（1）能够独立编制特殊结构的施工中钢筋分项工程的方案、工艺要求及操作程序。

（2）能够对本工种特殊结构的施工技术交底。

（3）能够编制突发安全事故处理的预案，并熟练进行现场处置。

（4）能够参与编制相关工种的施工方案。

（5）会对各种加工机械进行技术革新改造，并设计制作复杂工夹具及专用量具。

1.2 钢筋的分类

钢筋按其在构件中所起的作用不同，通常加工成各种不同的形状。构件中常见的钢筋可分为主钢筋（纵向受力钢筋）、弯起钢筋（斜钢筋）、箍筋、架立钢筋、腰筋、拉筋和分布钢筋几种类型，如图 1－1 所示。各种钢筋在构件中的作用如下。

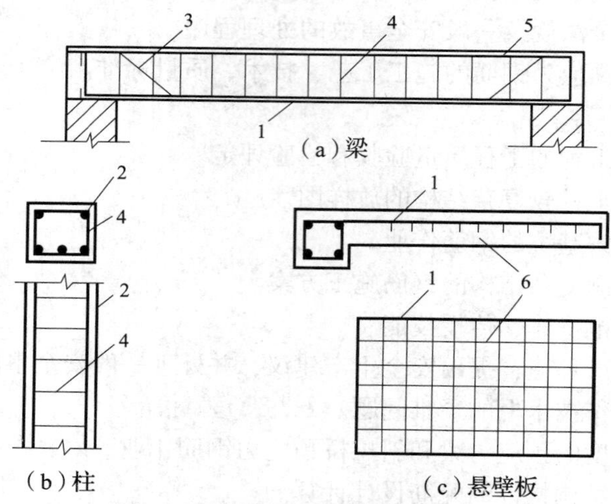

图 1－1　钢筋在构件中的种类

1—受拉钢筋；2—受压钢筋；3—弯起钢筋；4—箍筋；5—架立钢筋；6—分布钢筋

1. 主钢筋

主钢筋又称纵向受力钢筋，可分受拉钢筋和受压钢筋两类。受拉钢筋配置在受弯构件的受拉区和受拉构件中承受拉力；受压钢筋配置在受弯构件的受压区和受压构件中，与混凝土共同承受压力。一般在受弯构件受压区配置主钢筋是不经济的，只有在受压区混凝土不足以承受压力时，才在受压区配置受压主钢筋以补强。受拉钢筋在构件中的位置如图 1－2 所示。

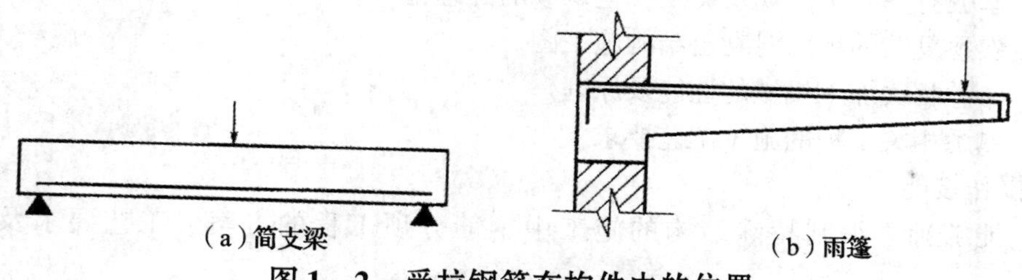

图 1－2　受拉钢筋在构件中的位置

受压钢筋是通过计算用以承受压力的钢筋，一般配置在受压构件中，例如各种柱子、桩或屋架的受压腹杆内，还有受弯构件的受压区内也需配置受压钢筋。虽然混凝土的抗压强度较大，然而钢筋的抗压强度远大于混凝土的抗压强度，在构件的受压区配置受压钢筋，帮助混凝土承受压力，就可以减小受压构件或受压区的截面尺寸。受压钢筋在构件中的位置如图 1－3 所示。

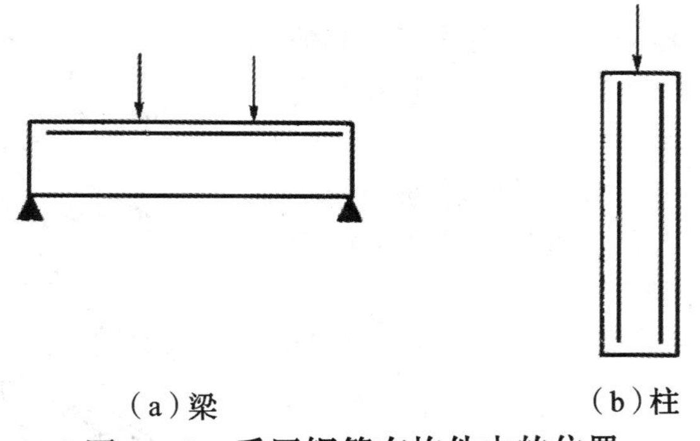

（a）梁　　（b）柱

图 1－3　受压钢筋在构件中的位置

2. 弯起钢筋

它是受拉钢筋的一种变化形式。在简支梁中，为抵抗支座附近由于受弯和受剪而产生的斜向拉力，就将受拉钢筋的两端弯起来，承受这部分斜拉力，称为弯起钢筋。但在连续梁和连续板中，经实验证明受拉区是变化的：跨中受拉区在连续梁、板的下部；到接近支座的部位时，受拉区主要移到梁、板的上部。为了适应这种受力情况，受拉钢筋到一定位置就须弯起。弯起钢筋在构件中的位置如图 1－4 所示。斜钢筋一般由主钢筋弯起，当主钢筋长度不够弯起时，也可采用吊筋（图 1－5），但不得采用浮筋。

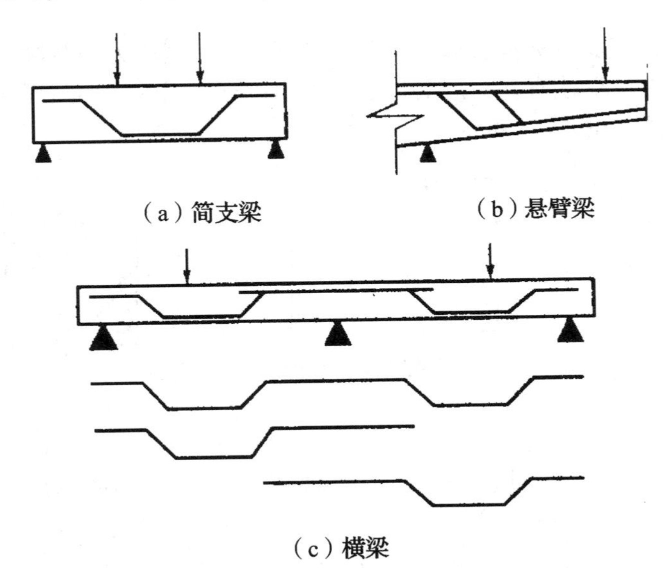

（a）简支梁　　（b）悬臂梁

（c）横梁

图 1－4　弯起钢筋在构件中的位置

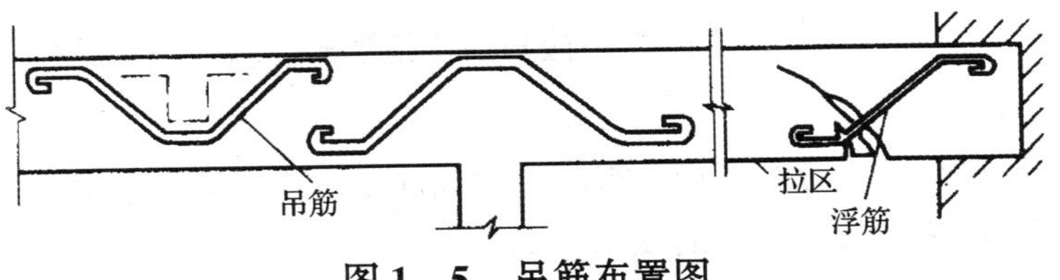

图 1－5　吊筋布置图

3. 架立钢筋

架立钢筋能够固定箍筋，并与主筋等一起连成钢筋骨架，保证受力钢筋的设计位置，使其在浇筑混凝土过程中不发生移动。

架立钢筋的作用是使受力钢筋和箍筋保持正确位置，以形成骨架。但当梁的高度小于150mm时，可不设箍筋，在这种情况下，梁内也不设架立钢筋。架立钢筋的直径一般为8～12mm。架立钢筋位置如图1－6所示。

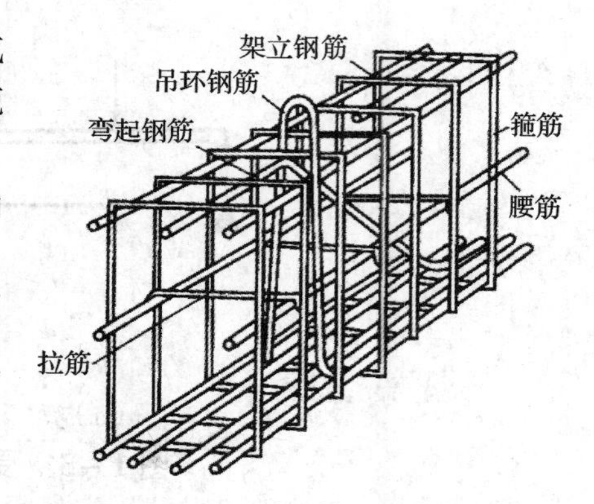

图1－6 架立钢筋、腰筋等在钢筋骨架中的位置

4. 箍筋

箍筋除了可以满足斜截面抗剪强度外，还有使连接的受拉主钢筋和受压区的混凝土共同工作的作用。此外，亦可用于固定主钢筋的位置而使梁内各种钢筋构成钢筋骨架。

箍筋的主要作用是固定受力钢筋在构件中的位置，并使钢筋形成坚固的骨架，同时箍筋还可以承担部分拉力和剪力等。

箍筋的形式主要有开口式和闭口式两种。闭口式箍筋有三角形、圆形和矩形等多种形式。

单个矩形闭口式箍筋也称双肢箍；两个双肢箍拼在一起称为四肢箍。在截面较小的梁中可使用单肢箍；在圆形或有些矩形的长条构件中也有使用螺旋形箍筋的。

箍筋的构造形式如图1－7所示。

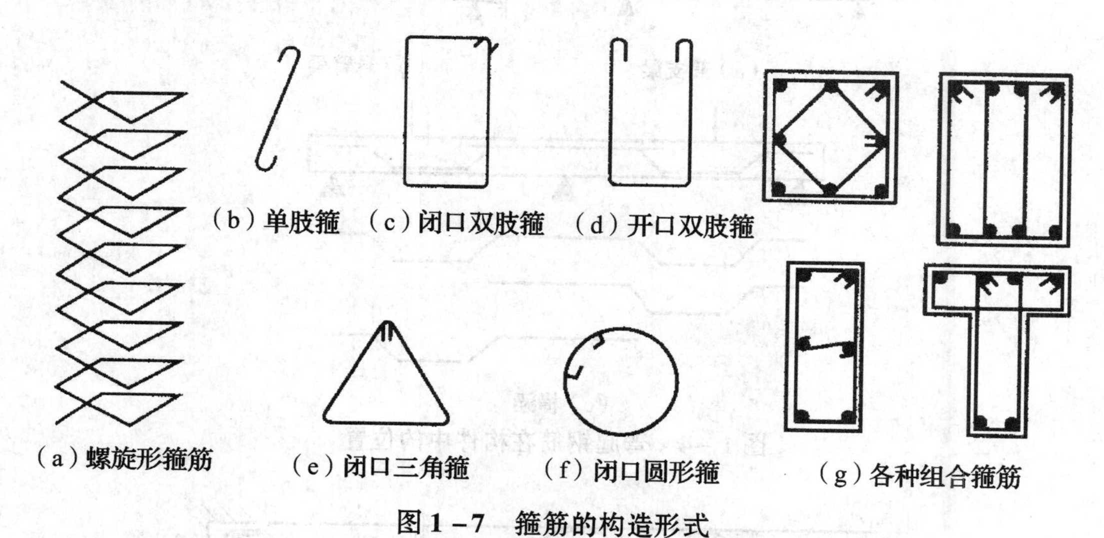

图1－7 箍筋的构造形式

5. 腰筋与拉筋

腰筋的作用是防止梁太高时，由于混凝土收缩和温度变形而产生的竖向裂缝，同时亦可加强钢筋骨架的刚度。腰筋用拉筋联系，如图1－8所示。

当梁的截面高度超过700mm时，为了保证受力钢筋与箍筋整体骨架的稳定，以及承受构件中部混凝土收缩或温度变化所产生的拉力，在梁的两侧面沿高度每隔300～400mm设置一根直径不小于10mm的纵向构造钢筋，称为腰筋。腰筋要用拉筋联系，拉筋直径采用6～8mm。

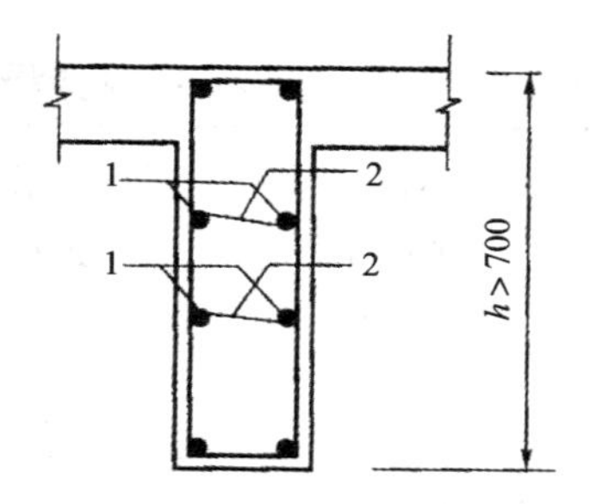

图1－8 腰筋与拉筋布置

1—腰筋；2—拉筋

由于安装钢筋混凝土构件的需要，在预制构件中，根据构件体形和质量，在一定位置设置有吊环钢筋。在构件和墙体连接处，部分还预埋有锚固筋等。

腰筋、拉筋、吊环钢筋在钢筋骨架中的位置如图1－6所示。

6. 分布钢筋

分布钢筋是指在垂直于板内主钢筋方向上布置的构造钢筋。其作用是将板面上的荷载更均匀地传递给受力钢筋，同时在施工中可通过绑扎或点焊以固定主钢筋位置，同时亦可抵抗温度应力和混凝土收缩应力。

分布钢筋在构件中的位置如图1－9所示。

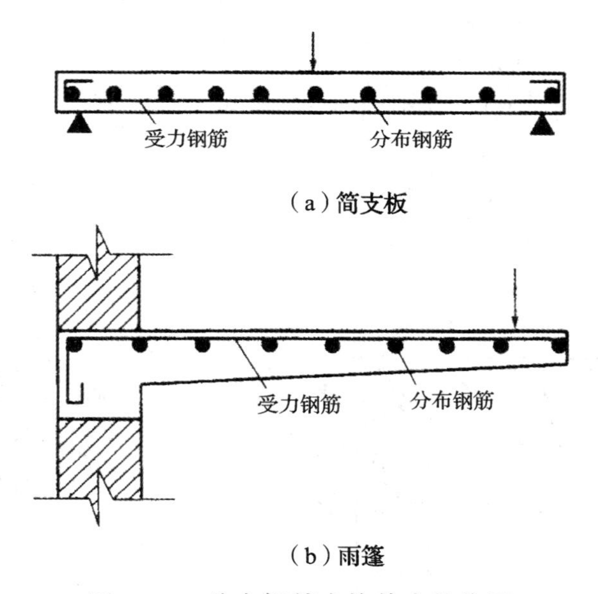

图1－9 分布钢筋在构件中的位置

1.3 钢筋的品种

1.3.1 热轧带肋钢筋

根据《钢筋混凝土用钢 第2部分：热轧带肋钢筋》GB 1499.2—2007的规定，热轧带肋钢筋的规格见表1－1，其表面形状如图1－10所示，化学成分和碳当量见表1－2，力学性能见表1－3。

表 1－1　热轧带肋钢筋的公称横截面面积与理论质量

公称直径（mm）	公称横截面面积（mm^2）	理论重量（kg/m）	实际重量与理论重量的偏差（%）
6	28.27	0.222	±7
8	50.27	0.395	
10	78.54	0.617	
12	113.1	0.888	
14	153.9	1.21	±5
16	201.1	1.58	
18	254.5	2.00	
20	314.2	2.47	
22	380.1	2.98	±4
25	490.9	3.85	
28	615.8	4.83	
32	804.2	6.31	
36	1018	7.99	
40	1257	9.87	
50	1964	15.42	

注：本表中理论重量按密度为 7.85g/cm^3 计算。

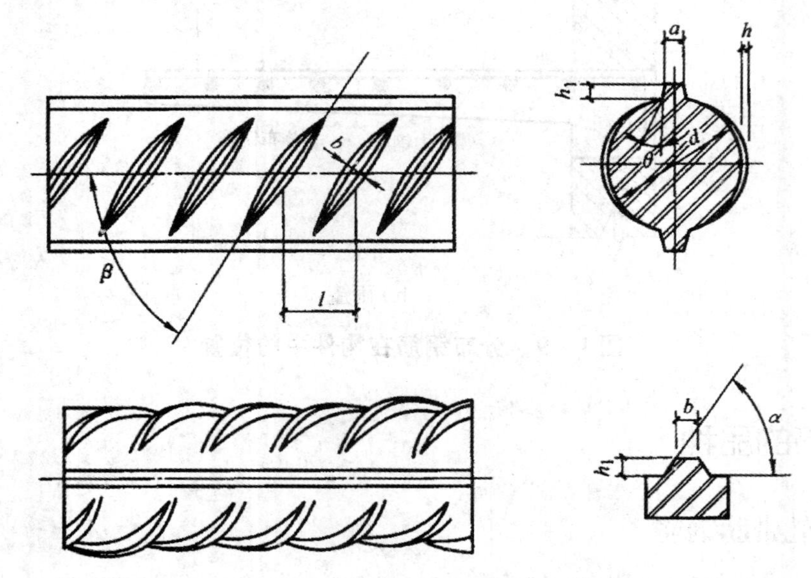

图 1－10　月牙肋钢筋（带纵肋）表面及截面形状

d—钢筋内径；α—横肋斜角；h—横肋高度；β—横肋与轴线夹角；
h_1—纵肋高度；θ—纵肋斜角；a—纵肋顶宽；l—横肋间距；b—横肋顶宽

表 1-2 热轧带肋钢筋的化学成分和碳当量（熔炼分析）

<table>
<tr><th rowspan="2">牌号</th><th colspan="6">化学成分（质量分数）（%）≤</th></tr>
<tr><th>C</th><th>Si</th><th>Mn</th><th>P</th><th>S</th><th>C_{eq}</th></tr>
<tr><td>HRB335
HRBF335</td><td rowspan="3">0.25</td><td rowspan="3">0.80</td><td rowspan="3">1.60</td><td rowspan="3">0.045</td><td rowspan="3">0.045</td><td>0.52</td></tr>
<tr><td>HRB400
HRBF400</td><td>0.54</td></tr>
<tr><td>HRB500
HRBF500</td><td>0.55</td></tr>
</table>

表 1-3 热轧带肋钢筋力学性能

<table>
<tr><th rowspan="2">牌号</th><th rowspan="2">公称直径 d（mm）</th><th rowspan="2">弯心直径（mm）</th><th>R_{eL}（MPa）</th><th>R_m（MPa）</th><th>A（%）</th><th>A_{gt}（%）</th></tr>
<tr><th colspan="4">≥</th></tr>
<tr><td rowspan="3">HRB335
HRBF335</td><td>6~25</td><td>3d</td><td rowspan="3">335</td><td rowspan="3">455</td><td rowspan="3">17</td><td rowspan="9">7.5</td></tr>
<tr><td>28~40</td><td>4d</td></tr>
<tr><td>>40~50</td><td>5d</td></tr>
<tr><td rowspan="3">HRB400
HRBF400</td><td>6~25</td><td>4d</td><td rowspan="3">400</td><td rowspan="3">540</td><td rowspan="3">16</td></tr>
<tr><td>28~40</td><td>5d</td></tr>
<tr><td>>40~50</td><td>6d</td></tr>
<tr><td rowspan="3">HRB500
HRBF500</td><td>6~25</td><td>6d</td><td rowspan="3">500</td><td rowspan="3">630</td><td rowspan="3">15</td></tr>
<tr><td>28~40</td><td>7d</td></tr>
<tr><td>>40~50</td><td>8d</td></tr>
</table>

1.3.2 冷轧带肋钢筋

冷轧带肋钢筋是热轧圆盘条经冷轧后，在其表面带有沿长度方向均匀分布的三面或二面横肋的钢筋。它的生产和使用应符合《冷轧带肋钢筋》GB 13788—2008 和《冷轧带肋钢筋混凝土结构技术规程》JGJ 95—2011 的规定。CRB550 钢筋的公称直径范围为 4~12mm。CRB650 及以上牌号钢筋的公称直径为 4mm、5mm、6mm。

（1）三面肋和二面肋钢筋的外形分别见图 1－11、图 1－12，三面肋和二面肋钢筋的尺寸、重量及允许偏差应符合表 1－4 的规定。

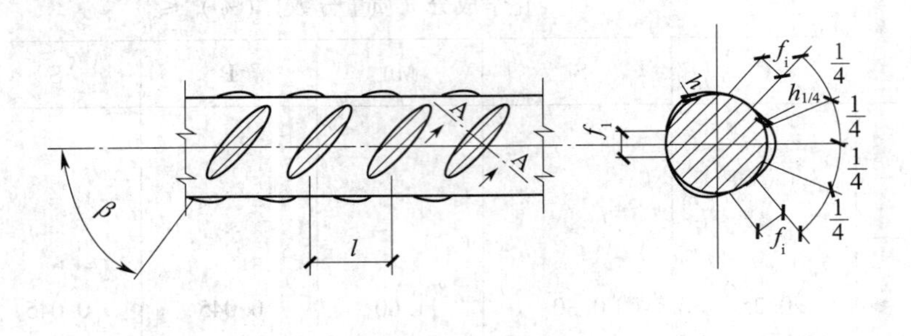

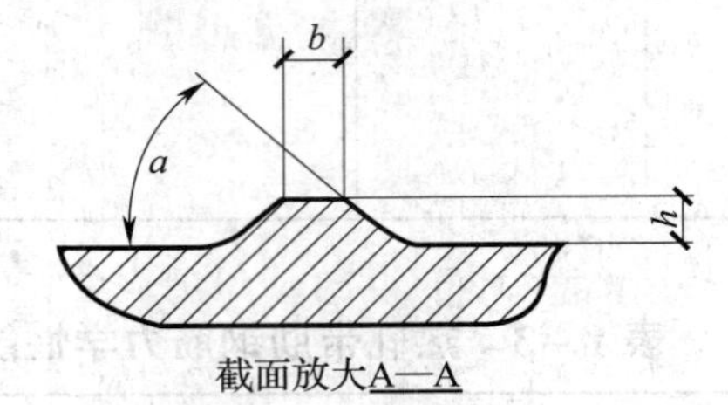

图 1－11　三面肋钢筋表面及截面形状

α—横肋斜角；β—横肋与钢筋轴线夹角；h—横肋中点高；
l—横肋间距；b—横肋顶宽；f_i—横肋间隙

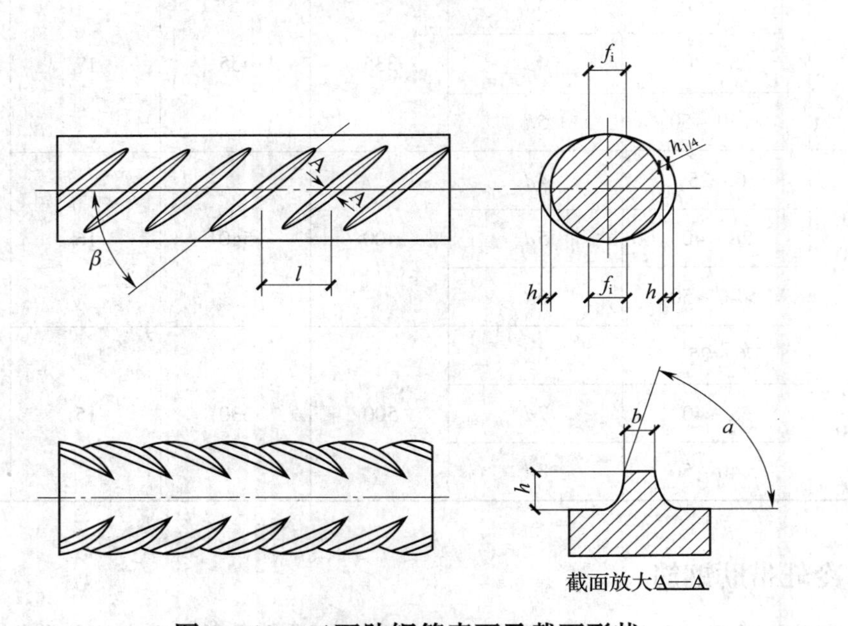

图 1－12　二面肋钢筋表面及截面形状

α—横肋斜角；β—横肋与钢筋轴线夹角；h—横肋中点高；
l—横肋间距；b—横肋顶宽；f_i—横肋间隙

表1-4　三面肋和二面肋钢筋的尺寸、重量及允许偏差

公称直径 d（mm）	公称横截面积（mm^2）	重量		横肋中点高		横肋1/4处高 $h_{1/4}$（mm）	横肋顶宽 b（mm）	横肋间距		相对肋面积
		理论重量（kg/m）	允许偏差（%）	h（mm）	允许偏差（mm）			l（mm）	允许偏差（%）	$f_r \geqslant$
4	12.6	0.099	±4	0.30	+0.10 -0.05	0.24	0.2d	4.0	±15	0.036
4.5	15.9	0.125		0.32		0.26		4.0		0.039
5	19.6	0.154		0.32		0.26		4.0		0.039
5.5	23.7	0.186		0.40		0.32		5.0		0.039
6	28.3	0.222		0.40		0.32		5.0		0.039
6.5	33.2	0.261		0.46		0.37		5.0		0.045
7	38.5	0.302		0.46		0.37		5.0		0.045
7.5	44.2	0.347		0.55		0.44		6.0		0.045
8	50.3	0.395		0.55		0.44		6.0		0.045
8.5	56.7	0.445		0.55	±0.10	0.44		7.0		0.045
9	63.6	0.499		0.75		0.60		7.0		0.052
9.5	70.8	0.556		0.75		0.60		7.0		0.052
10	78.5	0.617		0.75		0.60		7.0		0.052
10.5	86.5	0.679		0.75		0.60		7.4		0.052
11	95.0	0.746		0.85		0.68		7.4		0.056
11.5	103.8	0.815		0.95		0.76		8.4		0.056
12	113.1	0.888		0.95		0.76		8.4		0.056

注：1　横肋1/4处高，横肋顶宽供孔型设计用。

2　二面肋钢筋允许有高度不大于0.5h的纵肋。

（2）技术性能。

1）冷轧带肋钢筋用盘条的参考牌号和化学成分见表1-5。

表1-5　冷轧带肋钢筋用盘条的参考牌号和化学成分

钢筋牌号	盘条牌号	化学成分（%）					
		C	Si	Mn	V、Ti	S	P
CRB550 CRB650	Q215	0.09~0.15	≤0.30	0.25~0.55	—	≤0.050	≤0.045
	Q235	0.14~0.22	≤0.30	0.30~0.65	—	≤0.050	≤0.045

续表 1－5

钢筋牌号	盘条牌号	化学成分（%）					
		C	Si	Mn	V、Ti	S	P
CRB800	24MnTi	0.19～0.27	0.17～0.37	1.20～1.60	Ti：0.01～0.05	≤0.045	≤0.045
	20MnSi	0.17～0.25	0.40～0.80	1.20～1.60	—	≤0.045	≤0.045
CRB970	41MnSiV	0.37～0.45	0.60～1.10	1.00～1.40	V：0.05～0.12	≤0.045	≤0.045
	60	0.57～0.65	0.17～0.37	0.50～0.80	—	≤0.035	≤0.035

2）钢筋的力学性能和工艺性能应符合表 1－6 的规定。当进行弯曲试验时，受弯曲部位表面不得产生裂纹。反复弯曲试验的弯曲半径应符合表 1－7 的规定。

表 1－6　冷轧带肋钢筋的力学性能和工艺性能

牌号	$R_{p0.2}$（MPa）≥	R_m（MPa）≥	伸长率（%）≥		弯曲试验 180°	反复弯曲次数	应力松弛初始应力应相当于公称抗拉强度的 70%
			$A_{11.3}$	A_{100}			1000h 松弛率（%）≤
CRB550	500	550	8.0	—	$D=3d$	—	—
CRB650	585	650	—	4.0	—	3	8
CRB800	720	800	—	4.0	—	3	8
CRB970	875	970	—	4.0	—	3	8

注：表中 D 为弯心直径，d 为钢筋公称直径。

表 1－7　反复弯曲试验的弯曲半径（mm）

钢筋公称直径	4	5	6
弯曲半径	10	15	15

（3）强度取值。

1）冷轧带肋钢筋的强度标准值应具有不小于 95% 的保证率。钢筋混凝土用冷轧带肋钢筋的强度标准值 f_{yk} 应由抗拉屈服强度表示，并应按表 1－8 采用。预应力混凝土用冷轧带肋钢筋的强度标准值 f_{ptk} 应由抗拉强度表示，并应按表 1－9 采用。

表 1－8　钢筋混凝土用冷轧带肋钢筋强度标准值（N/mm²）

牌　　号	符　　号	钢筋直径（mm）	f_{yk}
CRB550	Φ^{R}	4～12	500
CRB600H	Φ^{RH}	5～12	520

表 1-9 预应力混凝土用冷轧带肋钢筋强度标准值（N/mm^2）

牌　号	符　号	钢筋直径（mm）	f_{ptk}
CRB650	Φ^R	4、5、6	650
CRB650H	Φ^{RH}	5～6	
CRB800	Φ^R	5	800
CRB800H	Φ^{RH}	5～6	
CRB970	Φ^R	5	970

2）冷轧带肋钢筋的抗拉强度设计值f_y及抗压强度设计值f_y'应按表 1-10、表 1-11 采用。

表 1-10 钢筋混凝土用冷轧带肋钢筋强度设计值（N/mm^2）

牌　号	符　号	f_y	f_y'
CRB550	Φ^R	400	380
CRB600H	Φ^{RH}	415	380

注：冷轧带肋钢筋用作横向钢筋的强度设计值f_{yv}应按表中f_y的数值采用；当用作受剪、受扭、受冲切承载力计算时，其数值应取 $360N/mm^2$。

表 1-11 预应力混凝土用冷轧带肋钢筋强度设计值（N/mm^2）

牌　号	符　号	f_{py}	f_{py}'
CRB650	Φ^R	430	380
CRB650H	Φ^{RH}		
CRB800	Φ^R	530	
CRB800H	Φ^{RH}		
CRB970	Φ^R	650	

3）冷轧带肋钢筋弹性模量 E_s 可取 $1.9\times10^5N/mm^2$。

4）CRB550、CRB600H 钢筋用于需作疲劳性能验算的板类构件，当钢筋的最大应力不超过 $300N/mm^2$时，钢筋的 200 万次疲劳应力幅限值可取 $150N/mm^2$。

5）钢筋混凝土结构的混凝土强度等级不应低于 C20，预应力混凝土结构构件的混凝土强度等级不应低于 C30。

（4）钢筋加工与安装。

1）冷轧带肋钢筋应采用调直机调直。钢筋调直后不应有局部弯曲和表面明显擦伤，直条钢筋每米长度的侧向弯曲不应大于 4mm，总弯曲度不应大于钢筋总长的千分之四。

2）冷轧带肋钢筋末端可不制作弯钩。当钢筋末端需制作 90°或 135°弯折时，钢筋的弯弧内直径不应小于钢筋直径的 5 倍。当用作箍筋时，钢筋的弯弧内直径尚不应小于纵向受力钢筋的直径，弯折后平直段长度应符合现行国家标准《混凝土结构工程施工规范》GB 50666—2011 的有关规定。

3）钢筋加工的形状、尺寸应符合设计要求。钢筋加工的允许偏差应符合表 1－12 的规定。

表 1－12 钢筋加工的允许偏差

项 目	允许偏差（mm）
受力钢筋顺长度方向全长的净尺寸	±10
箍筋尺寸	±5

4）冷轧带肋钢筋的连接可采用绑扎搭接或专门焊机进行的电阻点焊，不得采用对焊或手工电弧焊。

5）钢筋的绑扎施工应符合现行国家标准《混凝土结构工程施工规范》GB 50666—2011 的有关规定。绑扎网和绑扎骨架外形尺寸的允许偏差，应符合表 1－13 的规定。

表 1－13 绑扎网和绑扎骨架的允许偏差

项 目		允许偏差（mm）
网的长、宽		±10
网眼尺寸		±20
骨架的宽及高		±5
骨架的长		±10
箍筋间距		±20
受力钢筋	间距	±10
	排距	±5

1.3.3 冷轧扭钢筋

冷轧扭钢筋是指低碳钢热轧圆盘条经专用钢筋冷轧扭机调直、冷轧并冷扭（冷滚）一次成型具有规定截面形式和相应节距的连续螺旋状钢筋，如图 1－13 所示。

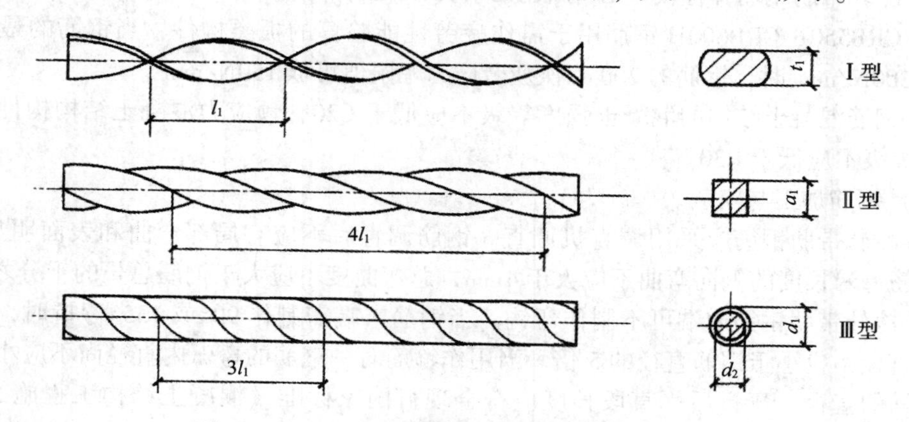

图 1－13 冷轧扭钢筋形状及截面控制尺寸

1. 技术要求

（1）冷轧扭钢筋的截面控制尺寸、节距应符合表1－14的规定。

表1－14 冷轧扭钢筋的截面控制尺寸、节距

强度级别	型号	标志直径 d（mm）	截面控制尺寸（mm）≥				节距 l_1（mm）≤
			轧扁厚度 t_1	正方形边长 a_1	外圆直径 d_1	内圆直径 d_2	
CTB550	Ⅰ	6.5	3.7	—	—	—	75
		8	4.2	—	—	—	95
		10	5.3	—	—	—	110
		12	6.2	—	—	—	150
	Ⅱ	6.5	—	5.40	—	—	30
		8	—	6.50	—	—	40
		10	—	8.10	—	—	50
		12	—	9.60	—	—	80
	Ⅲ	6.5	—	—	6.17	5.67	40
		8	—	—	7.59	7.09	60
		10	—	—	9.49	8.89	70
CTB650	Ⅲ	6.5	—	—	6.00	5.50	30
		8	—	—	7.38	6.88	50
		10	—	—	9.22	8.67	70

（2）冷轧扭钢筋的公称横截面面积和理论质量应符合表1－15的规定。

表1－15 冷轧扭钢筋的公称横截面面积和理论质量

强度级别	型号	标志直径 d（mm）	公称横截面面积 A_s（mm^2）	理论质量（kg/m）
CTB550	Ⅰ	6.5	29.50	0.232
		8	45.30	0.356
		10	68.30	0.536
		12	96.14	0.755
	Ⅱ	6.5	29.20	0.229
		8	42.30	0.332
		10	66.10	0.519
		12	92.74	0.728
	Ⅲ	6.5	29.86	0.234
		8	45.24	0.355
		10	70.69	0.555
CTB650	Ⅲ	6.5	28.20	0.221
		8	42.73	0.335
		10	66.76	0.524

（3）冷轧扭钢筋的力学性能和工艺性能应符合表1－16的规定。

表1－16 冷轧扭钢筋的力学性能和工艺性能指标

强度级别	型号	抗拉强度 σ_b（N/mm²）	伸长率 A（%）	180°弯曲试验（弯心直径＝$3d$）	应力松弛率（%）（当 $\sigma_{con}=0.7f_{ptk}$）	
					10h	1000h
CTB550	Ⅰ	≥550	$A_{11.3}\geq 4.5$	受弯曲部位钢筋表面不得产生裂纹	—	—
	Ⅱ	≥550	$A\geq 10$		—	—
	Ⅲ	≥550	$A\geq 12$		—	—
CTB650	Ⅲ	≥650	$A_{100}\geq 4$		≤5	≤8

注：1 d 为冷轧扭钢筋标志直径。

2 A、$A_{11.3}$ 分别表示以标距 $5.65\sqrt{S_0}$ 或 $11.3\sqrt{S_0}$（S_0 为试样原始截面面积）的试样拉断伸长率，A_{100} 表示标距为100mm的试样拉断伸长率。

3 σ_{con} 为预应力钢筋张拉控制应力；f_{ptk} 为预应力冷轧扭钢筋抗拉强度标准值。

2. 强度取值

（1）冷轧扭钢筋强度标准值应按表1－17采用。

表1－17 冷轧扭钢筋强度标准值（N/mm²）

强度级别	型号	符号	钢筋直径（mm）	f_{yk} 或 f_{ptk}
CTB550	Ⅰ	Φ^T	6.5、8、10、12	550
	Ⅱ		6.5、8、10、12	550
	Ⅲ		6.5、8、10	550
CTB650	Ⅲ		6.5、8、10	650

（2）冷轧扭钢筋抗拉（压）强度设计值和弹性模量应按表1－18采用。

表1－18 冷轧扭钢筋抗拉（压）强度设计值和弹性模量（N/mm²）

强度级别	型号	符号	f_y（f_y'）或 f_{py}（f_{py}'）	弹性模量 E_s
CRB550	Ⅰ	Φ^T	360	1.9×10^5
	Ⅱ		360	1.9×10^5
	Ⅲ		360	1.9×10^5
CRB650	Ⅲ		430	1.9×10^5

3. 混凝土保护层

（1）纵向受力的冷轧扭钢筋及预应力冷轧扭钢筋，其混凝土保护层厚度（钢筋外边缘至最近混凝土表面的距离）不应小于钢筋的公称直径，且应符合表1－19的规定。

表 1－19 纵向受力的冷轧扭钢筋及预应力冷轧扭钢筋的混凝土保护层最小厚度（mm）

环境类别		构件类别	混凝土强度等级		
			C20	C25～C45	≥C50
一		板、墙	20	15	15
		梁	30	25	25
二	a	板、墙	—	20	20
		梁	—	30	30
	b	板、墙	—	25	20
		梁	—	35	30
三		板、墙	—	30	25
		梁	—	40	35

注：1 基础中纵向受力的冷轧扭钢筋的混凝土保护层厚度不应小于40mm；当无垫层时不应小于70mm；

2 处于一类环境且由工厂生产的预制构件，当混凝土强度等级不低于C20时，其保护层厚度可按表中规定减少5mm，但预制构件中预应力钢筋的保护层厚度不应小于15mm，处于二类环境且由工厂生产的预制构件，当表面采取有效保护措施时，保护层厚度可按表中一类环境值取用；

3 有防火要求的建筑物，其保护层厚度尚应符合国家现行有关防火规范的规定。

（2）板中分布钢筋的保护层厚度应符合国家标准《混凝土结构设计规范》GB 50010—2010的规定。属于二、三类环境中的悬臂板，其上表面应采取有效的保护措施。

（3）对有防火要求和处于四、五类环境的建筑物，其混凝土保护层厚度尚应符合国家有关标准的要求。

4. 冷轧扭钢筋的锚固及接头

（1）当计算中充分利用钢筋的抗拉强度时，冷轧扭受拉钢筋的锚固长度应按表1－20取用，在任何情况下，纵向受拉钢筋的锚固长度不应小于200mm。

表 1－20 冷轧扭钢筋最小锚固长度 l_a（mm）

钢筋级别	混凝土强度等级				
	C20	C25	C30	C35	≥C40
CTB550	$45d$（$50d$）	$40d$（$45d$）	$35d$（$40d$）	$35d$（$40d$）	$30d$（$35d$）
CTB650	—	—	$50d$	$45d$	$40d$

注：1 d 为冷轧扭钢筋标志直径；

2 两根并筋的锚固长度按上表数值乘以1.4后取用；

3 括号内数字用于Ⅱ型冷轧扭钢筋。

（2）纵向受力冷轧扭钢筋不得采用焊接接头。

（3）纵向受拉冷轧扭钢筋搭接长度 l_l 不应小于最小锚固长度 l_a 的1.2倍，且不应小于300mm。

（4）纵向受拉冷轧扭钢筋不宜在受拉区截断；当必须截断时，接头位置宜设在受力较小处，并相互错开。在规定的搭接长度区段内，有接头的受力钢筋截面面积不应大于总钢筋截面面积的25%。设置在受压区的接头不受此限。

（5）预制构件的吊环严禁采用冷轧扭钢筋制作。

5. 冷轧扭钢筋混凝土构件的施工

（1）冷轧扭钢筋混凝土构件的模板工程、混凝土工程，应符合现行国家标准《混凝土结构工程施工规范》GB 50666—2011 的规定。

（2）严禁采用对冷轧扭钢筋有腐蚀作用的外加剂。

（3）冷轧扭钢筋的铺设应平直，其规格、长度、间距和根数应符合设计要求，并应采取措施控制混凝土保护层厚度。

（4）钢筋网片、骨架应绑扎牢固。双向受力网片每个交叉点均应绑扎；单向受力网片除外边缘网片应逐点绑扎外，中间可隔点交错绑扎。绑扎网片和骨架的外形尺寸允许偏差应符合表1－21 的规定。

表1－21 绑扎网片和绑扎骨架外形尺寸允许偏差（mm）

项目	允许偏差
网片的长、宽	±25
网眼尺寸	±15
骨架高、宽	±10
骨架长	±10

（5）叠合薄板构件脱模时混凝土强度等级应达到设计强度的100%。起吊时应先消除吸附力，然后平衡起吊。

（6）预制构件堆放场地应平整坚实，不积水。板类构件可叠层堆放，用于两端支承的垫木应上下对齐。

（7）Ⅲ型冷轧扭钢筋（CTB550 级）可用于焊接网。

1.3.4 热轧光圆钢筋

钢筋混凝土用热轧光圆钢筋的尺寸及质量见表1－22，尺寸图如图1－14 所示。

表1－22 钢筋混凝土用热轧光圆钢筋

公称直径（mm）	公称截面面积（mm^2）	理论重量（kg/m）
6（6.5）	28.27（33.18）	0.222（0.260）
8	50.27	0.395
10	78.54	0.617
12	113.1	0.888
14	153.9	1.21
16	201.1	1.58
18	254.5	2.00
20	314.2	2.47
22	380.1	2.98

注：表中理论重量按密度为7.85g/cm^3计算。公称直径6.5mm 的产品为过渡性产品。

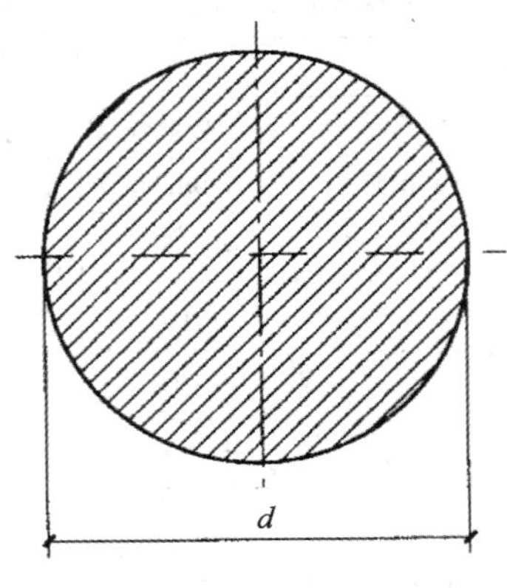

图 1-14 光圆钢筋的形状

d—钢筋直径

1.3.5 预应力混凝土用钢丝

（1）光圆钢丝的尺寸及允许偏差应符合表 1-23 的规定。每米理论重量参见表1-23。

表 1-23 光圆钢丝尺寸及允许偏差、每米参考重量

公称直径 d_n（mm）	直径允许偏差（mm）	公称横截面面积 S_n（mm^2）	每米理论重量（g/m）
4.00	±0.04	12.57	98.6
4.80		18.10	142
5.00	±0.05	19.63	154
6.00		28.27	222
6.25		30.68	241
7.00		38.48	302
7.50		44.18	347
8.00	±0.06	50.26	394
9.00		63.62	499
9.50	±0.06	70.88	556
10.00		78.54	616
11.00		95.03	746
12.00		113.1	888

（2）螺旋肋钢丝的尺寸及允许偏差应符合表 1-24 的规定，外形如图 1-15 所示，钢筋的公称横截面积、每米理论重量与光圆钢丝相同。

表 1－24 螺旋肋钢丝的尺寸及允许偏差

公称直径 d_n (mm)	螺旋肋数量（条）	基圆尺寸		外轮廓尺寸		单肋尺寸	螺旋肋
		基圆直径 D_1 (mm)	允许偏差 (mm)	外轮廓直径 D (mm)	允许偏差 (mm)	宽度 a (mm)	导程 C (mm)
4.00	4	3.85	±0.05	4.25	±0.05	0.90～1.30	24～30
4.80	4	4.60		5.10		1.30～1.70	28～36
5.00	4	4.80		5.30			
6.00	4	5.80		6.30		1.60～2.00	30～38
6.25	4	6.00		6.70			30～40
7.00	4	6.73		7.46	±0.10	1.80～2.20	35～45
7.50	4	7.26		7.96		1.90～2.30	36～46
8.00	4	7.75		8.45		2.00～2.40	40～50
9.00	4	8.75		9.45		2.10～2.70	42～52
9.50	4	9.30		10.10		2.20～2.80	44～53
10.00	4	9.75		10.45		2.50～3.00	45～58
11.00	4	10.76		11.47		2.60～3.10	50～64
12.00	4	11.78		12.50		2.70～3.20	55～70

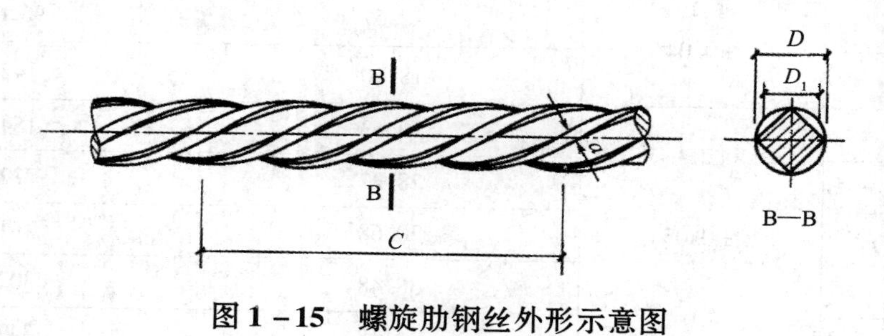

图 1－15 螺旋肋钢丝外形示意图

（3）三面刻痕钢丝的尺寸及允许偏差应符合表 1－25 的规定，外形如图 1－16 所示。钢丝的横截面积、每米理论重量与光圆钢丝相同。三条痕中的其中一条倾斜方向与其他两条相反。

表 1－25 三面刻痕钢丝尺寸及允许偏差

公称直径 d_n (mm)	刻痕深度		刻痕长度		节距	
	公称深度 a (mm)	允许偏差 (mm)	公称长度 b (mm)	允许偏差 (mm)	公称节距 L (mm)	允许偏差 (mm)
≤5.00	0.12	±0.05	3.5	±0.05	5.5	±0.05
>5.00	0.15		5.0		8.0	

注：公称直径指横截面积等同于光圆钢丝横截面积时所对应的直径。

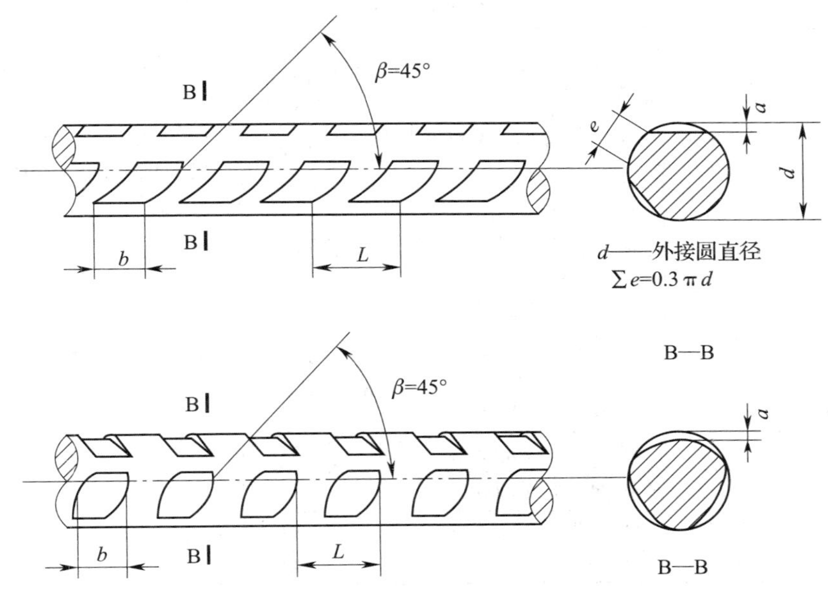

图 1－16 三面刻痕钢丝外形示意图

(4) 压力管道用无涂（镀）层冷拉钢丝的力学性能应符合表 1－26 的规定。0.2% 屈服力 $F_{p0.2}$应不小于最大力的特征值 F_m的 75%。

表 1－26 压力管道用冷拉钢丝的力学性能

公称直径 d_n (mm)	公称抗拉强度 R_m(MPa)	最大力的特征值 F_m(kN)	最大力的最大值 $F_{m,max}$(kN)	0.2%屈服力 $F_{p0.2}$(kN) ≥	每 210mm 扭矩的扭转次数 N ≥	断面收缩率 Z(%) ≥	氢脆敏感性能负载为 70% 最大力时，断裂时间 t(h) ≥	应力松弛性能初始力为最大力的 70% 时，1000h 应力松弛率 r(%) ≤
4.00	1470	18.48	20.99	13.86	10	35	75	7.5
5.00		28.86	32.79	21.65	10	35		
6.00		41.56	47.21	31.17	8	30		
7.00		56.57	64.27	42.42	8	30		
8.00		73.88	83.93	55.41	7	30		
4.00	1570	19.73	22.24	14.80	10	35		
5.00		30.82	34.75	23.11	10	35		
6.00		44.38	50.03	33.29	8	30		
7.00		60.41	68.11	45.31	8	30		
8.00		78.91	88.96	59.18	7	30		

续表 1－26

公称直径 d_n (mm)	公称抗拉强度 R_m (MPa)	最大力的特征值 F_m (kN)	最大力的最大值 $F_{m,max}$ (kN)	0.2% 屈服力 $F_{p0.2}$ (kN) ≥	每 210mm 扭矩的扭转次数 N ≥	断面收缩率 Z(%) ≥	氢脆敏感性能负载为 70% 最大力时，断裂时间 t(h) ≥	应力松弛性能初始力为最大力的 70% 时，1000h 应力松弛率 r(%) ≤
4.00	1670	20.99	23.50	15.74	10	35	75	7.5
5.00		32.78	36.71	24.59	10	35		
6.00		47.21	52.86	35.41	8	30		
7.00		64.26	71.96	48.20	8	30		
8.00		83.93	93.99	62.95	6	30		
4.00	1770	22.25	24.76	16.69	10	35		
5.00		34.75	38.68	26.06	10	35		
6.00		50.04	55.69	37.53	8	30		
7.00		68.11	75.81	51.08	6	30		

（5）消除应力的光圆及螺旋肋钢丝的力学性能应符合表 1－27 的规定。0.2% 屈服力 $F_{p0.2}$ 不应小于最大力的特征值 F_m 的 88%。

（6）消除应力的刻痕钢丝的力学性能，除弯曲次数外其他应符合表 1－27 的规定。对所有规格消除应力的刻痕钢丝，其弯曲次数均应不小于 3 次。

表 1－27　消除应力的光圆及螺旋肋钢丝的力学性能

公称直径 d_n (mm)	公称抗拉强度 R_m (MPa)	最大力的特征值 F_m (kN)	最大力的最大值 $F_{m,max}$ (kN)	0.2% 屈服力 $F_{p0.2}$ (kN) ≥	最大力总伸长率 (L_0 = 200mm) A_{gt}(%) ≥	反复弯曲性能		应力松弛性能	
						弯曲次数 (次/180°) ≥	弯曲半径 R(mm)	初始力相当于实际最大力的百分数 (%)	1000h 应力松弛率 r(%) ≤
4.00	1470	18.48	20.99	16.22	3.5	3	10	70	2.5
4.80		26.61	30.23	23.35		4	15		
5.00		28.86	32.78	25.32		4	15		
6.00		41.56	47.21	36.47		4	15		
6.25		45.10	51.24	39.58		4	20		
7.00		56.57	64.26	49.64		4	20		
7.50		64.94	73.78	56.99		4	20	80	4.5
8.00		73.88	83.93	64.84		4	20		
9.00		93.52	106.25	82.07		4	25		
9.50		104.19	118.37	91.44		4	25		
10.00		115.45	131.16	101.32		4	25		
11.00		139.69	158.70	122.59		—	—		
12.00		166.26	188.88	145.90		—	—		

续表 1－27

公称直径 d_n (mm)	公称抗拉强度 R_m (MPa)	最大力的特征值 F_m (kN)	最大力的最大值 $F_{m,max}$ (kN)	0.2%屈服力 $F_{p0.2}$ (kN) ≥	最大力总伸长率 (L_0 = 200mm) A_{gt} (%) ≥	反复弯曲性能		应力松弛性能	
						弯曲次数 (次/180°) ≥	弯曲半径 R(mm)	初始力相当于实际最大力的百分数 (%)	1000h 应力松弛率 r(%) ≤
4.00	1570	19.73	22.24	17.37	3.5	3	10	70	2.5
4.80		28.41	32.03	25.00		4	15		
5.00		30.82	34.75	27.12		4	15		
6.00		44.38	50.03	39.06		4	15		
6.25		48.17	54.31	42.39		4	20		
7.00		60.41	68.11	53.16		4	20		
7.50		69.36	78.20	61.04		4	20		
8.00		78.91	88.96	69.44		4	20		
9.00		99.88	112.60	87.89		4	25		
9.50		111.28	125.46	97.93		4	25		
10.00		123.31	139.02	108.51		4	25		
11.00		149.20	168.21	131.30		—	—		
12.00		177.57	200.19	156.26		—	—		
4.00	1670	20.99	23.50	18.47		3	10		
5.00		32.78	36.71	28.85		4	15		
6.00		47.21	52.86	41.54		4	15		
6.25		51.24	57.38	45.09		4	20		
7.00		64.26	71.96	56.55		4	20		
7.50		73.78	82.62	64.93		4	20		
8.00		83.93	93.98	73.86		4	20		
9.00		106.25	118.97	93.50		4	25	80	4.5
4.00	1770	22.25	24.76	19.58		3	10		
5.00		34.75	38.68	30.58		4	15		
6.00		50.04	55.69	44.03		4	15		
7.00		68.11	75.81	59.94		4	20		
7.50		78.20	87.04	68.81		4	20		
4.00	1860	23.38	25.89	20.57		3	10		
5.00		36.51	40.44	32.13		4	15		
6.00		52.58	58.23	46.27		4	15		
7.00		71.57	79.27	62.98		4	20		

1.3.6 预应力混凝土用钢绞线

（1）钢绞线按结构分为8类。其代号为：

用两根钢丝捻制的钢绞线	1×2
用三根钢丝捻制的钢绞线	1×3
用三根刻痕钢丝捻制的钢绞线	1×3I
用七根钢丝捻制的标准型钢绞线	1×7
用六根刻痕钢丝和一根光圆中心钢丝捻制的钢绞线	1×7I
用七根钢丝捻制又经模拔的钢绞线	（1×7）C
用十九根钢丝捻制的1+9+9西鲁式钢绞线	1×19S
用十九根钢丝捻制的1+6+6/6瓦林吞式钢绞线	1×19W

（2）1×2结构钢绞线的尺寸及允许偏差、每米理论重量应符合表1-28的规定。

表1-28 1×2结构钢绞线尺寸及允许偏差、每米理论重量

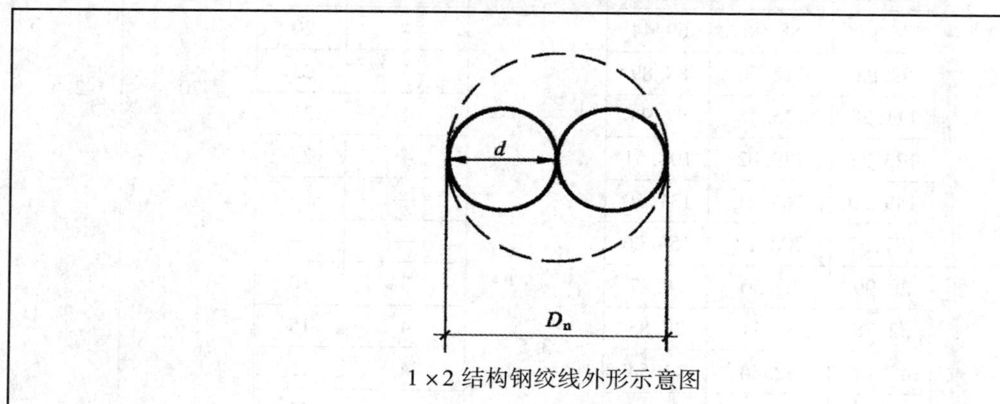

1×2结构钢绞线外形示意图

钢绞线结构	公称直径		钢绞线直径允许偏差（mm）	钢绞线公称横截面积 S_n（mm^2）	每米理论重量（g/m）
	钢绞线直径 D_n（mm）	钢丝直径 d（mm）			
1×2	5.00	2.50	+0.15 -0.05	9.82	77.1
	5.80	2.90		13.2	104
	8.00	4.00	+0.25 -0.10	25.1	197
	10.00	5.00		39.3	309
	12.00	6.00		56.5	444

（3）1×3结构钢绞线的尺寸及允许偏差、每米理论重量应符合表1-29的规定。

表1-29 1×3结构钢绞线尺寸及允许偏差、每米理论重量

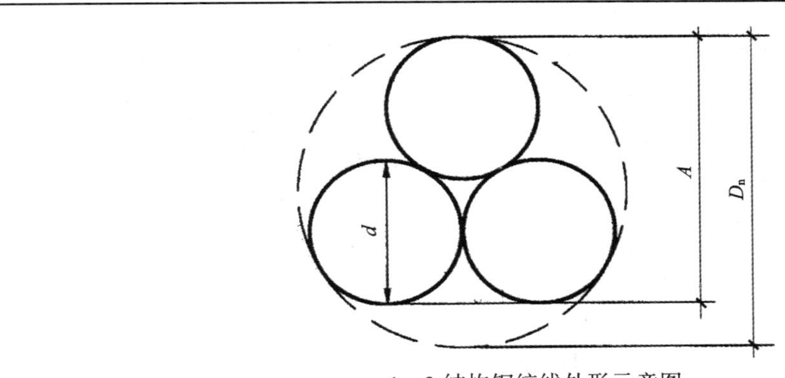

1×3结构钢绞线外形示意图

钢绞线结构	公称直径		钢绞线测量尺寸 A (mm)	测量尺寸 A 允许偏差 (mm)	钢绞线公称横截面积 S_n (mm^2)	每米理论重量 (g/m)
	钢绞线直径 D_n (mm)	钢丝直径 d (mm)				
1×3	6.20	2.90	5.41	+0.15 -0.05	19.8	155
	6.50	3.00	5.60		21.2	166
1×3	8.60	4.00	7.46	+0.20 -0.10	37.7	296
	8.74	4.05	7.56		38.6	303
	10.80	5.00	9.33		58.9	462
	12.90	6.00	11.20		84.8	666
1×3 I	8.70	4.04	7.54		38.5	302

(4) 1×7结构钢绞线的尺寸及允许偏差、每米理论重量应符合表1-30的规定，当用于煤矿时，需标识说明，其直径允许偏差为：-0.20mm～+0.60mm。

表1-30 1×7结构钢绞线尺寸及允许偏差、每米理论重量

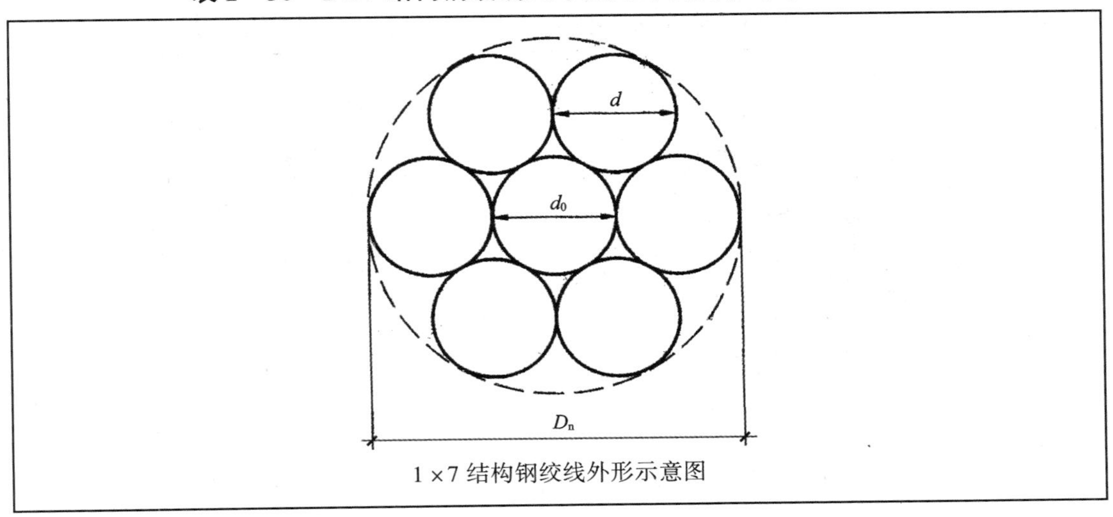

1×7结构钢绞线外形示意图

续表 1－30

钢绞线结构	公称直径 D_n（mm）	直径允许偏差（mm）	钢绞线公称横截面积 S_n（mm^2）	每米理论重量（g/m）	中心钢丝直径 d_0 加大范围（%）≥
1×7	9.50（9.53）	+0.30 －0.15	54.8	430	2.5
	11.10（11.11）		74.2	582	
	12.70	+0.40 －0.15	98.7	775	
	15.20（15.24）		140	1101	
	15.70		150	1178	
	17.80（17.78）		191（189.7）	1500	
	18.90		220	1727	
	21.60		285	2237	
1×7 I	12.70	+0.40 －0.15	98.7	775	2.5
	15.20（15.24）		140	1101	
（1×7）C	12.70	+0.40 －0.15	112	890	
	15.20（15.24）		165	1295	
	18.00		223	1750	

注：可按括号内规格供货。

（5）1×19 结构钢绞线的尺寸及允许偏差、每米理论重量应符合表 1－31 的规定。

表 1－31　1×19 结构钢绞线尺寸及允许偏差、每米理论重量

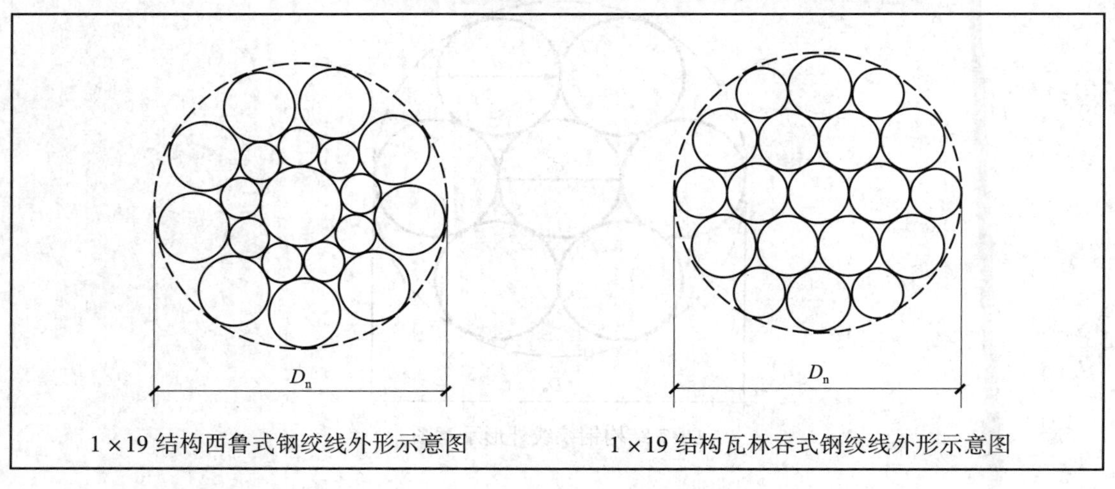

1×19 结构西鲁式钢绞线外形示意图　　1×19 结构瓦林吞式钢绞线外形示意图

续表 1－31

钢绞线结构	公称直径 D_n (mm)	直径允许偏差 (mm)	钢绞线公称横截面积 S_n (mm^2)	每米理论重量 (g/m)
1×19S (1+9+9)	17.8	+0.40 −0.15	208	1652
	19.3		244	1931
	20.3		271	2149
	21.8		313	2482
	28.6		532	4229
1×19W (1+6+6/6)	28.6		532	4229

(6) 1×2 结构钢绞线的力学性能应符合表 1－32 的规定。

表 1－32　1×2 结构钢绞线的力学性能

钢绞线结构	钢绞线公称直径 D_n(mm)	公称抗拉强度 R_m(MPa)	整根钢绞线最大力 F_m(kN) ≥	整根钢绞线最大力的最大值 $F_{m,max}$(kN)	0.2%屈服力 $F_{p0.2}$(kN) ≥	最大力总伸长率 (L_0≥400mm) A_{gt}(%) ≥	应力松弛性能	
							初始负荷相当于实际最大力的百分数(%)	1000h 应力松弛率 r(%) ≤
1×2	8.00	1470	36.9	41.9	32.5	对所有规格	对所有规格	对所有规格
	10.00		57.8	65.6	50.9			
	12.00		83.1	94.4	73.1			
	5.00	1570	15.4	17.4	13.6			
	5.80		20.7	23.4	18.2		70	2.5
	8.00		39.4	44.4	34.7			
	10.00		61.7	69.6	54.3	3.5	80	4.5
	12.00		88.7	100	78.1			
	5.00	1720	16.9	18.9	14.9			
	5.80		22.7	25.3	20.0			
	8.00		43.2	48.2	38.0			
	10.00		67.6	75.5	59.5			
	12.00		97.2	108	85.5			

续表 1－32

钢绞线结构	钢绞线公称直径 D_n(mm)	公称抗拉强度 R_m(MPa)	整根钢绞线最大力 F_m(kN) ≥	整根钢绞线最大力的最大值 $F_{m,max}$(kN)	0.2%屈服力 $F_{p0.2}$(kN) ≥	最大力总伸长率 (L_0≥400mm) A_{gt}(%) ≥	应力松弛性能	
							初始负荷相当于实际最大力的百分数(%)	1000h应力松弛率 r(%) ≤
1×2	5.00	1860	18.3	20.2	16.1	对所有规格	对所有规格	对所有规格
	5.80		24.6	27.2	21.6			
	8.00		46.7	51.7	41.1			
	10.00		73.1	81.0	64.3		70	2.5
	12.00		105	116	92.5	3.5		
	5.00	1960	19.2	21.2	16.9		80	4.5
	5.80		25.9	28.5	22.8			
	8.00		49.2	54.2	43.3			
	10.00		77.0	84.9	67.8			

（7）1×3 结构钢绞线的力学性能应符合表 1－33 的规定。

表 1－33　1×3 结构钢绞线的力学性能

钢绞线结构	钢绞线公称直径 D_n(mm)	公称抗拉强度 R_m(MPa)	整根钢绞线最大力 F_m(kN) ≥	整根钢绞线最大力的最大值 $F_{m,max}$(kN)	0.2%屈服力 $F_{p0.2}$(kN) ≥	最大力总伸长率 (L_0≥400mm) A_{gt}(%) ≥	应力松弛性能	
							初始负荷相当于实际最大力的百分数(%)	1000h应力松弛率 r(%) ≤
1×3	8.60	1470	55.4	63.0	48.8	对所有规格	对所有规格	对所有规格
	10.80		86.6	98.4	76.2			
	12.90		125	142	110			
	6.20	1570	31.1	35.0	27.4		70	2.5
	6.50		33.3	37.5	29.3	3.5		
	8.60		59.2	66.7	52.1			
	8.74		60.6	68.3	53.3		80	4.5
	10.80		92.5	104	81.4			
	12.90		133	150	117			

续表 1－33

钢绞线结构	钢绞线公称直径 D_n(mm)	公称抗拉强度 R_m(MPa)	整根钢绞线最大力 F_m(kN) ≥	整根钢绞线最大力的最大值 $F_{m,max}$(kN)	0.2%屈服力 $F_{p0.2}$(kN) ≥	最大力总伸长率 (L_0≥400mm) A_{gt}(%) ≥	应力松弛性能	
							初始负荷相当于实际最大力的百分数(%)	1000h 应力松弛率 r(%) ≤
1×3	8.74	1670	64.5	72.2	56.8	对所有规格	对所有规格	对所有规格
	6.20	1720	34.1	38.0	30.0			
	6.50		36.5	40.7	32.1			
	8.60		64.8	72.4	57.0			
	10.80		101	113	88.9			
	12.90		146	163	128			
	6.20	1860	36.8	40.8	32.4			
	6.50		39.4	43.7	34.7		70	2.5
	8.60		70.1	77.7	61.7			
	8.74		71.8	79.5	63.2	3.5		
	10.80		110	121	96.8			
	12.90		158	175	139		80	4.5
	6.20	1960	38.8	42.8	34.1			
	6.50		41.6	45.8	36.6			
	8.60		73.9	81.4	65.0			
	10.80		115	127	101			
	12.90		166	183	146			
1×3 I	8.70	1570	60.4	68.1	53.2			
		1720	66.2	73.9	58.3			
		1860	71.6	79.3	63.0			

（8）1×7 结构钢绞线的力学性能应符合表 1－34 的规定。

表 1－34　1×7 结构钢绞线的力学性能

钢绞线结构	钢绞线公称直径 D_n(mm)	公称抗拉强度 R_m(MPa)	整根钢绞线最大力 F_m(kN) ≥	整根钢绞线最大力的最大值 $F_{m,max}$(kN)	0.2% 屈服力 $F_{p0.2}$(kN) ≥	最大力总伸长率（L_0≥400mm）A_{gt}(%) ≥	应力松弛性能	
							初始负荷相当于实际最大力的百分数(%)	1000h 应力松弛率 r(%) ≤
	15.20（15.24）	1470	206	234	181	对所有规格	对所有规格	对所有规格
		1570	220	248	194			
		1670	234	262	206			
	9.50（9.53）		94.3	105	83.0			
	11.10（11.11）		128	142	113			
	12.70	1720	170	190	150			
	15.20（15.24）		241	269	212			
	17.80（17.78）		327	365	288		70	2.5
	18.90	1820	400	444	352			
1×7	15.70	1770	266	296	234	3.5		
	21.60		504	561	444			
	9.50（9.53）		102	113	89.8		80	4.5
	11.10（11.11）		138	153	121			
	12.70		184	203	162			
	15.20（15.24）	1860	260	288	229			
	15.70		279	309	246			
	17.80（17.78）		355	391	311			
	18.90		409	453	360			
	21.60		530	587	466			

续表 1－34

钢绞线结构	钢绞线公称直径 D_n(mm)	公称抗拉强度 R_m(MPa)	整根钢绞线最大力 F_m(kN) ≥	整根钢绞线最大力的最大值 $F_{m,max}$(kN)	0.2%屈服力 $F_{p0.2}$(kN) ≥	最大力总伸长率（L_0≥400mm）A_{gt}(%) ≥	应力松弛性能	
							初始负荷相当于实际最大力的百分数(%)	1000h 应力松弛率 r(%) ≤
						对所有规格	对所有规格	对所有规格
1×7	9.50 (9.53)	1960	107	118	94.2	3.5	70 80	2.5 4.5
	11.10 (11.11)		145	160	128			
	12.70		193	213	170			
	15.20 (15.24)		274	302	241			
1×7 I	12.70	1860	184	203	162			
	15.20 (15.24)		260	288	229			
(1×7) C	12.70	1860	208	231	183			
	15.20 (15.24)	1820	300	333	264			
	18.00	1720	384	428	338			

（9）1×19 结构钢绞线的力学性能应符合表 1－35 的规定。

表 1－35　1×19 结构钢绞线的力学性能

钢绞线结构	钢绞线公称直径 D_n(mm)	公称抗拉强度 R_m(MPa)	整根钢绞线最大力 F_m(kN) ≥	整根钢绞线最大力的最大值 $F_{m,max}$(kN)	0.2%屈服力 $F_{p0.2}$(kN) ≥	最大力总伸长率（L_0≥400mm）A_{gt}(%) ≥	应力松弛性能	
							初始负荷相当于实际最大力的百分数(%)	1000h 应力松弛率 r(%) ≤
						对所有规格	对所有规格	对所有规格
1×19S (1+9+9)	28.6	1720	915	1021	805	3.5	70 80	2.5 4.5
	17.8	1770	368	410	334			
	19.3		431	481	379			
	20.3		480	534	422			
	21.8		554	617	488			
	28.6		942	1048	829			

续表 1－35

钢绞线结构	钢绞线公称直径 D_n(mm)	公称抗拉强度 R_m(MPa)	整根钢绞线最大力 F_m(kN) ≥	整根钢绞线最大力的最大值 $F_{m,max}$(kN)	0.2%屈服力 $F_{p0.2}$(kN) ≥	最大力总伸长率 (L_0≥400mm) A_{gt}(%) ≥	应力松弛性能	
							初始负荷相当于实际最大力的百分数(%)	1000h 应力松弛率 r(%) ≤
1×19S (1+9+9)	20.3	1810	491	545	432	对所有规格	对所有规格	对所有规格
	21.8		567	629	499			
	17.8	1860	387	428	341			
	19.3		454	503	400			
	20.3		504	558	444		70	2.5
	21.8		583	645	513	3.5		
1×19W (1+6+6/6)	28.6	1720	915	1021	805		80	4.5
		1770	942	1048	829			
		1860	990	1096	854			

1.4 钢筋的性能

1.4.1 钢筋的力学性能

1. 抗拉性能

钢筋的抗拉性能，一般是以钢筋在拉力作用下的应力－应变图来表示。热轧钢筋具有软钢性质，有明显的屈服点，其应力－应变关系，如图 1－17 所示。

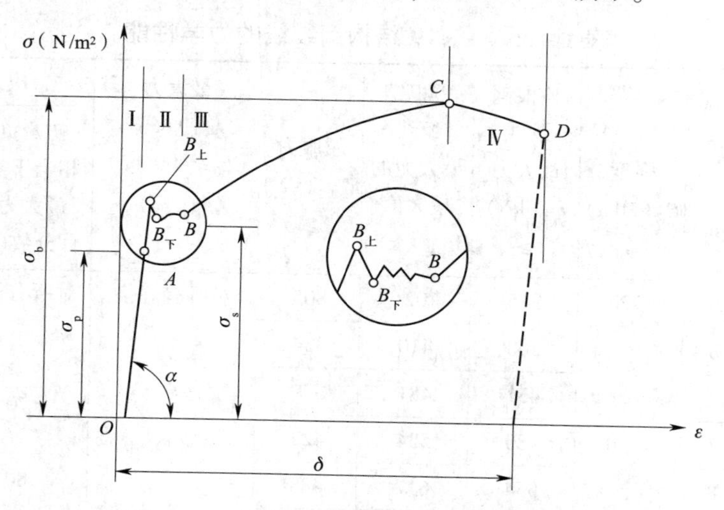

图 1－17 软钢受拉时的应力－应变图

（1）弹性阶段　图中的 OA 段，施加外力时，钢筋伸长；除去外力，钢筋恢复到原来的长度。这个阶段称为弹性阶段，在此段内发生的变形称为弹性变形。A 点所对应的应力叫作弹性极限或比例极限，用 σ_p 表示。OA 呈直线状，表明在 OA 阶段内应力与应变的比值为一常数，此常数被称为弹性模量，用符号 E 表示。弹性模量 E 反映了材料抵抗弹性变形的能力。工程上常用的 HPB300 级钢筋，其弹性模量 $E=(2.0\sim2.1)\times10^5\text{N/mm}^2$。

（2）屈服阶段　图中的 $B_上B$ 段。应力超过弹性阶段，达到某一数值时，应力与应变不再成正比关系，在 $B_下B$ 段内图形成呈锯齿形，这时应力在一个很小范围内波动，而应变却自动增长，犹如停止了对外力的抵抗，或者说屈服于外力，所以叫作屈服阶段。

钢筋到达屈服阶段时，虽尚未断裂，但一般已不能满足结构的设计要求，所以设计时是以这一阶段的应力值为依据，为了安全起见，取其下限值。这样，屈服下限也叫屈服强度或屈服点，用“R_{el}”表示。如 HPB300 级钢筋的屈服强度（屈服点）为不小于 300N/mm^2。

（3）强化阶段（BC 段）经过屈服阶段之后，试件变形能力又有了新的提高，此时变形的发展虽然很快，但它是随着应力的提高而增加的。BC 段称为强化阶段，对应于最高点 C 的应力称为抗拉强度，用“R_m”表示。如：HPB300 级钢筋的抗拉强度 $R_m\geqslant370\text{N/mm}^2$。

屈服点 R_{el} 与抗拉强度 R_m 的比值叫屈强比。屈强比 R_{el}/R_m 愈小，表明钢材在超过屈服点以后的强度储备能力愈大，则结构的安全性愈高，但屈服比太小，则表明钢材的利用率太低，造成钢材浪费。反之屈服比大，钢材的利用率虽然提高了，但其安全可靠性却降低了。HPB300 级钢筋的屈强比为 0.71 左右。

（4）颈缩阶段（CD）如图 1－17 中的 CD 段，当试件强度达到 C 点后，其抵抗变形的能力开始有明显下降，试件薄弱部件的断面开始出现显著缩小，此现象称为颈缩，如图 1－18 所示。试件在 D 点断裂，故称 CD 段为颈缩阶段。

硬钢（高碳钢－余热处理钢筋和冷拔钢丝）的应力－应变曲线，如图 1－19 所示。从图上可看出其屈服现象不明显，无法测定其屈服点。一般以发生 0.2% 的残余变形时的应力值当作屈服点，用“$\sigma_{0.2}$”表示，$\sigma_{0.2}$ 也称为条件屈服强度。

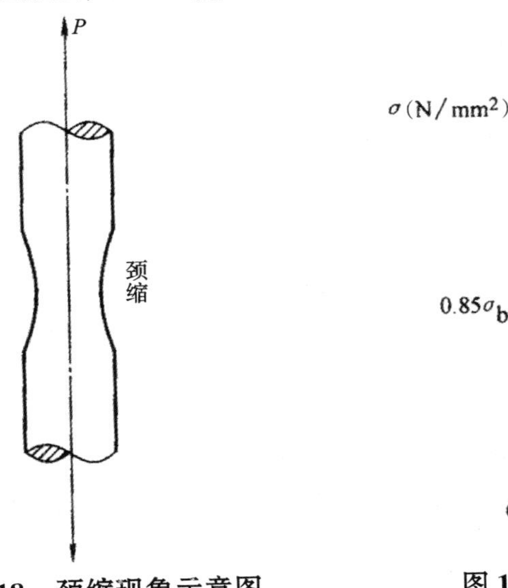

图 1－18　颈缩现象示意图

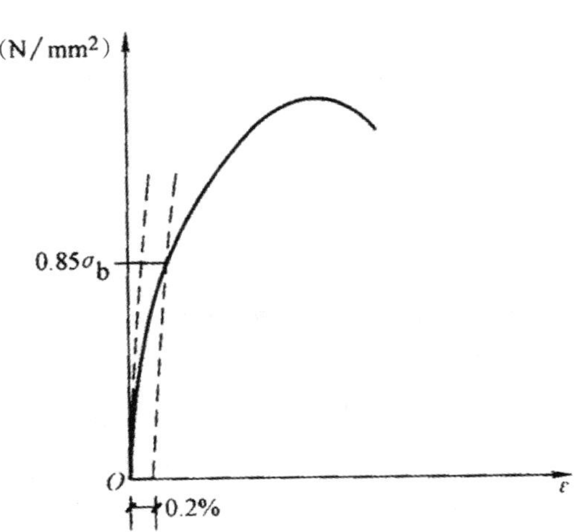

图 1－19　硬钢的应力－应变图

2. 塑性变形

通过钢材受拉时的应力－应变图，可对其延性（塑性变形）性能进行分析。钢筋的延性必须满足一定的要求，才能防止钢筋在加工时弯曲处出现毛刺、裂纹、翘曲现象及构件在受荷过程中可能出现的脆裂破坏。

影响延性的主要因素是钢筋材质。热轧低碳钢筋强度虽低但延性好。随着加入合金元素和碳当量加大，强度提高但延性减小。对钢筋进行热处理和冷加工同样可提高强度，但延性降低。

钢筋的延性通常用拉伸试验测得的断后伸长率和截面收缩率表示。

（1）断后伸长率用 A 表示，它的计算式为

$$A=\frac{\text{标距长度内总伸长度}}{\text{标距长度}\ L}\times 100\% \tag{1-1}$$

由于试件标距的长度不同，所以伸长率的表示方法也不一样。一般热轧钢筋的标距取10倍钢筋直径长和5倍钢筋直径长，其伸长率分别用 A_{10} 和 A_5 来表示。钢丝的标距取100倍直径长，用 A_{100} 表示。钢绞线标距取200倍直径长，用 A_{200} 来表示。

伸长率为衡量钢筋（钢丝）塑性性能的重要指标，伸长率越大，钢筋的塑性就越好。这是钢筋冷加工的保证条件。

（2）断面收缩率的计算公式为

$$\text{断面收缩率}=\frac{\text{试件的原始截面面积}-\text{试件拉断时断口截面面积}}{\text{试件的原始截面面积}}\times 100\% \tag{1-2}$$

3. 冲击韧度

冲击韧度是指钢材抵抗冲击荷载的能力。其指标是通过标准试件的弯曲冲击韧度试验确定的。

钢材的冲击韧度是衡量钢材质量的一项指标。特别对经常承受冲击荷载作用的构件，要经过冲击韧度的鉴定，比如重量级的吊车梁等。冲击韧度越大，就表示钢材的冲击韧度越好。

4. 耐疲劳性

钢筋混凝土构件在交变荷载的反复作用下，往往在应力远小于屈服点时，发生突然的脆性断裂，这种现象称为疲劳破坏。

5. 冷弯性能

冷弯性能是指钢筋在常温（20±3）℃条件下承受弯曲变形的能力。冷弯是检验钢筋原材料质量和钢筋焊接接头质量的重要项目之一；借助冷弯试验拉应力试验更容易暴露钢材内部存在的夹渣、气孔、裂纹等缺陷；特别是焊接接头如有缺陷时，在进行冷弯试验过程中能够敏感地暴露出来。

冷弯性能指标通过冷弯试验确定，常用弯曲角度（α）和弯心直径（d）对试件的厚度或直径（a）的比值来表示。弯曲角度越大，弯心直径对试件厚度或者直径的比值就越小，表明钢筋的冷弯性能越好，如图1－20所示。

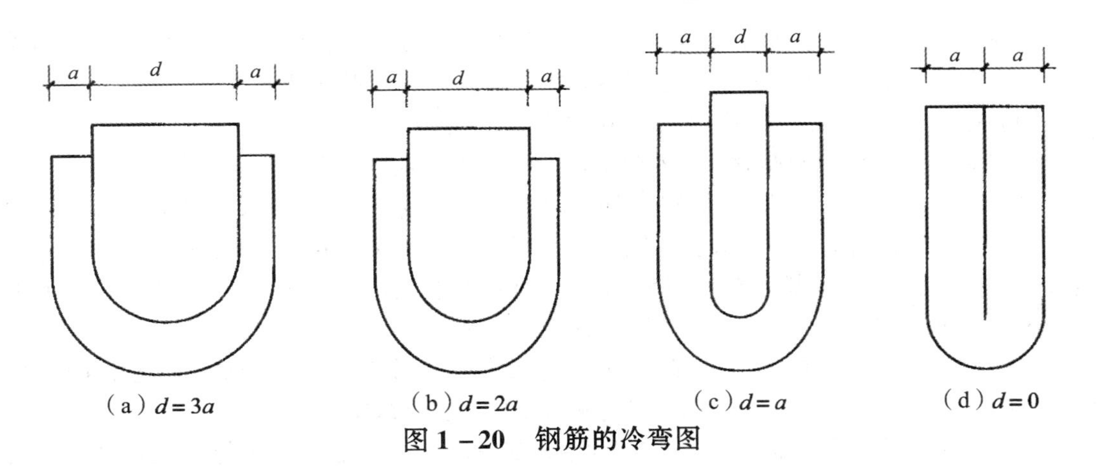

(a) $d=3a$　(b) $d=2a$　(c) $d=a$　(d) $d=0$

图1-20 钢筋的冷弯图

1.4.2 钢筋的焊接性能

钢材的焊接性能是指被焊钢材在采用一定焊接材料、焊接工艺条件下，获得优质焊接接头的难易程度，即钢材对焊接加工的适应性。它包括以下两个方面。

1. 工艺焊接性（接合性能）

工艺焊接性（接合性能）是指在一定焊接工艺条件下焊接接头中出现各种裂纹及其他工艺缺陷的敏感性和可能性。这种敏感性和可能性越大，则其工艺焊接性越差。

2. 使用焊接性

使用焊接性是指在一定焊接条件下焊接接头对使用要求的适应性，以及影响使用可靠性的程度。这种适应性和使用可靠性越大，则其使用焊接性越好。

钢筋的化学成分对钢筋的焊接性能有很大的影响，具体影响因素见表1-36。

表1-36 影响钢筋性能的化学成分

元素名称	内容说明
碳（C）	钢筋中含碳量的多少，对钢筋的性能有决定性的影响。含碳量增加时，强度及硬度提高，但塑性和韧性降低；焊接和冷弯性能也降低；钢的冷脆性提高
硅（Si）	在含量小于1%时，可显著提高钢的抗拉强度、硬度、抗蚀性能、湿氧化能力；若含量过高，则会降低钢的塑性和韧性，并使焊接性能更差
锰（Mn）	能显著提高钢的屈服强度及抗拉强度，改善钢的热加工性能，因此锰的含量不应低于标准规定。但含量过高，焊接性能差
磷（P）	磷是钢材的有害元素，能使钢的塑性、韧性以及焊接性能显著降低
硫（S）	硫也是钢材的有害元素，能使钢的焊接性能、力学性能、抗蚀性能以及疲劳强度显著降低，使钢变脆

1.5 钢筋保管

钢筋运到使用地点之后，必须加强保存和管理。

钢筋的检查与验收，首先是检查标牌。材料管理人员在分捆发料时，一定要防止钢筋窜捆，分捆后应该随时复制标牌并及时捆扎牢固，以避免使用时错用。

钢筋在储存时应该做好保管工作，并注意以下几点：

（1）钢筋入库要点数验收，要对钢筋的规格等级及牌号进行检验。

（2）钢筋应该尽量堆入仓库或料棚内，当条件不具备时，应该选择地势较高、土质坚实、较为平坦的露天场地堆放，如图 1－21 所示。在仓库、料棚或者场地四周，应有一定排水坡度，或者挖掘排水沟，以利泄水。钢筋堆下应该有垫木，使钢筋离地不小于 200mm，如图 1－22 所示，也可用钢筋存放架存放。

（3）钢筋应该按不同等级、牌号、炉号、规格、长度分别挂牌堆放，并且标明其数量，如图 1－23 所示。凡储存的钢筋均应附有出厂证明与试验报告单。

（4）钢筋不得和酸、盐、油等类物品存放在一起。堆放地点不应与产生有害气体的车间靠近，以防腐蚀钢筋。

图 1－21

图 1－22

图 1－23

1.6 钢筋骨架变形的预防

钢筋骨架在装卸、运输和堆放过程中会发生扭曲，外形尺寸或钢筋间距不符合要求。预防措施如下：

（1）成型钢筋堆放要整齐，不宜过高，不应在钢筋骨架上操作。

（2）起吊搬运要轻吊轻放，尽量减少搬运次数，在运输较长钢筋骨架时，应设置托架。

（3）对已变形的钢筋骨架要进行修整，变形严重的钢筋应予调换。

（4）大型钢筋骨架存放时，层与层之间应设置木垫板。

2　钢筋工识图

2.1　施工图制图要求

工程施工图可分为建筑施工图、结构施工图和设备施工图三类，其具体内容如图 2－1 所示。

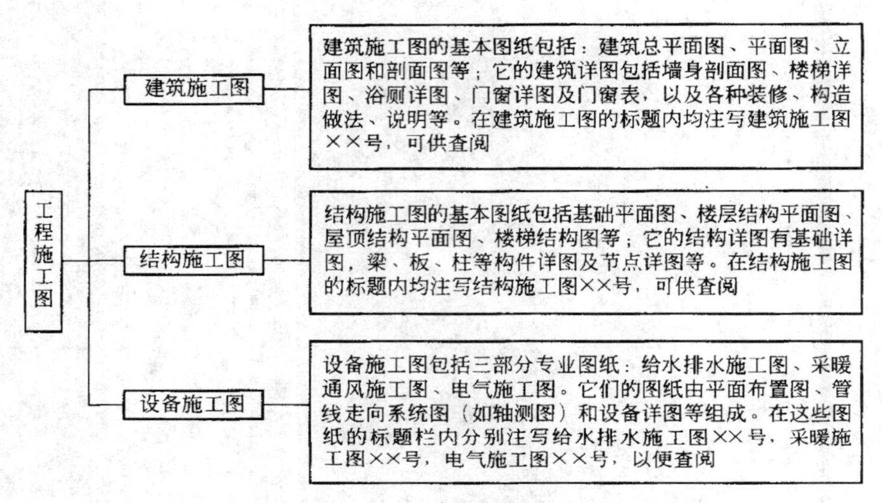

图 2－1　工程施工图分类

2.1.1　图纸幅面

（1）图幅及图框尺寸应符合表 2－1 的规定及图 2－2～图 2－3 的格式。

表 2－1　幅面及图框尺寸（mm）

尺寸代号 \ 图幅代号	A0	A1	A2	A3	A4
$b \times l$	841×1189	594×841	420×594	297×420	210×297
c	10			5	
a	25				

注：表中 b 为幅面短边尺寸，l 为幅面长边尺寸，c 为图框线与幅面线间宽度，a 为图框线与装订边间宽度。

（2）需要微缩复制的图纸，其一个边上应附有一段准确米制尺度，四个边上均附有对中标志，米制尺度的总长应为 100mm，分格应为 10mm。对中标志应画在图纸内框各边长的中点处，线宽 0.35mm，并应伸入内框边，在框外为 5mm。对中标志的线段，于 l_1 和 b_1 范围取中。

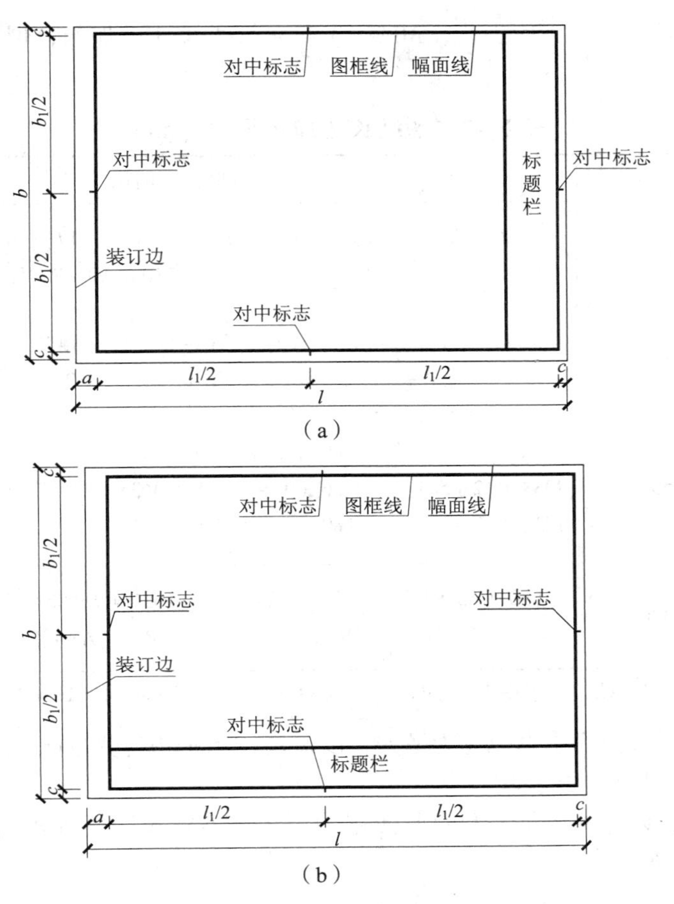

图 2－2　A0～A3 横式幅面

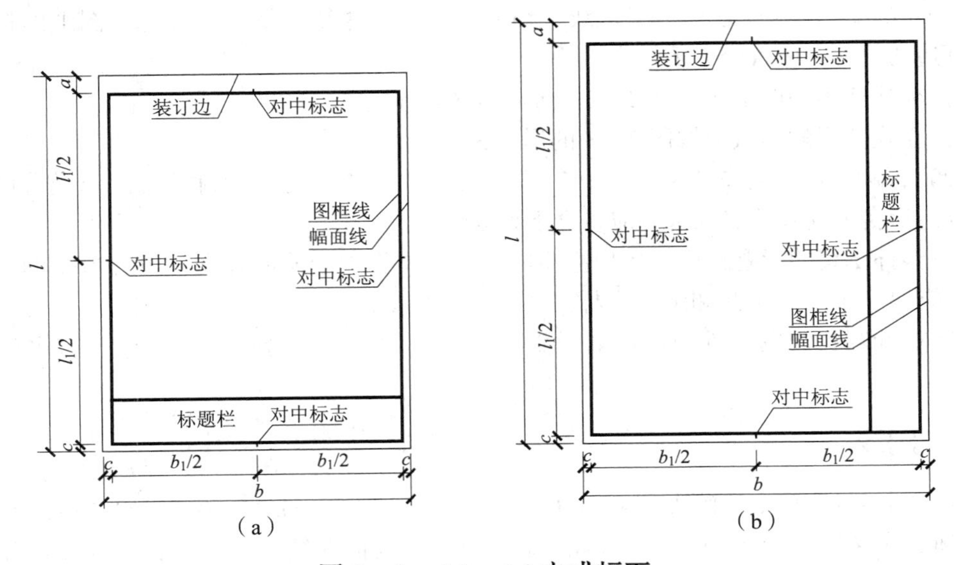

图 2－3　A0～A4 立式幅面

（3）图纸的短边尺寸不应加长，A0 ~ A3 幅面长边尺寸可加长，但应符合表 2 – 2 的规定。

表 2 – 2　图纸长边加长尺寸（mm）

幅面代号	长边尺寸	长边加长后的尺寸
A0	1189	1486（A0 + 1/4l）　1635（A0 + 3/8l）　1783（A0 + 1/2l）　1932（A0 + 5/8l）　2080（A0 + 3/4l）　2230（A0 + 7/8l）　2378（A0 + l）
A1	841	1051（A1 + 1/4l）　1261（A1 + 1/2l）　1471（A1 + 3/4l）　1682（A1 + l）　1892（A1 + 5/4l）　2102（A1 + 3/2l）
A2	594	743（A2 + 1/4l）　891（A2 + 1/2l）　1041（A2 + 3/4l）　1189（A2 + l）　1338（A2 + 5/4l）　1486（A2 + 3/2l）　1635（A2 + 7/4l）　1783（A2 + 2l）　1932（A2 + 9/4l）　2080（A2 + 5/2l）
A3	420	630（A3 + 1/2l）　841（A3 + l）　1051（A3 + 3/2l）　1261（A3 + 2l）　1471（A3 + 5/2l）　1682（A3 + 3l）　1892（A3 + 7/2l）

注：有特殊需要的图纸，可采用 $b \times l$ 为 841mm × 891mm 与 1189mm × 1261mm 的幅面。

（4）图纸以短边作为垂直边应为横式，以短边作水平边应为立式。A0 ~ A3 图纸宜横式使用；必要时，也可立式使用。

（5）一个工程设计中，每个专业所使用的图纸，不宜多于两种幅面，不含目录及表格所采用的 A4 幅面。

2.1.2　标题栏

（1）图纸中应有标题栏、图框线、幅面线、装订边线以及对中标志。图纸的标题栏及装订边的位置，应符合以下规定：

1）横式使用的图纸应按图 2 – 2 的形式进行布置。

2）立式使用的图纸应按图 2 – 3 的形式进行布置。

（2）标题栏应符合图 2 – 4 的规定，根据工程的需要确定其尺寸、格式以及分区。签字栏应包括实名列和签名列，并应符合下列规定：

1）涉外工程的标题栏内，各项主要内容的中文下方应附有译文，设计单位的上方或左方，应加“中华人民共和国”字样。

2）在计算机制图文件中使用电子签名与认证时，应符合国家有关电子签名法的规定。

2.1.3　图线

（1）图线的宽度 b，宜从 1.4、1.0、0.7、0.5、0.35、0.25、0.18、0.13mm 线宽系列中选取。图线宽度不应小于 0.1mm。每个图样，应根据复杂程序与比例大小，先选定基本线宽 b，再选用表 2 – 3 中相应的线宽组。

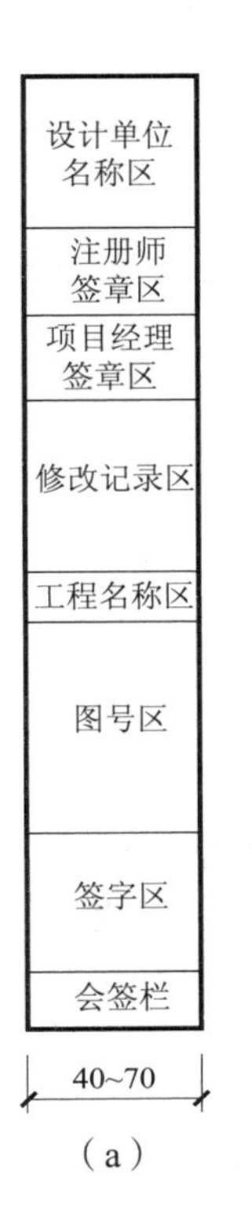

（a）

30~50

设计单位名称区	注册师签章区	项目经理签章区	修改记录区	工程名称区	图号区	签字区	会签栏

（b）

图 2－4　标题栏

表 2－3　线宽组（mm）

线宽比	线　宽　组			
b	1.4	1.0	0.7	0.5
0.7b	1.0	0.7	0.5	0.35
0.5b	0.7	0.5	0.35	0.25
0.25b	0.35	0.25	0.18	0.13

注：1　需要缩微的图纸，不宜采用 0.18mm 及更细的线宽；

2　同一张图纸内，各不同线宽中的细线，可统一采用较细的线宽组的细线。

（2）工程建设制图应选用表 2－4 所示的图线。

表 2－4　图线

名　称		线型	线宽	一 般 用 途
实线	粗	————	b	主要可见轮廓线
	中粗	————	0.7b	可见轮廓线
	中	————	0.5b	可见轮廓线、尺寸线、变更云线
	细	————	0.25b	图例填充线、家具线

续表 2-4

名称		线型	线宽	一般用途
虚线	粗	━ ━ ━ ━ ━	b	见各有关专业制图标准
	中粗	─ ─ ─ ─ ─	$0.7b$	不可见轮廓线
	中	─ ─ ─ ─ ─	$0.5b$	不可见轮廓线、图例线
	细	─ ─ ─ ─ ─	$0.25b$	图例填充线、家具线
单点长划线	粗	━━ · ━━ · ━━	b	见各有关专业制图标准
	中	── · ── · ──	$0.5b$	见各有关专业制图标准
	细	── · ── · ──	$0.25b$	中心线、对称线、轴线等
双点长划线	粗	━━ ·· ━━ ·· ━━	b	见各有关专业制图标准
	中	── ·· ── ·· ──	$0.5b$	见各有关专业制图标准
	细	── ·· ── ·· ──	$0.25b$	假象轮廓线、成型前原始轮廓线
折断线		──\/──	$0.25b$	断开界线
波浪线		∽∽∽	$0.25b$	断开界线

2.1.4 比例

(1) 图样的比例，应为图形与实物相对应的线性尺寸之比。

(2) 比例的符号应为"："，比例应以阿拉伯数字表示。

(3) 比例宜注写在图名的右侧，字的基准线应取平；比例的字高宜比图名的字高小一号或二号（图 2-5）。

(4) 绘图所用的比例应根据图样的用途与被绘对象的复杂程度，从表 2-5 中选用，并应优先采用表中常用比例。

平面图 1 : 100　⑥ 1 : 20

图 2-5 比例的注写

表 2-5 绘图所用的比例

常用比例	1∶1、1∶2、1∶5、1∶10、1∶20、1∶30、1∶50、1∶100、1∶150、1∶200、1∶500、1∶1000、1∶2000
可用比例	1∶3、1∶4、1∶6、1∶15、1∶25、1∶40、1∶60、1∶80、1∶250、1∶300、1∶400、1∶600、1∶5000、1∶10000、1∶20000、1∶50000、1∶100000、1∶200000

(5) 一般情况下，一个图样应选用一种比例。根据专业制图需要，同一图样可选用两种比例。

(6) 特殊情况下也可自选比例，这时除应注出绘图比例外，还应在适当位置绘制出相应的比例尺。

2.1.5 符号

1. 剖切符号

（1）剖视的剖切符号应由剖切位置线及剖视方向线组成，均应以粗实线绘制。剖视的剖切符号应符合下列规定：

1）剖切位置线的长度宜为6~10mm；剖视方向线应垂直于剖切位置线，长度应短于剖切位置线，宜为4~6mm（图2-6），也可采用国际统一和常用的剖视方法，如图2-7所示。绘制时，剖视剖切符号不应与其他图线相接触。

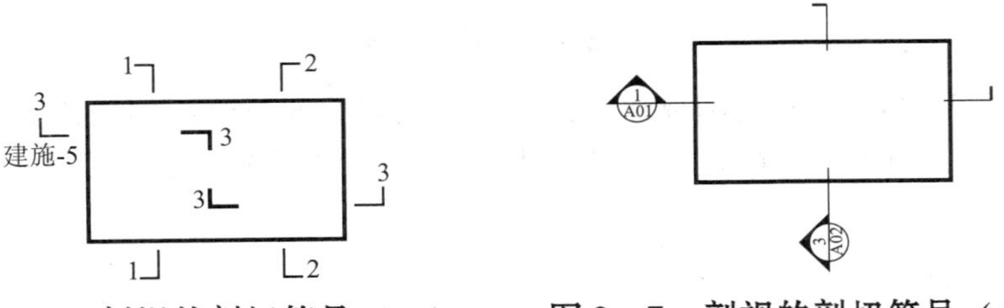

图2-6 剖视的剖切符号（一） **图2-7 剖视的剖切符号（二）**

2）剖视剖切符号的编号宜采用粗阿拉伯数字，按剖切顺序由左至右、由下向上连续编排，并应注写在剖视方向线的端部。

3）需要转折的剖切位置线，应在转角的外侧加注与该符号相同的编号。

4）建（构）筑物剖面图的剖切符号应注在±0.000标高的平面图或首层平面图上。

5）局部剖面图（不含首层）的剖切符号应注在包含剖切部位的最下面一层的平面图上。

（2）断面的剖切符号应符合下列规定：

1）断面的剖切符号应只用剖切位置线表示，并应以粗实线绘制，长度宜为6~10mm。

2）断面剖切符号的编号宜采用阿拉伯数字，按顺序连续编排，并应注写在剖切位置线的一侧；编号所在的一侧应为该断面的剖视方向（图2-8）。

（3）剖面图或断面图，当与被剖切图样不在同一张图内，应在剖切位置线的另一侧注明其所在图纸的编号，也可以在图上集中说明。

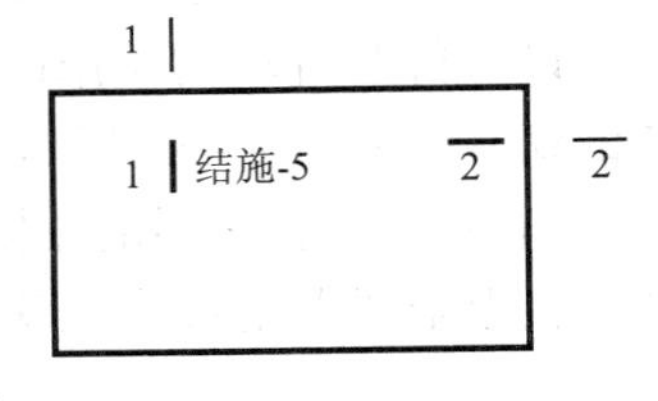

图2-8 断面的剖切符号

2. 索引符号与详图符号

（1）图样中的某一局部或构件，如需另见详图，应以索引符号索引，如图2-9（a）所示。索引符号是由直径为8~10mm的圆和水平直径组成，圆及水平直径应以细实线绘制。索引符号应按下列规定编写：

1）索引出的详图，如与被索引的详图同在一张图纸内，应在索引符号的上半圆中用阿拉伯数字注明该详图的编号，并在下半圆中间画一段水平细实线，如图2-9（b）所示。

2）索引出的详图，如与被索引的详图不在同一张图纸内，应在索引符号的上半圆中用阿拉伯数字注明该详图的编号，在索引符号的下半圆用阿拉伯数字注明该详图所在图纸的编号，如图2－9（c）所示。数字较多时，可加文字标注。

3）索引出的详图，如采用标准图，应在索引符号水平直径的延长线上加注该标准图集的编号，如图2－9（d）所示。需要标注比例时，文字在索引符合右侧或延长线下方，与符号下对齐。

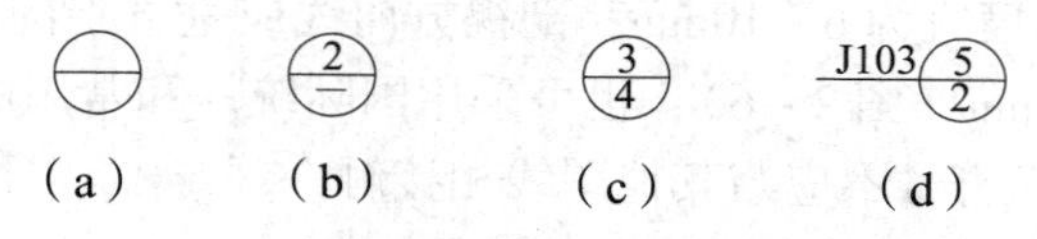

图2－9 索引符号

（2）索引符号当用于索引剖视详图，应在被剖切的部位绘制剖切位置线，并以引出线引出索引符号，引出线所在的一侧应为剖视方向，索引符号的编号同上，如图2－10所示。

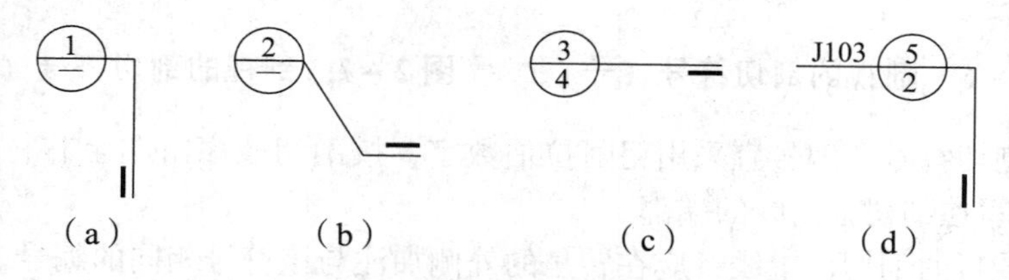

图2－10 用于索引剖面详图的索引符号

（3）零件、钢筋、杆件、设备等的编号宜以直径为5～6mm的细实线圆表示，同一图样应保持一致，其编号应用阿拉伯数字按顺序编写，如图2－11所示。消火栓、配电箱、管井等的索引符号，直径宜为4～6mm。

（4）详图的位置和编号应以详图符号表示。详图符号的圆应以直径为14mm的粗实线绘制。详图编号应符合下列规定：

1）详图与被索引的图样同在一张图纸内时，应在详图符号内用阿拉伯数字注明该详图的编号，如图2－12所示。

2）详图与被索引的图样不在同一张图纸内时，应用细实线在详图符号内画一水平直径，在上半圆中注明详图编号，在下半圆中注明被索引的图纸的编号，如图2－13所示。

图2－11 零件、钢筋等的编号　**图2－12 与被索引图样同在一张图纸内的详图符号**　**图2－13 与被索引图样不在同一张图纸内的详图符号**

3. 引出线

（1）引出线应以细实线绘制，宜采用水平方向的直线、与水平方向成30°、45°、60°、90°的直线，或经上述角度再折为水平线。文字说明宜注写在水平线的上方，如图2－14（a）所示，也可注写在水平线的端部，如图2－14（b）所示。索引详图的引出线，应与水平直径线相连接，如图2－14（c）所示。

（2）同时引出的几个相同部分的引出线，宜互相平行，如图 2－14（a）所示，也可画成集中于一点的放射线，如图 2－15（b）所示。

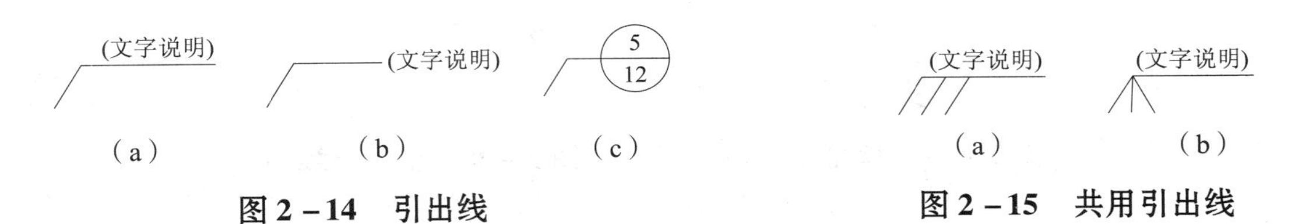

图 2－14　引出线　　　　**图 2－15　共用引出线**

（3）多层构造或多层管道共用引出线，应通过被引出的各层，并用圆点示意对应各层次。文字说明宜注写在水平线的上方，或注写在水平线的端部，说明的顺序应由上至下，并应与被说明的层次对应一致；如层次为横向排序，则由上至下的说明顺序应与由左至右的层次对应一致，如图 2－16 所示。

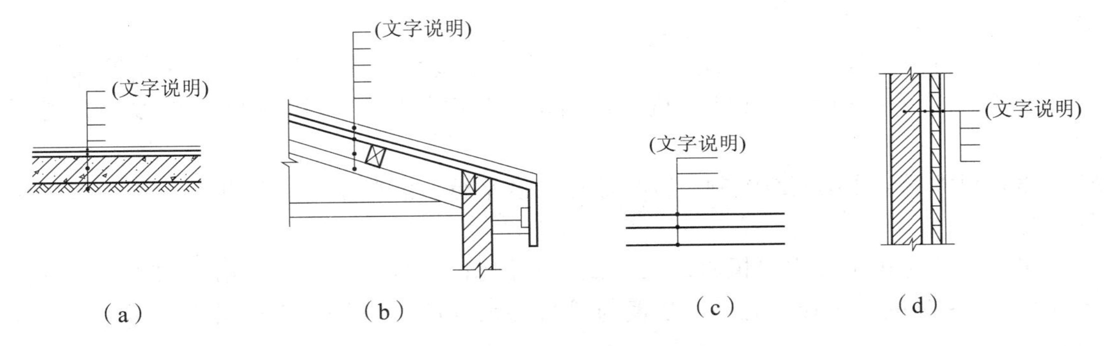

图 2－16　多层共用引出线

4. 其他符号

（1）对称符号由对称线和两端的两对平行线组成。对称线用细单点长画线绘制；平行线用细实线绘制，其长度宜为 6～10mm，每对的间距宜为 2～3mm；对称线垂直平分于两对平行线，两端超出平行线宜为 2～3mm，如图 2－17 所示。

（2）连接符号应以折断线表示需连接的部位。两部位相距过远时，折断线两端靠图样一侧应标注大写拉丁字母表示连接编号。两个被连接的图样应用相同的字母编号，如图 2－18 所示。

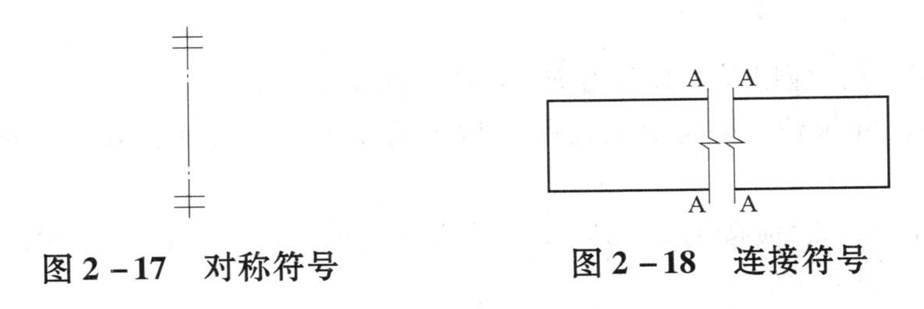

图 2－17　对称符号　　　　**图 2－18　连接符号**

（3）指北针的形状符合图 2－19 的规定，其圆的直径宜为 24mm，用细实线绘制；指针尾部的宽度宜为 3mm，指针头部应注“北”或“N”字。需用较大直径绘制指北针时，指针尾部的宽度宜为直径的 1/8。

（4）对图纸中局部变更部分宜采用云线，并宜注明修改版次，如图 2－20 所示。

图 2－19　指北针

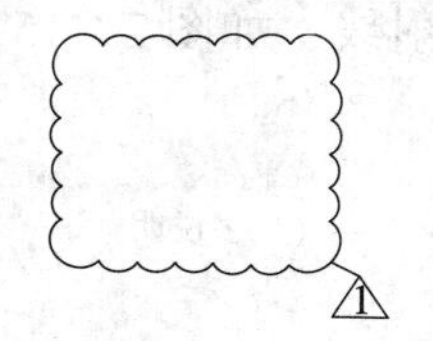

图 2－20　变更云线

注：1 为修改次数。

2.1.6　尺寸标注

1. 尺寸界线、尺寸线及尺寸起止符号

（1）图样上的尺寸，应包括尺寸界线、尺寸线、尺寸起止符号和尺寸数字（图 2－21）。

（2）尺寸界线应用细实线绘制，应与被注长度垂直，其一端应离开图样轮廓线不应小于 2mm，另一端宜超出尺寸线 2～3mm。图样轮廓线可用作尺寸界线（图 2－22）。

（3）尺寸线应用细实线绘制，应与被注长度平行。图样本身的任何图线均不得用作尺寸线。

（4）尺寸起止符号用中粗斜短线绘制，其倾斜方向应与尺寸界线成顺时针 45°角，长度宜为 2～3mm。半径、直径、角度与弧长的尺寸起止符号，宜用箭头表示（图 2－23）。

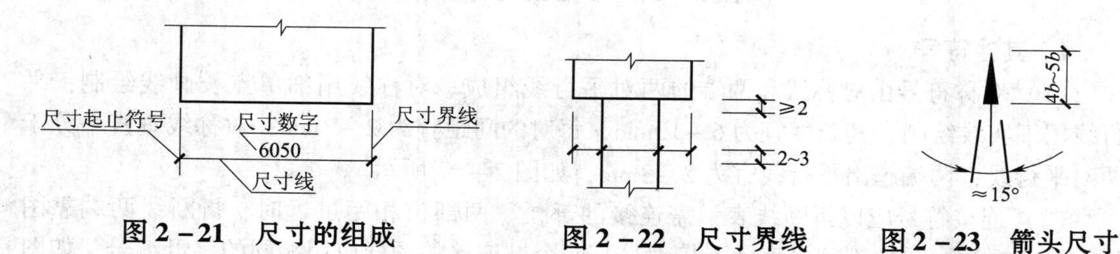

图 2－21　尺寸的组成　　图 2－22　尺寸界线　　图 2－23　箭头尺寸起止符号

2. 尺寸数字

（1）图样上的尺寸，应以尺寸数字为准，不得从图上直接量取。

（2）图样上的尺寸单位，除标高及总平面以米为单位外，其他必须以“mm”为单位。

（3）尺寸数字的方向，应按图 2－24（a）的规定注写。若尺寸数字在 30°斜线区内，也可按图 2－24（b）的形式注写。

（4）尺寸数字应依据其方向注写在靠近尺寸线的上方中部。如没有足够的注写位置，最外边的尺寸数字可注写在尺寸界线的外侧，中间相邻的尺寸数字可上下错开注写，引出线端部用圆点表示标注尺寸的位置（图 2－25）。

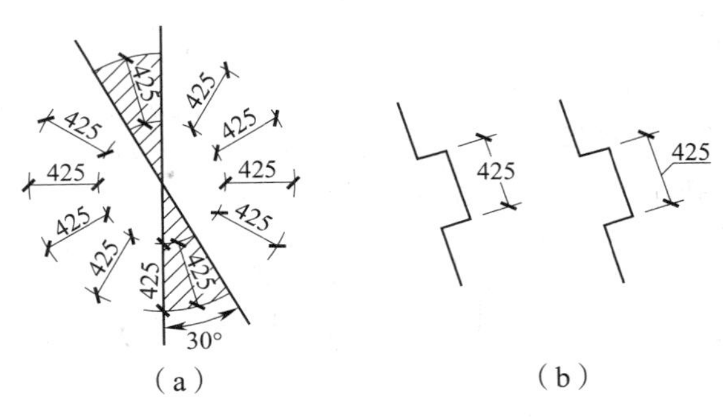

图 2－24 尺寸数字的注写方向

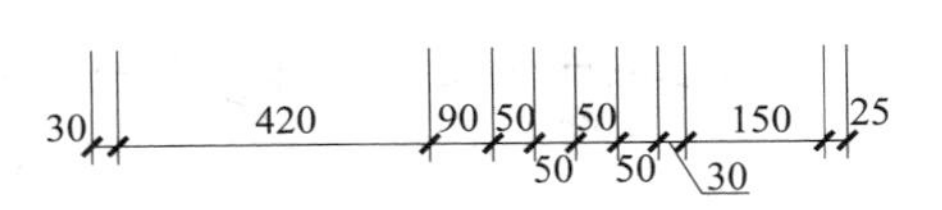

图 2－25 尺寸数字的注写位置

3. 尺寸的排列与布置

(1) 尺寸宜标注在图样轮廓以外，不宜与图线、文字及符号等相交（图 2－26）。

(2) 互相平行的尺寸线，应从被注写的图样轮廓线由近向远整齐排列，较小尺寸应离轮廓线较近，较大尺寸应离轮廓线较远（图 2－27）。

(3) 图样轮廓线以外的尺寸界线，距图样最外轮廓之间的距离，不宜小于 10mm。平行排列的尺寸线的间距，宜为 7～10mm，并应保持一致（图 2－27）。

(4) 总尺寸的尺寸界线应靠近所指部位，中间的分尺寸的尺寸界线可稍短，但其长度应相等（图 2－27）。

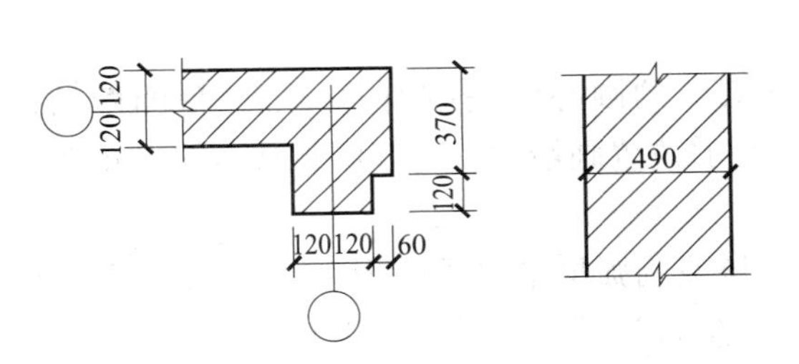

图 2－26 尺寸数字的注写

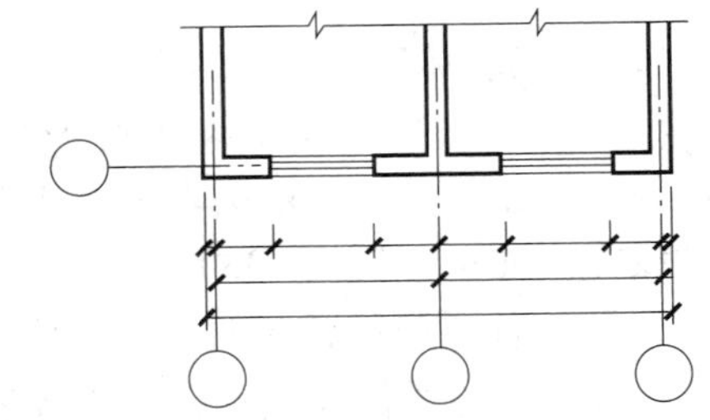

图 2－27 尺寸的排列

4. 半径、直径、球的尺寸标注

(1) 半径的尺寸线应一端从圆心开始，另一端画箭头指向圆弧。半径数字前应加注半径符号“*R*”（图 2－28）。

(2) 较小圆弧的半径，可按图 2－29 形式标注。

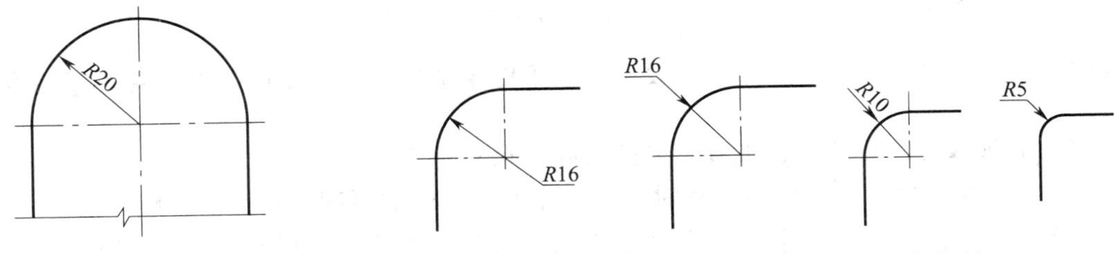

图 2－28 半径标注方法

图 2－29 小圆弧半径的标注方法

(3) 较大圆弧的半径，可按图 2－30 形式标注。

(4) 标注圆的直径尺寸时，直径数字前应加直径符号“ϕ”。在圆内标注的尺寸线应通过圆心，两端画箭头指至圆弧（图2-31）。

（5）较小圆的直径尺寸，可标注在圆外（图2-32）。

（6）标注球的半径尺寸时，应在尺寸前加注符号“*SR*”。标注球的直径尺寸时，应在尺寸数字前加注符号“*Sϕ*”。注写方法与圆弧半径和圆直径的尺寸标注方法相同。

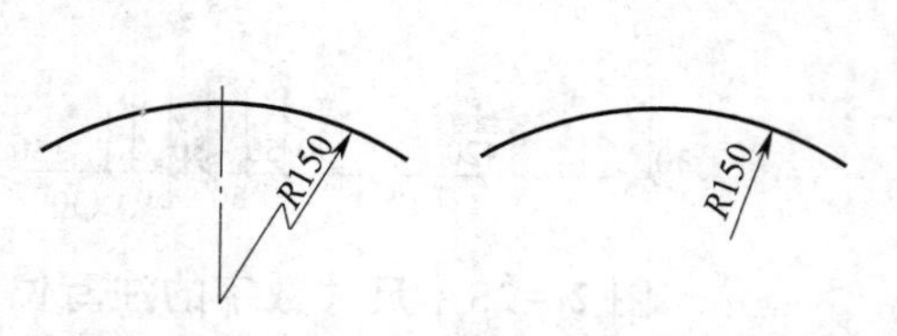

图2-30　大圆弧半径的标注方法

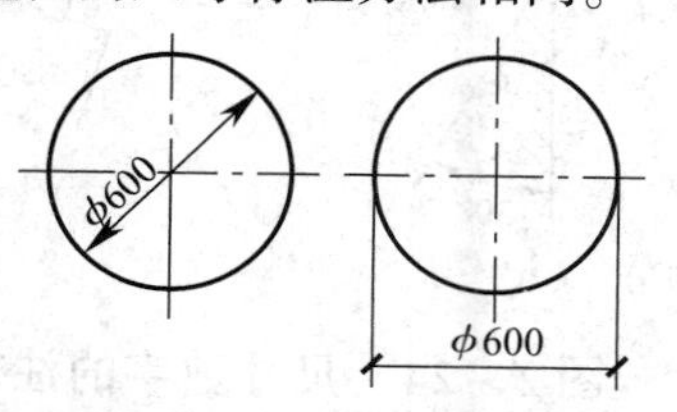

图2-31　圆直径的标注方法

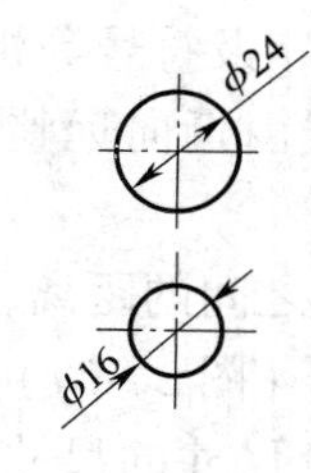

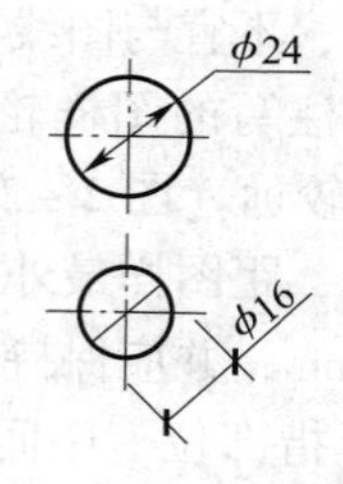

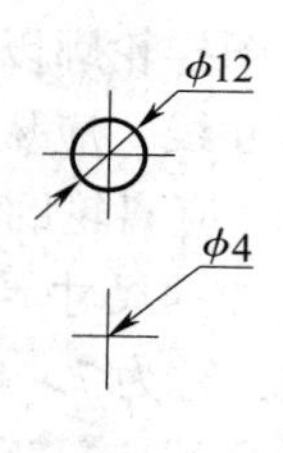

图2-32　小圆直径的标注方法

5. 角度、弧度、弧长的标注

（1）角度的尺寸线应以圆弧表示。该圆弧的圆心应是该角的顶点，角的两条边为尺寸界线。起止符号应以箭头表示，如没有足够位置画箭头，可用圆点代替，角度数字应沿尺寸线方向注写（图2-33）。

（2）标注圆弧的弧长时，尺寸线应以与该圆弧同心的圆弧线表示，尺寸界线应指向圆心，起止符号用箭头表示，弧长数字上方应加注圆弧符号“⌒”（图2-34）。

（3）标注圆弧的弦长时，尺寸线应以平行于该弦的直线表示，尺寸界线应垂直于该弦，起止符号用中粗斜短线表示（图2-35）。

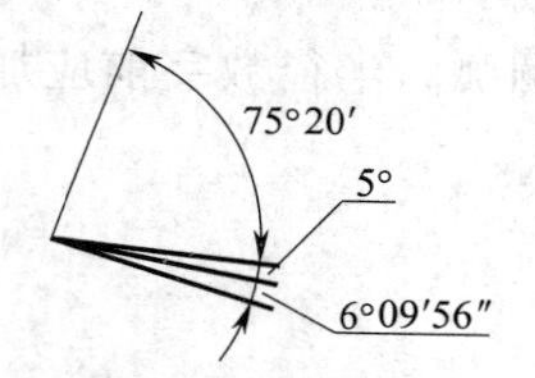

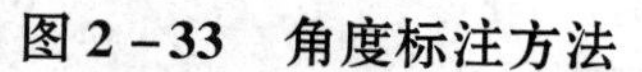

图2-33　角度标注方法

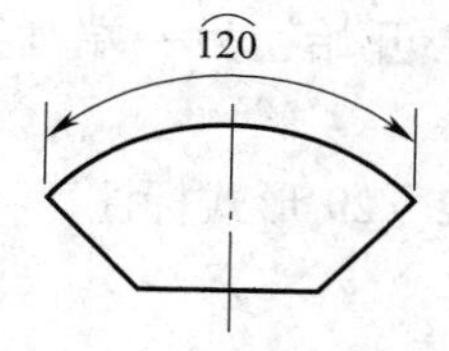

图2-34　弧长标注方法

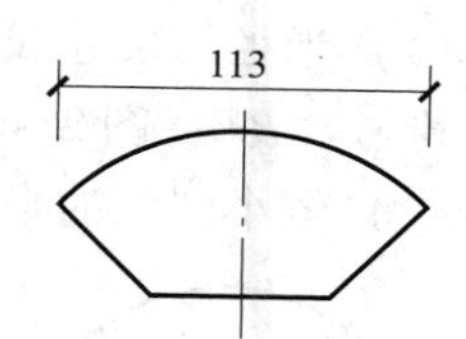

图2-35　弦长标注方法

6. 薄板厚度、正方形、坡度、非圆曲线等尺寸标注

（1）在薄板板面标注板厚尺寸时，应在厚度数字前加厚度符号“*t*”（图2-36）。

（2）标注正方形的尺寸，可用“边长×边长”的形式，也可在边长数字前加正方形符号“□”（图2-37）。

（3）标注坡度时，应加注坡度符号“↼”（图2-38a、b），该符号为单面箭头，箭头应指向下坡方向。坡度也可用直角三角形形式标注（图2-38c）。

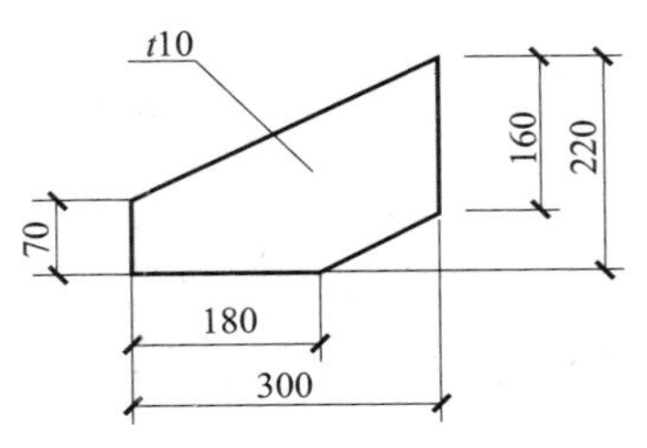

图 2-36 薄板厚度标注方法

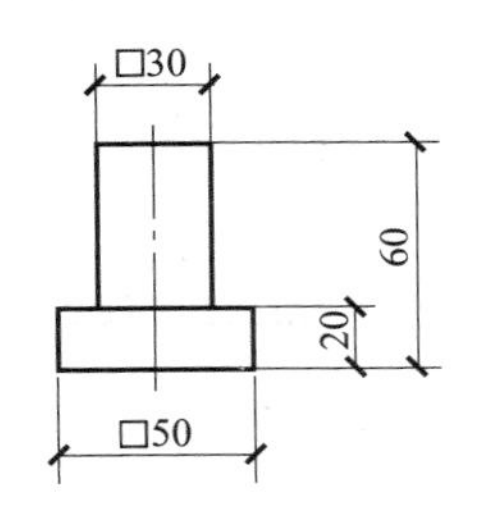

图 2-37 标注正方形尺寸

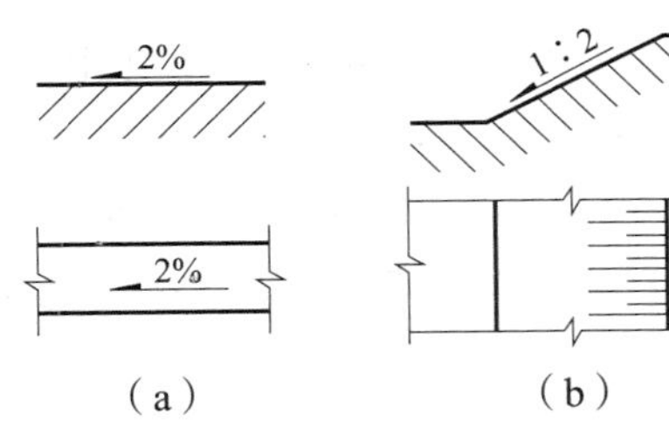

2.5
1

(c)

图 2-38 坡度标注方法

(4) 外形为非圆曲线的构件，可用坐标形式标注尺寸（图 2-39）。

(5) 复杂的图形，可用网格形式标注尺寸（图 2-40）。

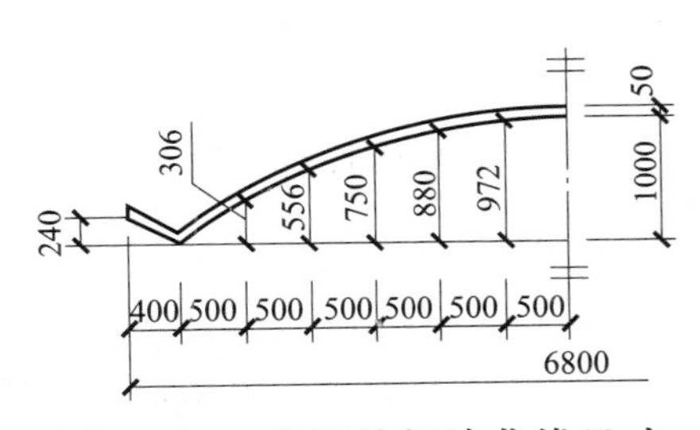

图 2-39 坐标法标注曲线尺寸

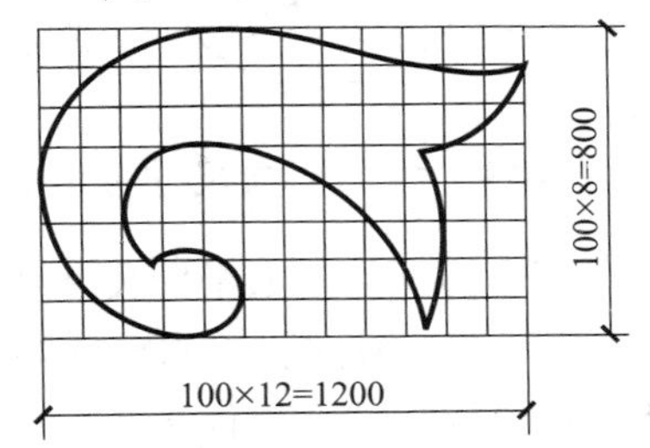

图 2-40 网格法标注曲线尺寸

7. 尺寸的简化标注

(1) 杆件或管线的长度，在单线图（桁架简图、钢筋简图、管线简图）上，可直接将尺寸数字沿杆件或管线的一侧注写（图 2-41）。

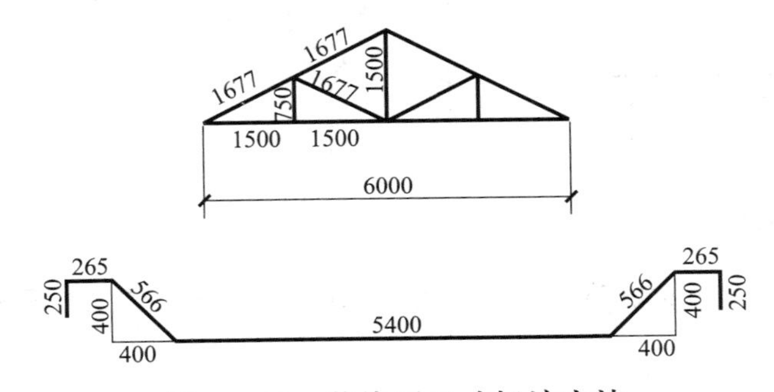

图 2-41 单线图尺寸标注方法

(2) 连续排列的等长尺寸，可用“等长尺寸×个数=总长”（图 2-42a）或“等分×个数=总长”（图 2-42b）的形式标注。

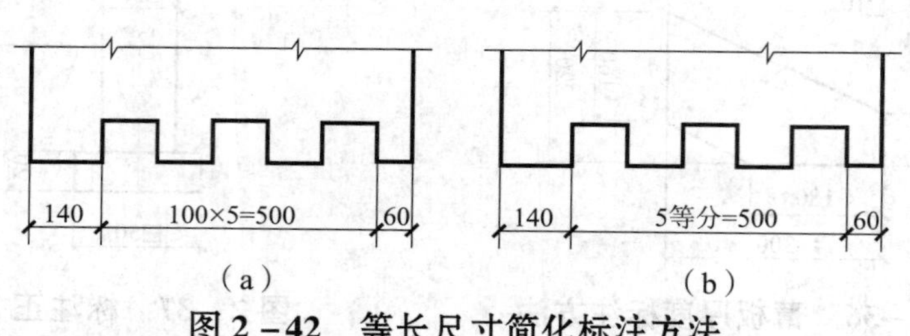

图 2 -42　等长尺寸简化标注方法

（3）构配件内的构造因素（如孔、槽等）如相同，可仅标注其中一个要素的尺寸（图 2 -43）。

（4）对称构配件采用对称省略画法时，该对称构配件的尺寸线应略超过对称符号，仅在尺寸线的一端画尺寸起止符号，尺寸数字应按整体全尺寸注写，其注写位置宜与对称符号对齐（图 2 -44）。

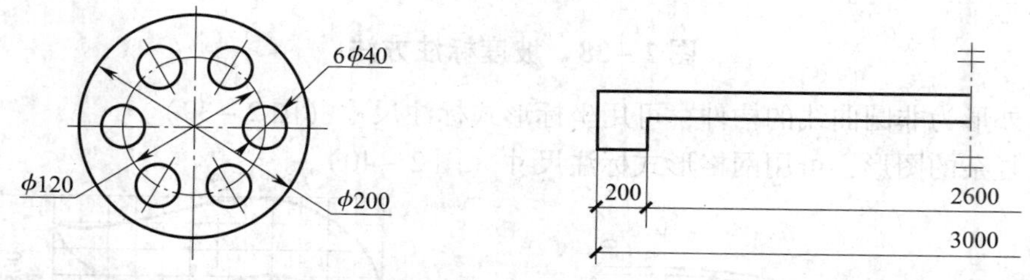

图 2 -43　相同要素尺寸标注方法　　**图 2 -44　对称构件尺寸标注方法**

（5）两个构配件，如个别尺寸数字不同，可在同一图样中将其中一个构配件的不同尺寸数字注写在括号内，该构配件的名称也应注写在相应的括号内（图 2 -45）。

（6）数个构配件，如仅某些尺寸不同，这些有变化的尺寸数字，可用拉丁字母注写在同一图样中，另列表格写明其具体尺寸（图 2 -46）。

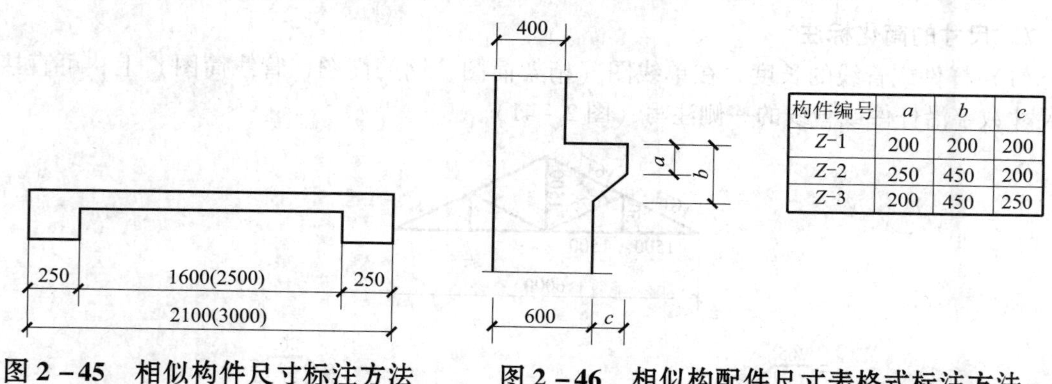

构件编号	*a*	*b*	*c*
Z-1	200	200	200
Z-2	250	450	200
Z-3	200	450	250

图 2 -45　相似构件尺寸标注方法　　**图 2 -46　相似构配件尺寸表格式标注方法**

8. 标高

（1）标高符号应以直角等腰三角形表示，按图 2 - 47（a）所示形式用细实线绘制，当标注位置不够，也可按图 2 - 47（b）所示形式绘制。标高符号的具体画法应符合图 2 - 47（c）、（d）的规定。

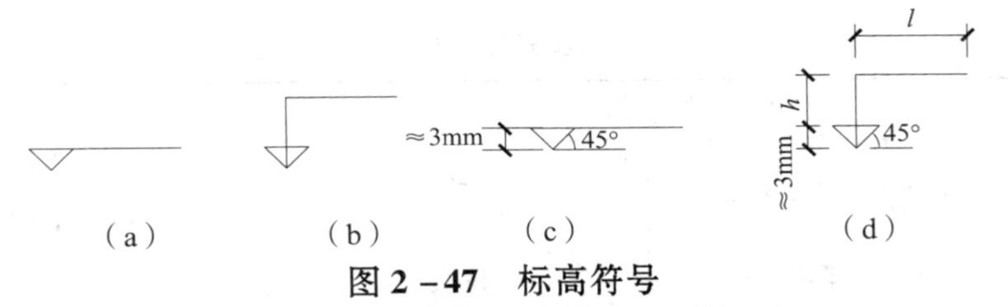

图 2－47　标高符号

l—取适当长度注写标高数字；*h*—根据需要取适当高度

（2）总平面图室外地坪标高符号，宜用涂黑的三角形表示，具体画法应符合图 2－48 的规定。

（3）标高符号的尖端应指至被注高度的位置。尖端宜向下，也可向上。标高数字应注写在标高符号的上侧或下侧，如图 2－49 所示。

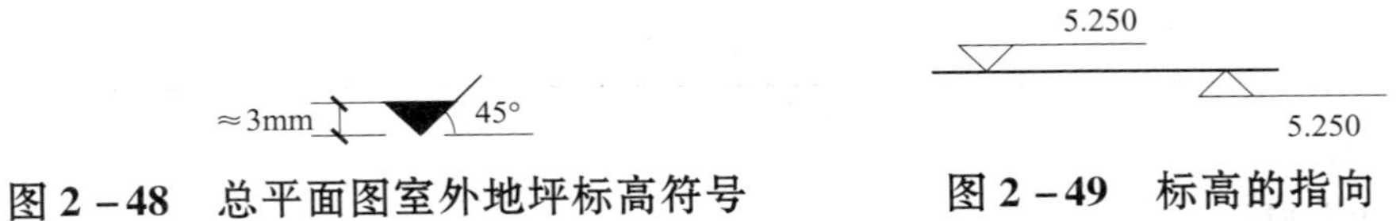

图 2－48　总平面图室外地坪标高符号　　　**图 2－49　标高的指向**

（4）标高数字应以“m”为单位，注写到小数点以后第三位。在总平面图中，可注写到小数字点以后第二位。

（5）零点标高应注写成 ±0.000，正数标高不注“+”，负数标高应注“－”，例如 3.000、－0.600。

（6）在图样的同一位置需表示几个不同标高时，标高数字可按图 2－50 的形式注写。

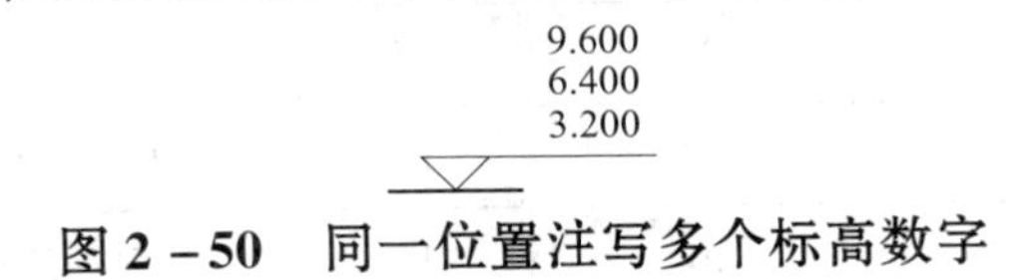

图 2－50　同一位置注写多个标高数字

2.2　钢筋符号

钢筋的种类很多，不同级别的钢筋，受力性能也就不相同，不同级别的钢筋符号见表 2－6。

表 2－6　钢筋符号

种　类		符　号
普通钢筋	HPB300	Φ
	HRB335	Φ
	HRB400 HRBF400 RRB400	Φ Φ^F Φ^R
	HRB500 HRBF500	Φ Φ^F

续表 2－6

种类			符号
预应力筋	中强度预应力钢丝	光面 螺旋肋	Φ^{PM} Φ^{HM}
	预应力螺纹钢筋	螺纹	Φ^{T}
	消除应力钢丝	光面 螺旋肋	Φ^{P} Φ^{H}
	钢绞线	1×3 （三股）	Φ^{S}
		1×7 （七股）	

2.3 构件代号

常用构件代号见表 2－7。

表 2－7 常用构件代号

序号	名称	代号	序号	名称	代号
1	板	B	15	吊车梁	DL
2	屋面板	WB	16	单轨吊车梁	DDL
3	空心板	KB	17	轨道连接	DGL
4	槽形板	CB	18	车挡	CD
5	折板	ZB	19	圈梁	QL
6	密肋板	MB	20	过梁	GL
7	楼梯板	TB	21	连系梁	LL
8	盖板或沟盖板	GB	22	基础梁	JL
9	挡雨板或檐口板	YB	23	楼梯梁	TL
10	吊车安全走道板	DB	24	框架梁	KL
11	墙板	QB	25	框支梁	KZL
12	天沟板	TGB	26	屋面框架梁	WKL
13	梁	L	27	檩条	LT
14	屋面梁	WL	28	屋架	WJ

续表 2－7

序号	名　称	代号	序号	名　称	代号
29	托架	TJ	42	柱间支撑	ZC
30	天窗架	CJ	43	垂直支撑	CC
31	框架	KJ	44	水平支撑	SC
32	钢架	GJ	45	梯	T
33	支架	ZJ	46	雨篷	YP
34	柱	Z	47	阳台	YT
35	框架柱	KZ	48	梁垫	LD
36	构造柱	GZ	49	预埋件	M—
37	承台	CT	50	天窗端壁	TD
38	设备基础	SJ	51	钢筋网	W
39	桩	ZH	52	钢筋骨架	G
40	挡土墙	DQ	53	基础	J
41	地沟	DG	54	暗柱	AZ

注：1　预制混凝土构件、现浇混凝土构件、钢构件和木构件，一般可以采用本表中的构件代号。在绘图中，除混凝土构件可以不注明材料代号外，其他材料的构件可在构件代号前加注材料代号，并在图纸中加以说明。

2　预应力混凝土构件的代号，应在构件代号前加注“Y”，如 Y－DL 表示预应力混凝土吊车梁。

2.4　钢筋的表示方法

2.4.1　钢筋的一般表示方法

（1）普通钢筋的一般表示方法见表 2－8。

表 2－8　普通钢筋

序号	名　称	图　例	说　明
1	钢筋横断面	•	—
2	无弯钩的钢筋端部		表示长、短钢筋投影重叠时，短钢筋的端部用 45°斜划线表示
3	带半圆形弯钩的钢筋端部		—

续表 2－8

序号	名　称	图　例	说　明
4	带直钩的钢筋端部		—
5	带丝扣的钢筋端部		—
6	无弯钩的钢筋搭接		—
7	带半圆弯钩的钢筋搭接		—
8	带直钩的钢筋搭接		—
9	花篮螺丝钢筋接头		—
10	机械连接的钢筋接头		用文字说明机械连接的方式（或冷挤压或锥螺纹等）

（2）预应力钢筋的表示方法见表 2－9。

表 2－9　预应力钢筋

序号	名　称	图　例
1	预应力钢筋或钢绞线	
2	后张法预应力钢筋断面 无黏结预应力钢筋断面	
3	预应力钢筋断面	
4	张拉端锚具	
5	固定端锚具	
6	锚具的端视图	
7	可动连接件	
8	固定连接件	

（3）钢筋网片的表示方法见表 2－10。

表 2－10　钢筋网片

序号	名　称	图　例
1	一片钢筋网平面图	W－1
2	一行相同的钢筋网平面图	3W－1

注：用文字注明焊接网或绑扎网片。

（4）钢筋焊接接头的表示方法见表 2－11。

表 2－11 钢筋的焊接接头

序号	名 称	接头型式	标注方法
1	单面焊接的钢筋接头		
2	双面焊接的钢筋接头		
3	用帮条单面焊接的钢筋接头		
4	用帮条双面焊接的钢筋接头		
5	接触对焊的钢筋接头（闪光焊、压力焊）	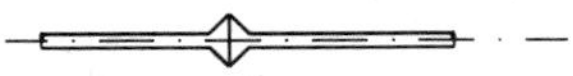	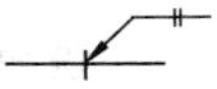
6	坡口平焊的钢筋接头	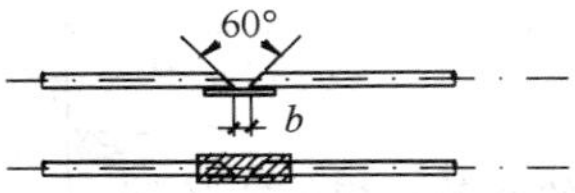 60° b	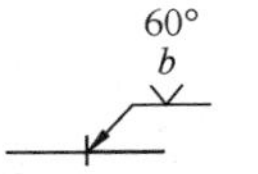 60° b
7	坡口立焊的钢筋接头	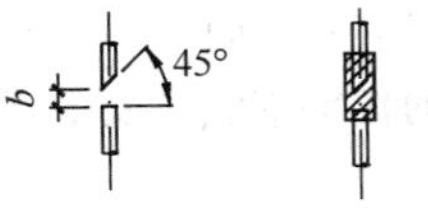 b 45°	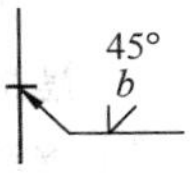 45° b
8	用角钢或扁钢做连接板焊接的钢筋接头	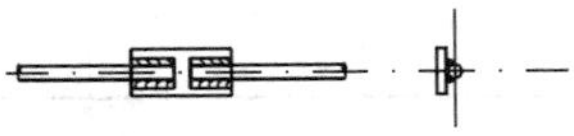	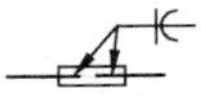
9	钢筋或螺（锚）栓与钢板穿孔塞焊的接头	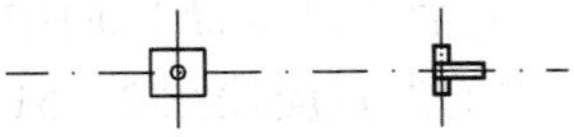	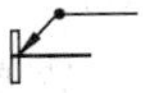

（5）钢筋的画法见表 2－12。

表 2－12 钢筋画法

序号	说 明	图 例
1	在结构楼板中配置双层钢筋时，底层钢筋的弯钩应向上或向左，顶层钢筋的弯钩则向下或向右	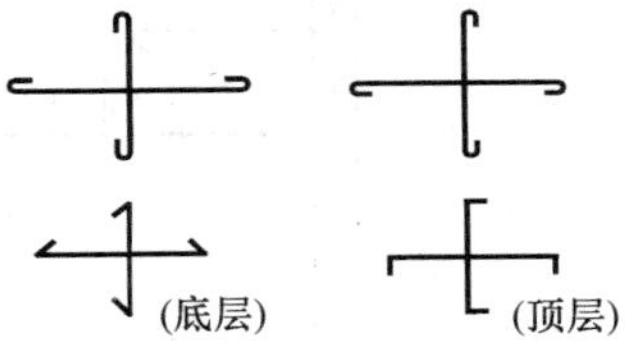 (底层) (顶层)
2	钢筋混凝土墙体配双层钢筋时，在配筋立面图中，远面钢筋的弯钩应向上或向左，而近面钢筋的弯钩向下或向右（JM 近面，YM 远面）	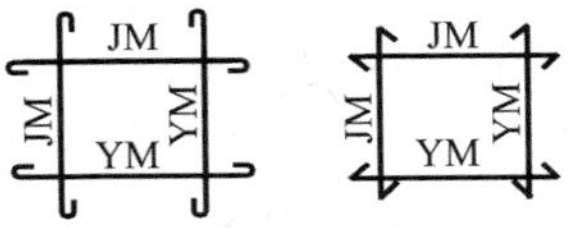 JM YM JM YM JM YM JM YM

续表 2－12

序号	说　明	图　例
3	若在断面图中不能表达清楚的钢筋布置，应在断面图外增加钢筋大样图（如：钢筋混凝土墙、楼梯等）	
4	图中所表示的箍筋、环筋等若布置复杂时，可加画钢筋大样及说明	
5	每组相同的钢筋、箍筋或环筋，可用一根粗实线表示，同时用一两端带斜短划线的横穿细线，表示其钢筋及起止范围	

（6）钢筋在平面、立面、剖（断）面中的表示方法应符合下列规定：

1）钢筋在平面图中的配置应按图 2－51 所示的方法表示。当钢筋标注的位置不够时，可采用引出线标注。引出线标注钢筋的斜短划线应为中实线或细实线。

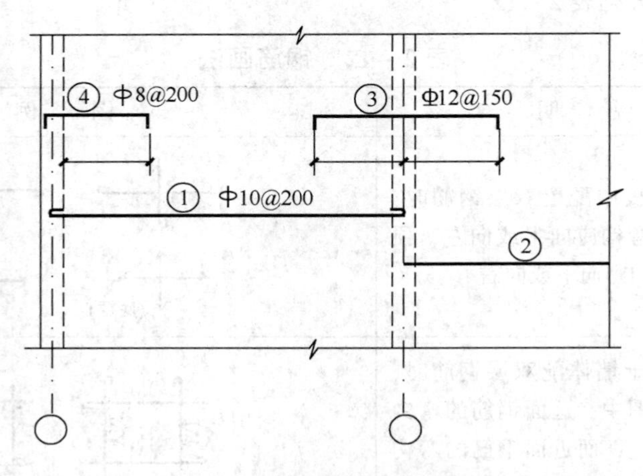

图 2－51　钢筋在楼板配筋图中的表示方法

2）当构件布置较简单时，结构平面布置图可与板配筋平面图合并绘制。

3）平面图中的钢筋配置较复杂时，可按表 2－12 及图 2－52 的方法绘制。

4）钢筋在梁纵、横断面图中的配置，应按图 2－53 所示的方法表示。

5）构件配筋图中箍筋的长度尺寸，应指箍筋的里皮尺寸。弯起钢筋的高度尺寸应指钢筋的外皮尺寸（图 2－54）。

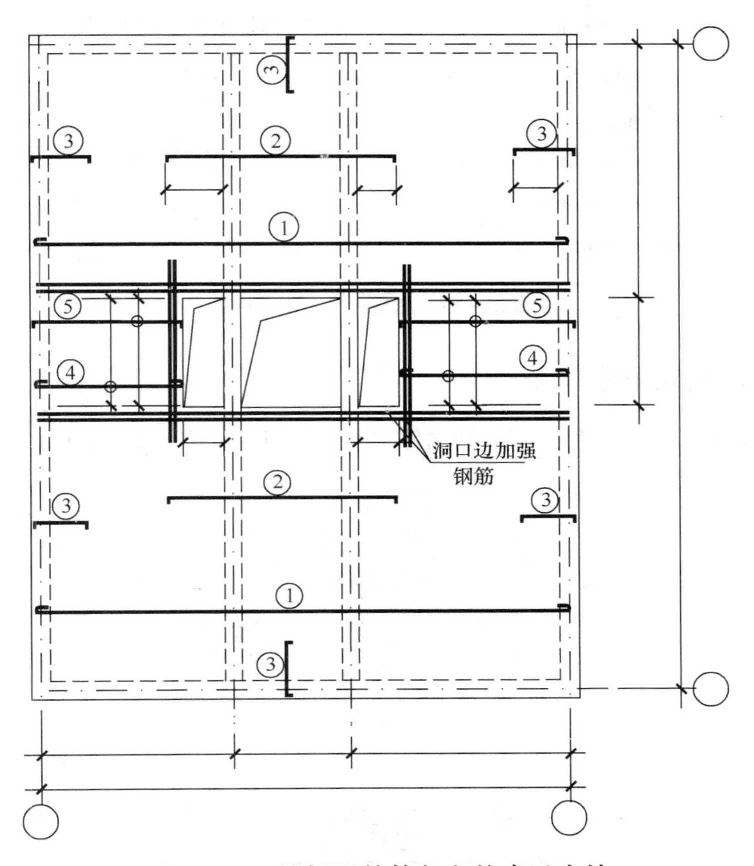

图 2－52　楼板配筋较复杂的表示方法

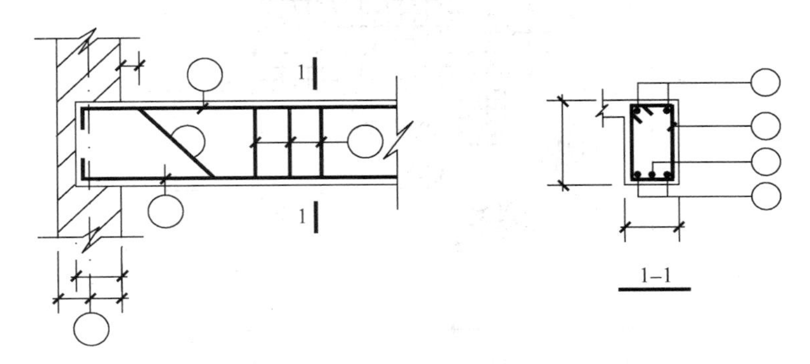

图 2－53　梁纵、横断面图中钢筋表示方法

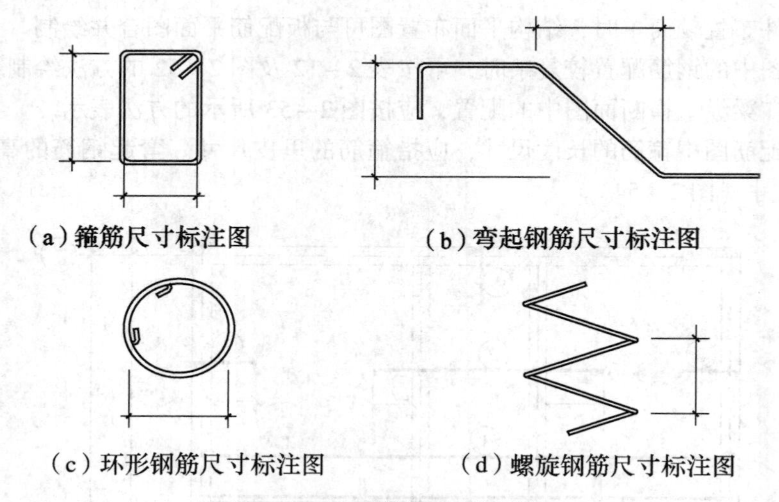

（a）箍筋尺寸标注图　　（b）弯起钢筋尺寸标注图

（c）环形钢筋尺寸标注图　　（d）螺旋钢筋尺寸标注图

图 2－54　钢箍尺寸标注法

2.4.2　钢筋的简化表示方法

（1）当构件对称时，采用详图绘制构件中的钢筋网片可按图 2－55 的一半或 1/4 表示。

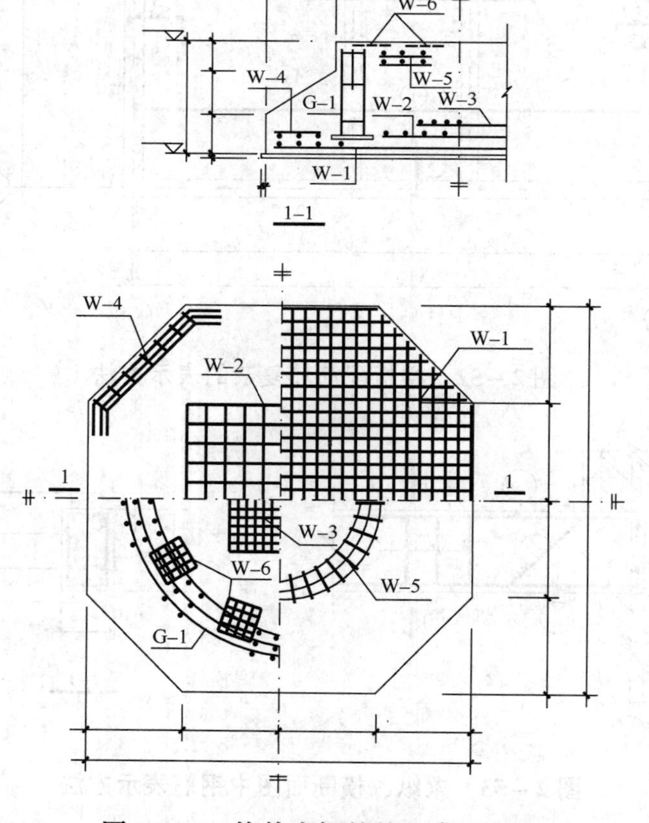

图 2－55　构件中钢筋简化表示方法

（2）钢筋混凝土构件配筋较简单时，宜按下列规定绘制配筋平面图：

1）独立基础宜按图 2－56（a）的规定在平面模板图左下角，绘出波浪线，绘出钢筋并标注钢筋的直径、间距等。

2）其他构件宜按图 2－56（b）的规定在某一部位绘出波浪线，绘出钢筋并标注钢筋的直径、间距等。

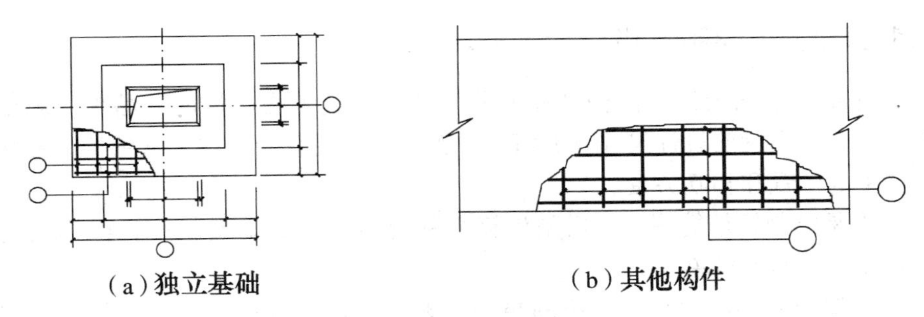

图 2－56　构件配筋简化表示方法

（3）对称的混凝土构件，宜按图 2－57 的规定在同一图样中一半表示模板，另一半表示配筋。

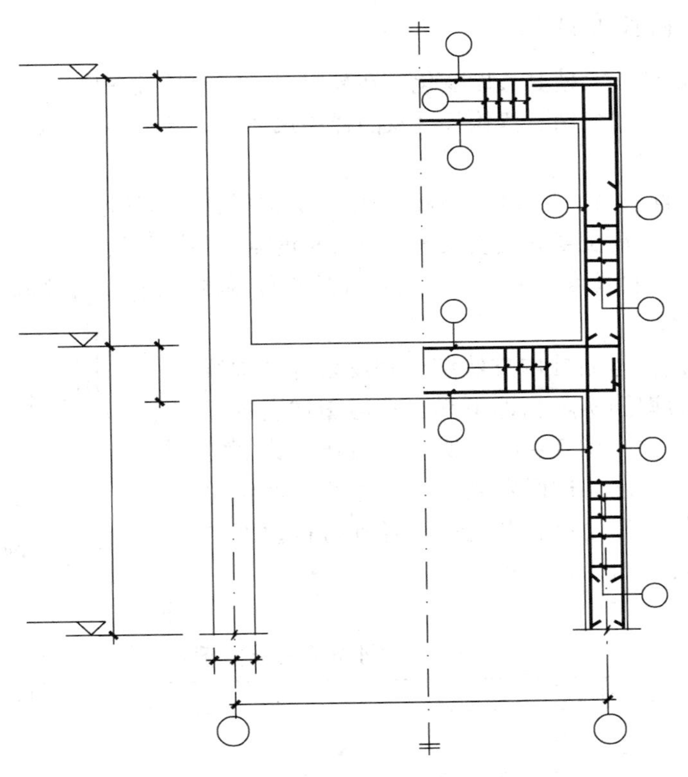

图 2－57　构件配筋简化表示方法

3 钢筋的配料与代换

3.1 钢筋的配料

3.1.1 钢筋配料单编制步骤

（1）首先要熟悉图纸，识读构件配筋图。把结构施工图中钢筋的品种、规格，列成钢筋明细表，并读出钢筋设计尺寸，弄清每一钢筋编号的直径、规格、种类、形状和数量以及在构件中的位置和相互关系。

（2）其次是绘制钢筋简图，然后是计算每种规格钢筋的下料长度，再根据钢筋下料长度填写和编写钢筋下料单。

（3）汇总编制钢筋配料单，在配料单中，要反映出工程名称、钢筋编号、钢筋简图和尺寸、钢筋直径、数量、下料长度、质量等。

（4）最后是填写钢筋料牌，根据钢筋配料单将每一编号的钢筋制作一块料牌作为钢筋加工的依据。

3.1.2 钢筋下料长度计算

钢筋因弯曲或弯钩会使其长度变化，在配料时不能直接按图样中的尺寸下料，而应根据混凝土保护层、钢筋弯曲、弯钩长度及图样中尺寸计算其下料长度，各种钢筋下料长度的计算可按下列方法：

直钢筋下料长度 = 构件长度 − 保护层厚 + 弯钩增加长度　（3－1）

弯起钢筋下料长度 = 直段长度 + 斜段长度 − 弯曲调整值 + 弯钩增加长度　（3－2）

箍筋下料长度 = 箍筋外皮周长（或箍筋内皮周长）+ 箍筋调整值　（3－3）

1. 弯曲调整值

钢筋弯曲后，在弯曲处内皮收缩，外皮延伸，轴线长不变，轴线长为钢筋实际长即下料长，但图样上的量度尺寸是按外皮尺寸（图3－1），所以一般弯起钢筋的量度尺寸大于下料长度，这两者之间的差值叫弯曲调整值或量度差值，根据理论计算及经验，各种弯折角度的弯曲调整值列于表3－1。

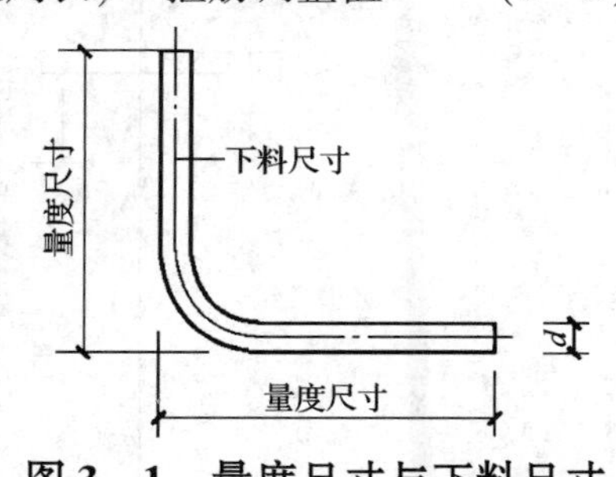

图3－1　量度尺寸与下料尺寸

表3－1　钢筋弯曲调整值

钢筋弯曲角度	钢筋弯曲调整值
30°	0.35d
45°	0.5d
60°	0.85d
90°	2d
135°	2.5d

注：d 为钢筋直径。

2. 弯钩长度

钢筋的弯钩形式有三种：半圆弯钩（180°）、直弯钩（90°）及斜弯钩（135°），其中半圆弯钩是常用的一种弯钩。

$$弯钩长度=平直部分长度+弯曲增加值 \tag{3-4}$$

平直部分长度若设计无具体要求则按混凝土规范的规定取值，一般要求平直部分长度不小于$3d$，弯曲增加值与弯钩形式及弯心直径有关，当弯心直径取$D=2.5d$时，弯曲的增加长度和弯钩长度分别为：

末端作90°弯钩（图3-2a）

$$弯曲增加长度=\frac{\pi(d+D)}{4}-\left(d+\frac{D}{2}\right)=0.5d \tag{3-5}$$

$$弯钩长度=3d+0.5d=3.5d \tag{3-6}$$

末端作135°弯钩（图3-2b）

$$弯曲增加长度=\frac{135}{360}\pi(d+D)-\left(d+\frac{D}{2}\right)=1.9d \tag{3-7}$$

$$弯钩长度=3d+1.9d=4.9d \tag{3-8}$$

末端作180°弯钩（图3-2c）

$$弯曲增加长度=\frac{\pi(d+D)}{2}-\left(d+\frac{D}{2}\right)=3.25d \tag{3-9}$$

$$弯钩长度=3d+3.25d=6.25d \tag{3-10}$$

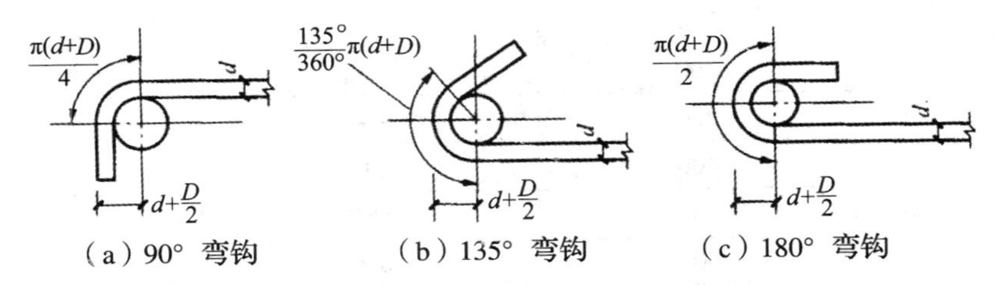

（a）90° 弯钩　（b）135° 弯钩　（c）180° 弯钩

图3-2　弯曲增加长度

但在实际生产中，由于实际弯心直径与理论值不一定一致，以及钢筋直径和具体操作机具等条件不同，所以对弯钩增加长度应根据具体条件，采用操作经验数据，经验数据可参考表3-2。

表3-2　半圆弯钩增加长度

钢筋直径 d（mm）	一个弯钩长度（mm）
≤6	$4.0d$
8～10	$6.0d$
12～18	$5.5d$
20～28	$5d$
32～36	$4.5d$

3. 弯起钢筋斜长

弯起钢筋的斜长 s 可由弯起角度 α、弯起高度 h_0 用三角函数来确定，见图 3－3 及表 3－3。

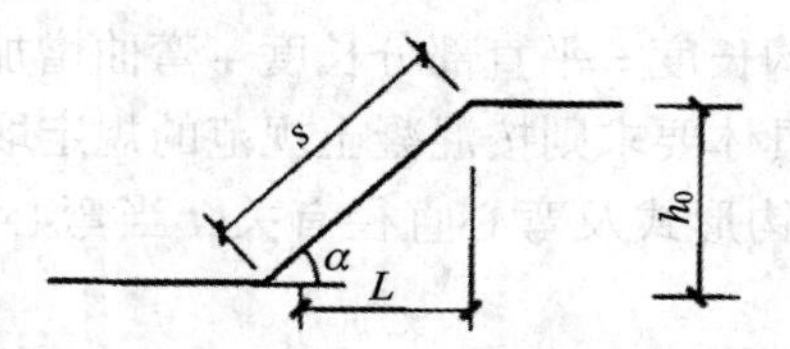

图 3－3 钢筋斜长与净高

表 3－3 弯起钢筋斜长系数

弯起角度	$\alpha=30°$	$\alpha=45°$	$\alpha=60°$
斜边长度 s	$2h_0$	$1.414h_0$	$1.15h_0$
斜边水平投影 L	$1.732h_0$	h_0	$0.575h_0$
增加长度 $s-L$	$0.268h_0$	$0.414h_0$	$0.575h_0$

则当梁的高度和弯起角度已知时，梁中弯起筋的斜长可参考表 3－4。

表 3－4 梁中弯起筋斜长

弯起角度		$\alpha=45°$	$\alpha=60°$
梁截面高度（mm）	250	283	—
	300	353	—
	350	424	—
	400	495	—
	450	566	—
	500	636	—
	550	707	—
	600	778	—
	650	849	693
	700	919	751
	750	990	809
	800	1061	866
	850	—	982
	1000	—	1097
	1100	—	1213
	1200	—	1328

4. 箍筋调整值

箍筋调整值即为弯钩增加长度与弯曲调整值两项之和或差，应根据箍筋量外包尺寸或内皮尺寸而定（图 3－4）。

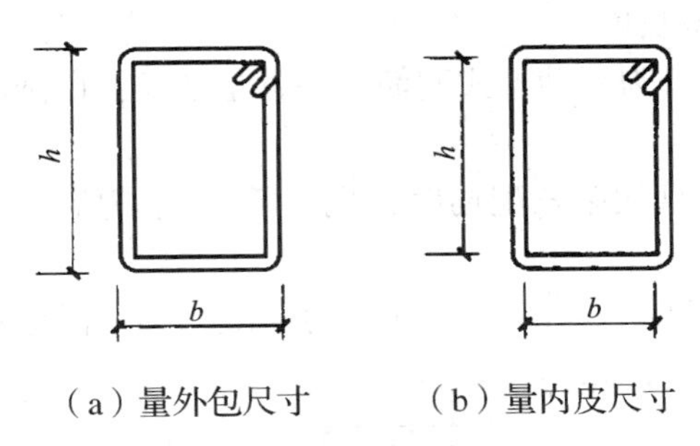

（a）量外包尺寸　　（b）量内皮尺寸

图 3－4　箍筋量度方法

当箍筋弯钩为135°、弯钩平直部分长度为10d时，箍筋下料长度调整值可参照表3－5。

表 3－5　箍筋下料长度调整值

箍筋量度方法	钢筋直径（mm）			
	4～5	6	8	10～12
量外包尺寸	40	50	60	70
量内皮尺寸	80	100	120	150～170

3.1.3　特殊钢筋的下料长度

1. 变截面构件钢筋下料长度

对于变截面构件，其中的纵横向钢筋长度或箍筋高度存在多种长度，其长度可用等差关系进行计算，如图3－5所示。

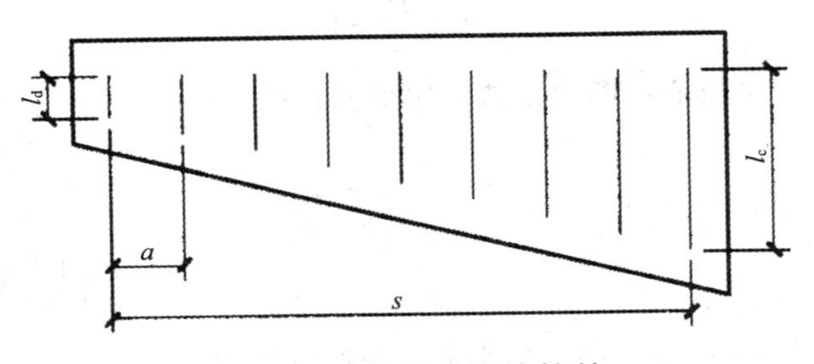

图 3－5　变截面构件箍筋

$$\Delta=\frac{l_c-l_d}{n-1} \tag{3-11}$$

$$n=\frac{s}{a}+1 \tag{3-12}$$

式中：Δ——相邻钢筋的长度差或相邻钢筋的高度差；

l_c、l_d——分别是变截面构件纵横钢筋的最大和最小长度；

n——纵横钢筋根数或箍筋个数；

s——钢筋或箍筋的最大与最小之间的距离；

a——钢筋的相邻间距。

2. 圆形构件钢筋下料长度

对于圆形构件配筋可分为两种形式配筋，一种是弦长，由圆心向两边对称分布，一种按圆周形式布筋。

(1) 弦长：当圆形构件按弦长配筋时，先计算出钢筋所在位置的弦长，再减去两端保护层厚即可得钢筋长度。

1) 当钢筋根数为偶数时，如图 3－6 (a) 所示，钢筋配置时圆心处不通过，配筋有相同的两组，弦长可按下式计算：

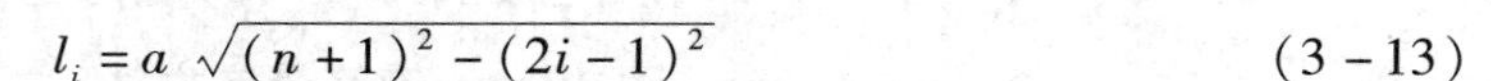

$$l_i = a\sqrt{(n+1)^2-(2i-1)^2} \tag{3-13}$$

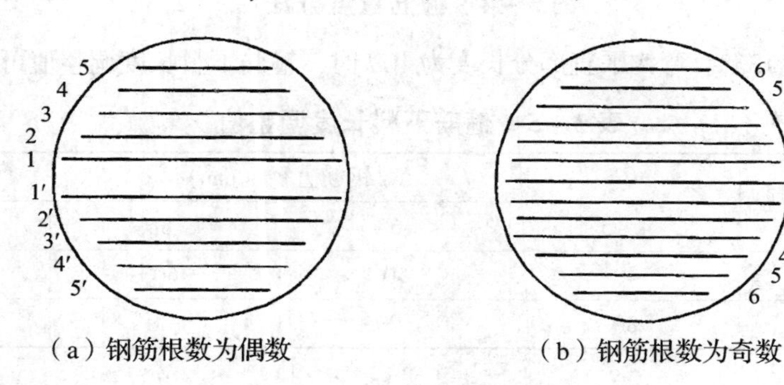

(a) 钢筋根数为偶数　　(b) 钢筋根数为奇数

图 3－6　按弦长布置钢筋

2) 当钢筋根数为奇数时，如图 3－6 (b) 所示，有一根钢筋从圆心处通过，其余对称分布，弦长可按下式计算：

$$l_i = a\sqrt{(n+1)^2-(2i)^2} \tag{3-14}$$

$$n = \frac{D}{a} - 1 \tag{3-15}$$

式中：l_i——第 i 根（从圆心起两边记数）钢筋所在弦长；

a——钢筋间距；

n——钢筋数量；

i——序号数；

D——圆形构件直径。

(2) 按圆周形式布筋。如图 3－7 所示，先将每根钢筋所在圆的直径求出，然后乘以圆周率，即为圆形钢筋的下料长度。

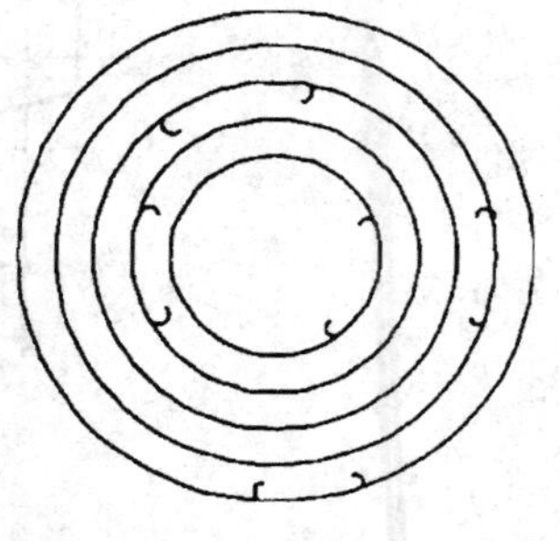

图 3－7　按圆周布置钢筋

3. 半球形钢筋下料长度

半球形构件的形状如图 3－8 所示。

缩尺钢筋是按等距均匀分布的，成直线形。计算方法包圆形构件直线形配筋相同，先确定每根钢筋所在位置的弦和圆心的距离 C。弦长可按下式计算：

$$l_0 = \sqrt{D^2-4C^2} \text{ 或 } l_0 = 2\sqrt{R^2-C^2} \tag{3-16}$$

以上所求为弦长，减去两端保护层厚度，即为钢筋长。

$$l_i = 2\sqrt{R^2-C^2} - 2d \tag{3-17}$$

式中：l_0——圆形切块的弦长；

D——圆形切块的直径；

C——弦心距，圆心至弦的垂线长；

R——圆形切块的半径。

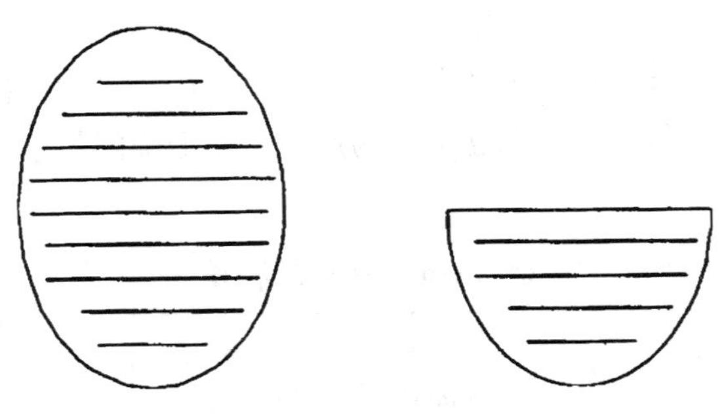

图 3－8　半球形构件示意图

4. 螺旋箍筋的下料长度计算

可以把螺旋箍筋分别割成许多个单螺旋（图 3－9），单螺旋的高度称为螺距。

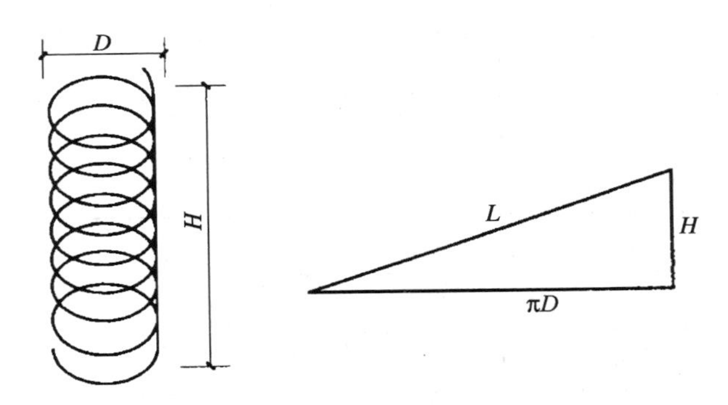

图 3－9　螺旋钢筋

$$L=\sqrt{H^2+(\pi Dn)^2} \tag{3-18}$$

式中：L——螺旋箍筋的长度；

H——螺旋箍筋起始点的垂直高度；

D——螺旋直径；

n——螺旋缠绕圈数，$n=H/p$（p 为螺距）。

3.1.4　配料计算注意事项

配料计算时要注意：

1）在设计图纸中，钢筋配置的细节问题没有注明时，一般可根据构造要求处理。对外形复杂的构件，应用放 1:1 足尺或放大样的办法用尺量钢筋长度。

2）配料计算时要考虑钢筋的形状和尺寸在符合设计要求的前提下要有利于加工、运输和安装。

3）配料时，还要考虑到施工需要的附加钢筋。比如，基础双层钢筋网中保证上层钢筋网位置用的钢筋撑脚，柱钢筋骨架增加四面斜筋撑以及墙板双层钢筋网中固定钢筋间距用的钢筋撑铁等。

4）钢筋配料计算完毕之后，应填写配料单，并经严格校核，准确无误。

3.1.5　配料单的填写

钢筋配料计算完毕，需填写配料单，作为钢筋工下料加工的依据，即：用何种级别钢筋、制作的式样、根数及每种形式钢筋下料的尺寸，用准确的数字说明，这种依据即是钢筋配料单，详见表3－6。

表3－6　钢筋配料单

构件名称及数量	钢筋编号	简图	钢号	直径（mm）	下料长度（mm）	单位根数	合计根数	质量（kg）
	总重（kg）							

注：单位根数是每一构件统一编号钢筋的根数，合计根数是一个单位工程中统一编号钢筋的根数。

钢筋配料单在钢筋工程施工过程中起着非常重要的作用，是提出材料计划、签发任务单和限额领料的依据，可起到节约钢筋原料与简化操作的效果，所以钢筋生产加工前需读懂下料单，合理下料，完成钢筋加工，以期收到好的经济效益。

3.2　钢筋的代换

3.2.1　钢筋代换原则

1）等强度代换：当构件受强度控制时，钢筋可按强度相等原则进行代换。

2）等面积代换：当构件按最小配筋率配筋时，钢筋可按面积相等原则进行代换。

3）当构件受裂缝宽度或挠度控制时，代换后应进行裂缝宽度或挠度验算。

钢筋代换方法如下：

1. 计算式

$$n_2 \geqslant \frac{n_1 d_1^2 f_{y1}}{d_2^2 f_{y2}} \tag{3-19}$$

式中：n_2——代换钢筋根数；

n_1——原设计钢筋根数；

d_2——代换钢筋直径；

d_1——原设计钢筋直径；

f_{y2}——代换钢筋抗拉强度设计值；

f_{y1}——原设计钢筋抗拉强度设计值。

2. 式（3－19）有两种特例

（1）设计强度相同、直径不同的钢筋代换。

$$n_2 \geqslant n_1 \frac{d_1^2}{d_2^2} \tag{3-20}$$

（2）直径相同、强度设计值不同的钢筋代换。

$$n_2 \geqslant n_1 \frac{f_{y1}}{f_{y2}} \tag{3-21}$$

3. 构件截面的有效高度影响

钢筋代换后，有时由于受力钢筋直径加大或根数增多而需要增加排数，则构件截面的有效高度 h_0 减小，截面强度降低。通常对这种影响可凭经验适当增加钢筋面积，然后再作截面强度复核。

对矩形截面受弯构件，可根据弯矩相等，按式（3－22）复核截面强度。

$$N_2\left(h_{02}-\frac{N_2}{2f_c b}\right) \geqslant N_1\left(h_{01}-\frac{N_1}{2f_c b}\right) \tag{3-22}$$

式中：N_1——原设计的钢筋拉力，等于 $A_{s1}f_{y1}$（A_{s1} 为原设计钢筋的截面面积，f_{y1} 为原设计钢筋的抗拉强度设计值）；

N_2——代换钢筋拉力，同上；

h_{01}——原设计钢筋的合力点至构件截面受压边缘的距离；

h_{02}——代换钢筋的合力点至构件截面受压边缘的距离；

f_c——混凝土的抗压强度设计值，C20 混凝土的 f_c 为 9.6N/mm^2，C25 混凝土的 f_c 为 11.9N/mm^2，C30 混凝土的 f_c 为 14.3N/mm^2；

b——构件截面宽度。

3.2.2 钢筋代换注意事项

钢筋代换时，必须充分了解设计意图和代换材料性能，并严格遵守现行国家标准《混凝土结构设计规范》GB 50010—2010 的各项规定；凡重要结构中的钢筋代换，应征得设计单位同意。

（1）对某些重要构件，如吊车梁、薄腹梁、桁架下弦等，不宜用 HPB300 级光圆钢筋代替 HRB335 和 HRB400 级带肋钢筋。

(2) 无论采用哪种方法进行钢筋代换后，应满足配筋构造规定，如钢筋的最小直径、间距、根数、锚固长度等。

(3) 同一截面内，可同时配有不同种类和直径的代换钢筋，但每根钢筋的拉力差不应过大（如同品种钢筋的直径差值一般不大于5mm），以免构件受力不均匀。

(4) 梁的纵向受力钢筋与弯起钢筋应分别代换，以保证正截面与斜截面的强度。

(5) 偏心受压构件（如框架柱、有吊车厂房柱、桁架上弦等）或偏心受拉构件作钢筋代换时，不取整个截面配筋量计算，应按受力面（受压或受拉）分别代换。

(6) 用高强度钢筋代换低强度钢筋时应注意构件所允许的最小配筋百分率和最少根数。

(7) 用几种直径的钢筋代换一种钢筋时，较粗钢筋位于构件角部。

(8) 当构件受裂缝宽度或挠度控制时，如用粗钢筋等强度代换细钢筋，或用HPB300级光面钢筋代换HRB335级螺纹钢筋就重新验算裂缝宽度。如以小直径钢筋代换大直径钢筋，强度等级低的钢筋代替强度等级高的钢筋，则可不作裂缝宽度验算。如代换后钢筋总截面面积减少应同时验算裂缝宽度和挠度。

(9) 根据钢筋混凝土构件的受荷情况，如果经过截面的承载力和抗裂性能验算，确认设计因荷载取值过大配筋偏大或虽然荷载取值符合实际但验算结果发现原配筋偏大，作钢筋代换时可适当减少配筋。但需征得设计同意，施工方不得擅自减少设计配筋。

(10) 偏心受压构件非受力的构造钢筋在计算时并未考虑，不参与代换，即不能按全截面进行代换，否则导致受力代换后截面小于原设计。

4　钢筋的加工机具

4.1　钢筋调直机具

钢筋工程中对直径小于12mm的线材盘条，要展开调直后才可进行加工制作；对大直径的钢筋，要在其对焊调直后检验其焊接质量。这些工作一般都要通过冷拉设备完成。

钢筋的冷拉设备如图4－1所示，它由卷扬机、滑轮组、冷拉小车、夹具、地锚等组成。

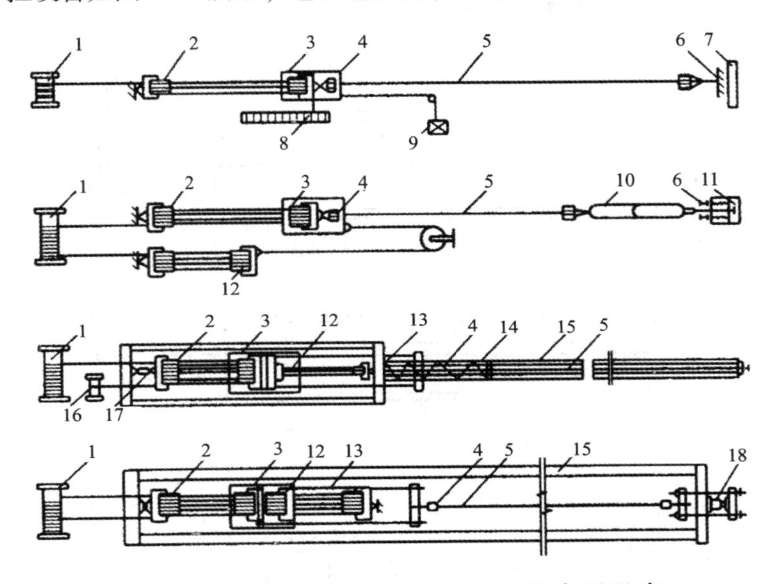

图4－1　卷扬机冷拉钢筋设备工艺布置示意

1—卷扬机；2—滑轮组；3—冷拉小车；4—钢筋夹具；5—钢筋；6—地锚；7—防护壁；8—标尺；9—回程荷重架；10—连接杆；11—弹簧测力器；12—回程滑轮组；13—传力架；14—钢压柱；15—槽式台座；16—回程卷扬机；17—电子秤；18—液压千斤顶

工程中，对钢筋的调直亦可通过调直机进行，调直机调直原理如图4－2所示。目前它已发展成多功能机械，有除锈、调直及切断三项功能，对小钢筋可以一次完成。

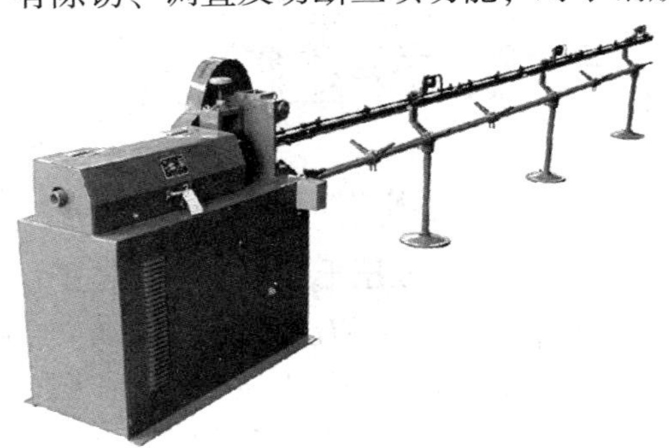

图4－2　$GT_4\times8$钢筋调直机

钢筋工程中，常见的钢筋调直机的型号见表4－1。

表4－1 钢筋调直机

型号	钢筋调直直径（mm）	钢筋调直速度（m/min）	电动机功率（kW）
$GT_4 \times 8B$	4～8	40	3
$GT_4 \times 8$	4～8	40	3
$GT_4 \times 10$	4～10	40	3

采用液压千斤顶的冷拉装置如图4－3所示，其中图4－3（c）、（d）使用长冲程液压千斤顶，其自动化程度及生产效率较高。

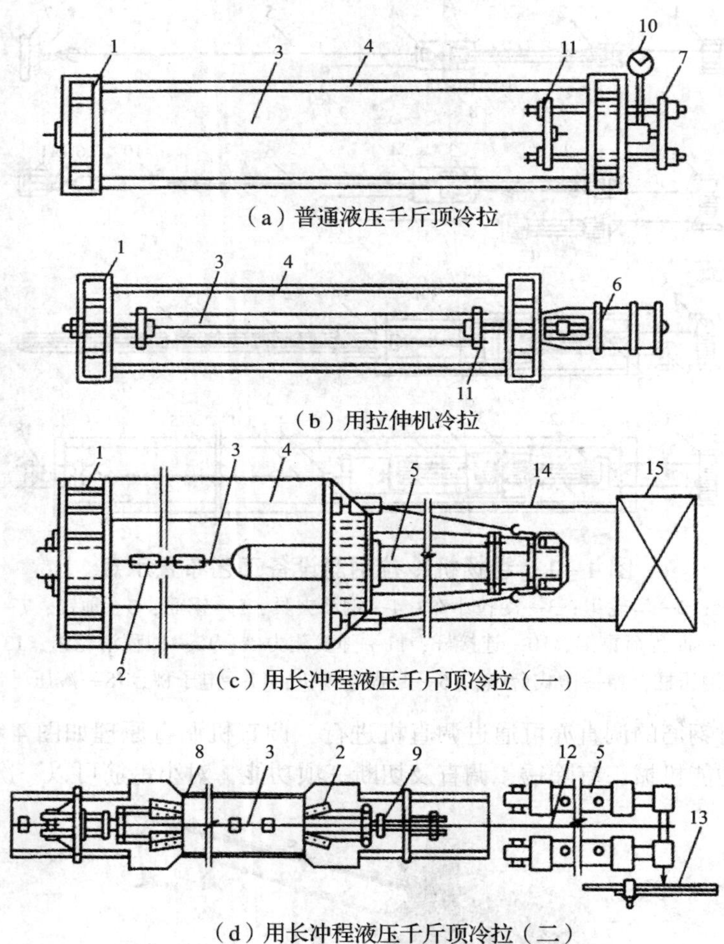

（a）普通液压千斤顶冷拉

（b）用拉伸机冷拉

（c）用长冲程液压千斤顶冷拉（一）

（d）用长冲程液压千斤顶冷拉（二）

图4－3 用液压千斤顶的冷拉装置

1—横梁；2—夹具；3—钢筋；4—台座压柱或预制构件；
5—长冲程液压千斤顶（活塞行程为1.00～1.4m）；6—拉伸机；7—普通液压千斤顶；
8—工字钢轨道；9—油缸；10—压力表；11—传力架；12—拉杆；
13—充电计算装置；14—钢丝绳；15—荷重架

4.2　钢筋切断机具

钢筋切断设备按传动方式，分为手工钢筋切断机、机械式钢筋切断机和液压式钢筋切断机。

1. 手工钢筋切断机

手工切断钢筋是一种劳动强度大且工效低的方法，一般在切断最小的配筋、补筋或中小型建筑企业缺少动力设备情况下采用。

（1）断线钳。如图 4－4 所示，又叫剪线钳，按外形长度可分为 450mm、660mm、750mm、900mm、1050mm 五种，常用的 600mm 可剪 ϕ5mm 以下的钢丝。

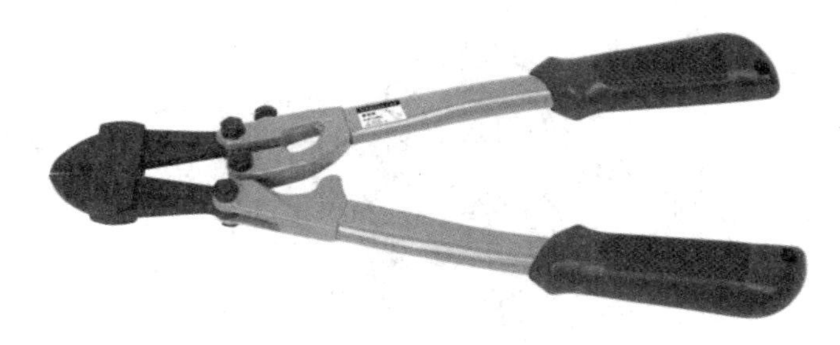

图 4－4　断线钳

（2）手压式钢筋切断器。它是目前建筑施工常用的一种手动式钢筋切断工具，一般用于切断直径 ϕ16mm 以下的 HPB300 级钢筋，其外形及构造如图 4－5 所示。

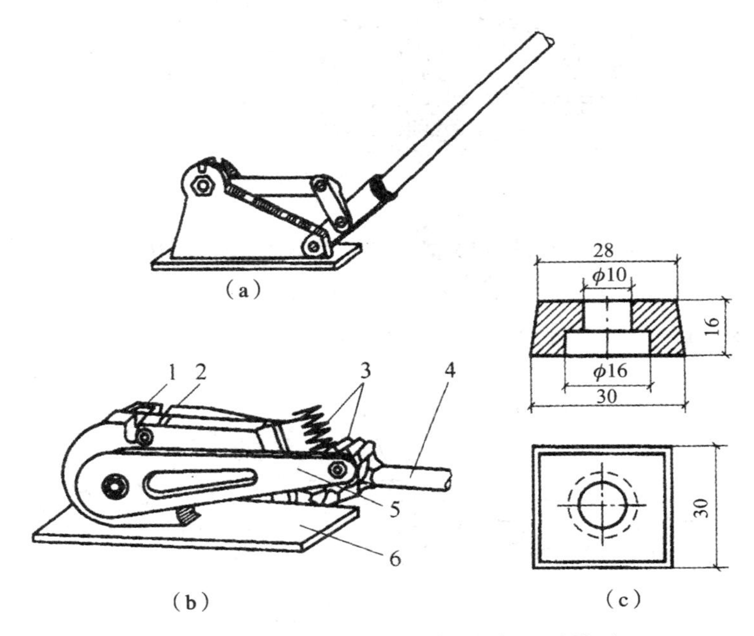

图 4－5　手压式钢筋切断器外形及构造

1—动刀片；2—定刀片；3—齿轮；4—手压杆；5—摇杆；6—底座

2. 机械式钢筋切断机

机械式钢筋切断机是钢筋切断的专用设备，目前普遍使用的有 GJ5－40 型曲柄连杆式钢筋切断机、QJ40－1 型凸轮式钢筋切断机及 GQ40L 型立式偏心轴钢筋切断机等。

（1）GJ5－40 型曲柄连杆式钢筋切断机，构造如图 4－6 所示，主要由电动机、传动系统、减速机构、曲轴机构、机体及切断刀等组成。适用于切断 6～40mm 普通碳素钢筋。其工作原理如图 4－7 所示，它由电动机驱动，通过 V 带轮、圆柱齿轮减速带动偏心轴旋转。在偏心轴上装有连杆，连杆带动滑块和动刀片在机座的滑道中作往复运动，并和固定在机座上的定刀片相配合切断钢筋。切断机的刀片选用碳素工具钢并经热处理制成，一般前角度为 3°，后角度为 12°。一般定刀片和动刀片之间的间隙为 0.5～1mm。在刀口两侧机座上装有两个挡料架，以减少钢筋的摆动现象。

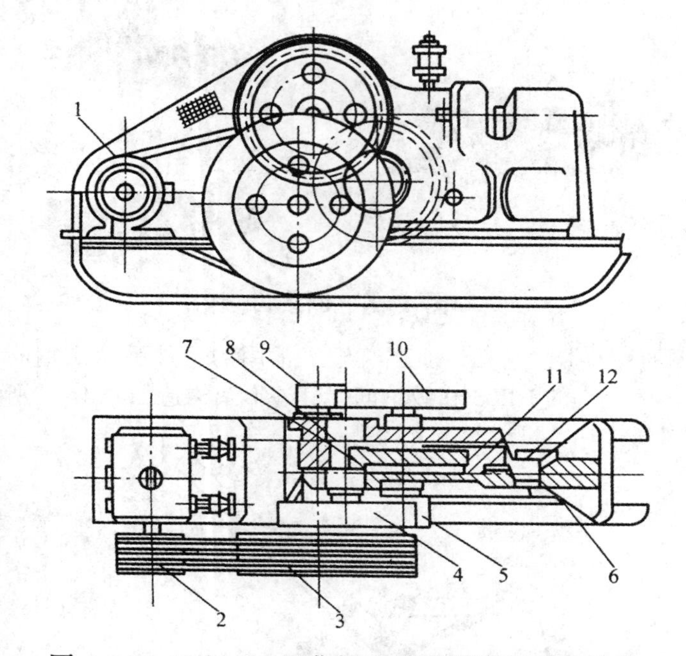

图 4－6　GJ5－40 型曲柄连杆式钢筋切断机构造

1—电动机；2、3—V 带；4、5、9、10—减速齿轮；6—固定刀片；7—连杆；8—曲柄轴；11—滑块；12—活动刀片

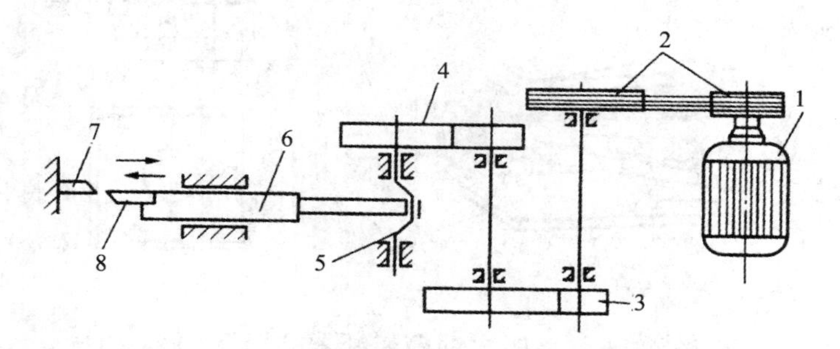

图 4－7　GJ5－40 型曲柄连杆式钢筋切断机传动系统

1—电动机；2—带轮；3、4—减速齿轮；5—偏心轴；6—连杆；7—固定刀片；8—活动刀片

（2）QJ40－1型凸轮式钢筋切断机如图4－8所示，其工作原理是由电动机通过带传动，使凸轮机构旋转，由于凸轮的偏心作用，动刀片在基座轴中做往复摆动，与固定在基座上的动刀片相配合切断钢筋。

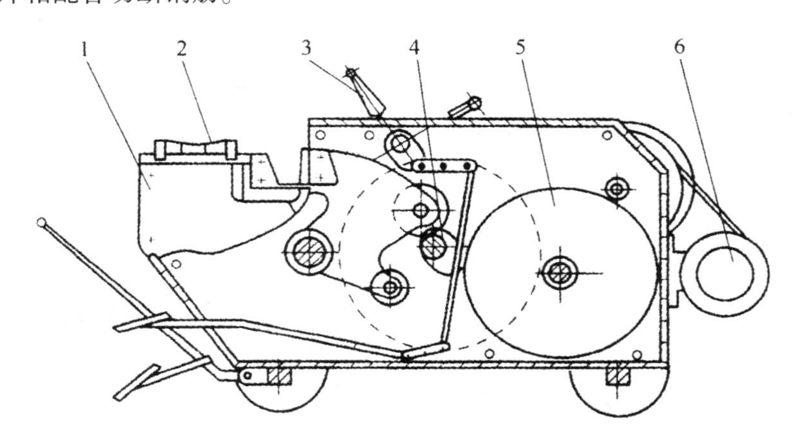

图4－8　QJ40－1型凸轮式钢筋切断机

1—机架；2—托料装置；3—操作机构；4、5—传动机构；6—电动机

（3）GQ40L型立式偏心轴钢筋切断机用于构件预制厂的钢筋加工生产线上固定使用，其构造如图4－9所示。其工作原理是由电动机动力通过一对带轮驱动飞轮轴，再经三级齿轮减速后，再通过滑键离合器驱动偏心轴，实现动刀片往返运动，和动刀片配合切断钢筋。离合器是由手柄控制其结合和脱离，操纵动刀片的上下运动。压料装置是通过手轮旋转，带动一对具有内梯形螺纹的斜齿轮使螺杆上下移动，压紧不同直径的钢筋。

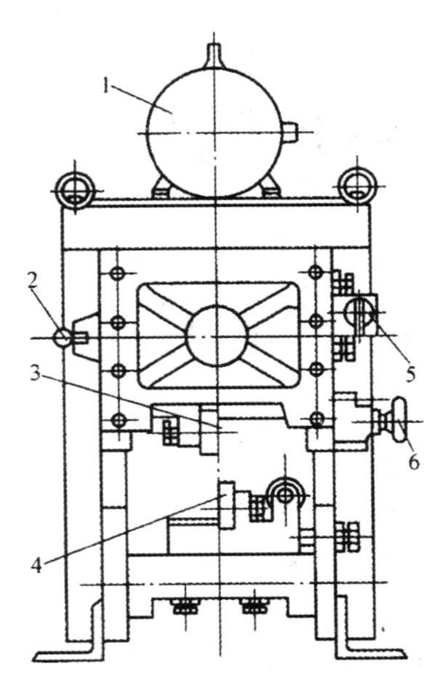

图4－9　GQ40L型立式偏心轴钢筋切断机构造

1—电动机；2—离合器操纵杆；3—动刀片；4—固定刀片；5—电气开关；6—压料机构

机械式钢筋切断机的技术性能见表4－2。

表4－2 机械式钢筋切断机的技术性能

机　　型	GJ5－40型曲柄连杆式钢筋切断机	QJ40－1型凸轮式钢筋切断机	GQ40L型立式偏心轴钢筋切断机
切断钢筋直径（mm）	6～40	6～40	40
切断钢筋次数（次/min）	32	25	38
电动机功率（kW）	7.5	5.5	3
外形尺寸（长×宽×高）（mm）	1770×695×828	1400×600×780	685×575×984
机重（kg）	950	450	650

3. 液压式钢筋切断机

液压式钢筋切断机主要包括SYJ－16型手动式液压钢筋切断机、GQ－20型电动液压手持式钢筋切断机与DYJ－32型电动液压移动式钢筋切断机三种。

（1）SYJ－16型手动式液压钢筋切断机。其构造如图4－10所示，液压系统由活塞，柱塞，液压缸，压杆，拔销，复位弹簧，贮油筒及放、吸油阀等元件组成。其工作原理是先将放油阀按顺时针方向旋紧，揿动压杆，柱塞即提升，吸油阀被打开，液压油进入油室；提起压杆、液压油被压缩进入缸体内腔，从而推动活塞前进，安装在活塞前端的动切刀即可断料。断料后立即按逆时针方向旋开放油阀，在复位弹簧的作用下，压力油又流回油室，切刀便自动缩回缸内。如此周而复始，进行切筋。

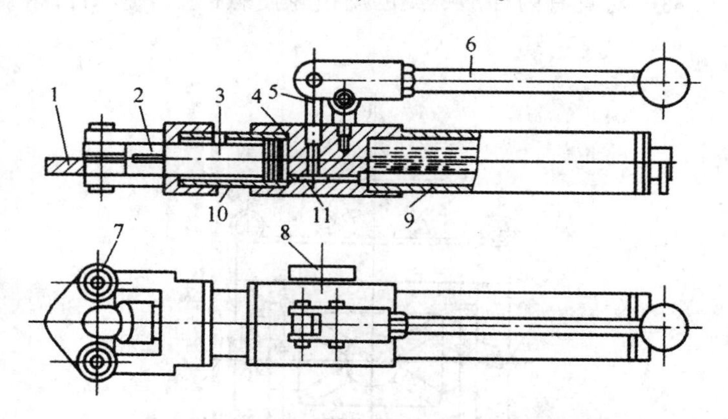

图4－10 SYJ－16型手动液压钢筋切断机构造

1—滑轨；2—刀片；3—活塞；4—缸体；5—柱塞；6—压杆；
7—拔销；8—放油阀；9—贮油筒；10—回位弹簧；11—吸油阀

（2）GQ－20型电动液压手持式钢筋切断机，构造如图4－11所示。其工作原理是采用一个可超载2.6倍、转速2200r/min单向串励电动机，带动一直径为ϕ38mm的活塞缸，产生150kN的压力，推进动刀片与工作头配合工作，可以剪断ϕ25mm以下的单根钢筋。钢筋切断后，限位回流阀自动打开，压力油自动返回，同时在复位弹簧的协助下动刀片复位。

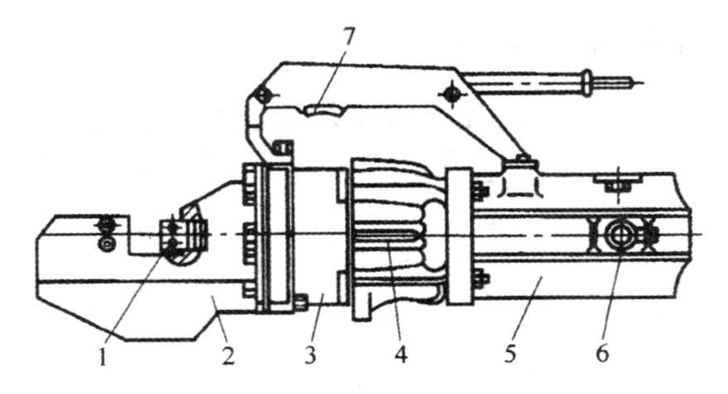

图 4－11　GQ－20 型电动液压手持式钢筋切断机

1—动刀片；2—工作头；3—机体；4—油箱；5—电动机；6—电刷；7—开关

（3）DYJ－32 型电动液压移动式钢筋切断机，构造如图 4－12 所示，它主要由电动机、液压传动系统、操纵装置、定动刀片等组成。其工作原理如图 4－13 所示，电动机带动偏心轴旋转，偏心轴的偏心面推动和它接触的柱塞作往返运动，使柱塞泵产生高压油压入油缸体内，推动油缸内的活塞，驱使动刀片前进，和固定在支座上的定刀片相错而切断钢筋。

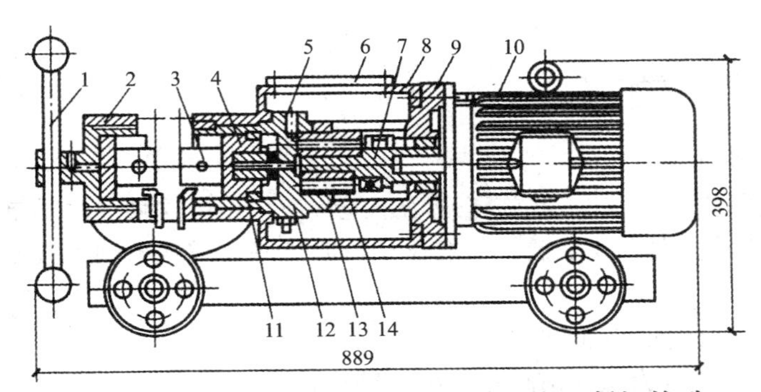

图 4－12　DYJ－32 型电动液压钢筋切断机构造

1—手柄；2—支座；3—主刀片；4—活塞；5—放油阀；6—观察玻璃；7—偏心轴；8—油箱；9—连接架；10—电动机；11—皮碗；12—液压缸体；13—液压泵缸；14—柱塞

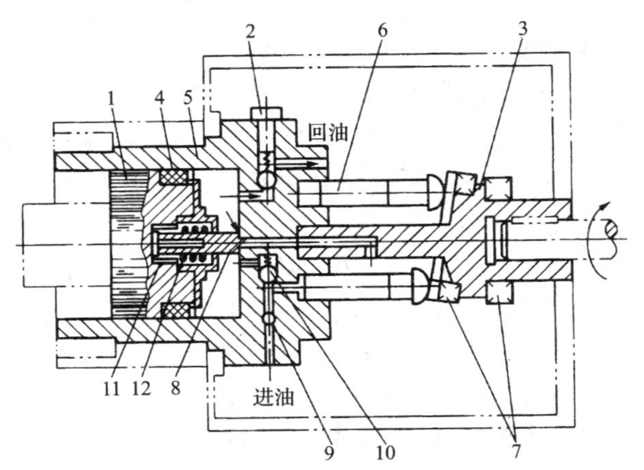

图 4－13　DYJ－32 型电动液压钢筋切断机工作原理

1—活塞；2—放油阀；3—偏心轴；4—皮碗；5—液压缸体；6—柱塞；7—推力轴承；8—主阀；9—吸油球阀；10—进油球阀；11—小回位弹簧；12—大回位弹簧

液压式钢筋切断机的技术性能见表4－3。

表4－3 液压式钢筋切断机的技术性能

型　号	SYJ－16	GQ－20	DYJ－32
切断钢筋直径（mm）	16	6～20	8～32
工作压力（kN）	80	150	320
活塞直径（mm）	36	38	95
最大行程（mm）	30	—	28
单位工作压力（MPa）	79.0	34.0	45.5
电动机功率（kW）	—	3	3
外形尺寸（长×宽×高）（mm）	680长	420×218×130	889×396×398
机重（kg）	6.5	15	145

4.3 钢筋弯曲工具

1. 手动弯曲机具

手动弯曲钢筋的方法，在一些施工现场还经常被采用。这种方法具有投资小、设备简单等特点，但劳动强度大、效率低，一般仅在弯曲工序少或缺少动力设备的中小型建筑企业中采用。

（1）工作台。细钢筋弯曲的工作台，台面尺寸为400cm×80cm（长×宽），可用10mm的木板钉制，高度为90～100cm；粗钢筋弯曲的工作台，台面尺寸为800cm×80cm（长×宽），可用40～50mm的木板钉制。目前大部分钢筋加工台采用钢制，钢制工作台经久耐用，台面光滑，钢筋在上面操作方便。

（2）手摇扳。手摇扳由一块钢板底盘和扳柱（钢筋柱）、扳手（或摇手）组成，是弯曲钢筋的主要工具。图4－14（a）所示是一个弯曲单根钢筋的手摇扳，可弯曲12mm以下的钢筋；图4－14（b）所示是可弯曲多根钢筋的手摇扳，每次可弯曲4根直径8mm的钢筋，主要适用弯制箍筋。手摇扳手长度为300～500mm，可根据弯制钢筋的直径适当调节长度，底盘钢板厚度为4～6mm，扳柱直径为6～18mm，扳手用14～18mm钢筋制成。操作时，必须将底盘固定在工作台上。

（3）卡盘。卡盘是弯粗钢筋的主要工具之一，由一块钢板底盘和扳柱（ϕ20～25mm钢筋柱）组成，底盘固定在工作台上。卡盘有两种形式：一种是在一块钢板上焊4个扳柱（图4－15a），水平方向扳柱净距约为100mm，垂直方向扳柱净距约为34mm，可弯曲ϕ32mm的钢筋，但在弯制ϕ28mm以下的钢筋时，在后面两个扳柱上添加不同厚度的钢套；另一种是在钢板上焊3个扳柱（图4－15c），斜边位两根扳柱的净距为100mm，底边位扳柱净距为80mm，这种卡盘不需要配备不同厚度的钢套，操作人员站位也较为自由，是目前常用的一种。卡盘的底盘钢板厚度约为12mm，扳柱直径根据所弯钢筋来选择，一般为20～25mm。

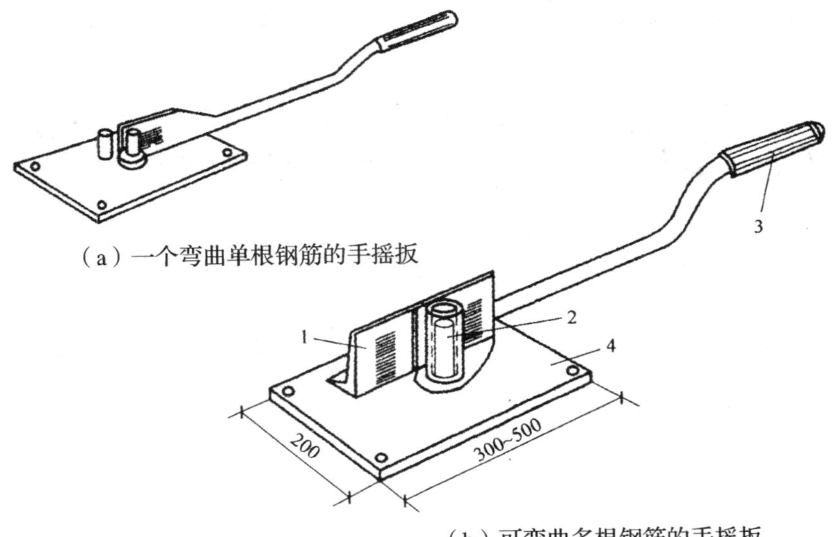

（a）一个弯曲单根钢筋的手摇扳

（b）可弯曲多根钢筋的手摇扳

图 4－14　手摇扳

1—挡板；2—扳柱；3—扳手；4—底盘

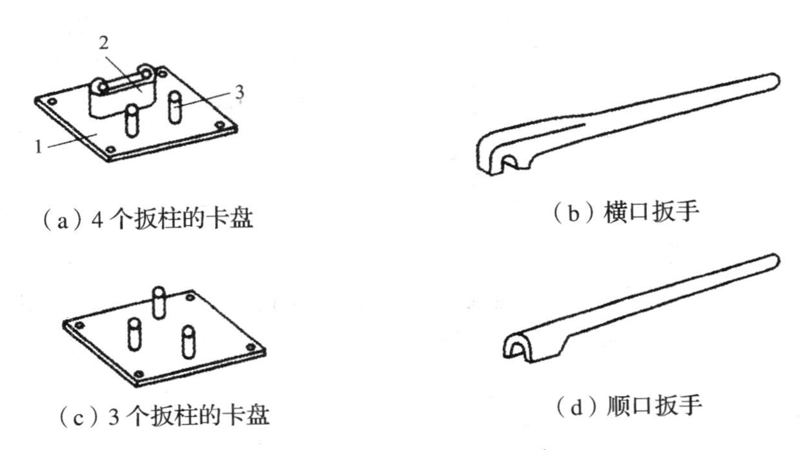

（a）4 个扳柱的卡盘

（b）横口扳手

（c）3 个扳柱的卡盘

（d）顺口扳手

图 4－15　卡盘和扳手

1—底盘；2—钢套；3—扳柱

（4）钢筋扳手。钢筋扳手主要和卡盘配合使用，有横口和顺口两种，如图 4－16（b）、（d）所示。横口扳手又有平头和弯头之分，弯头横口扳手仅在绑扎钢筋时纠正某些钢筋形状或位置时使用，常用的是平头横口扳手。当弯制直径较粗的钢筋时，可在扳手柄端部接上套管，加长力臂，使弯曲省力。

钢筋扳手的扳口尺寸比所弯制的钢筋大 2mm 为合适，过大将影响弯制形状的正确性，所以在准备钢筋弯曲工具时，应配备有不同规格扳口的扳手。

手摇扳手主要尺寸见表 4－4，卡盘和横口扳手主要尺寸见表 4－5。

表 4－4　手摇扳手主要尺寸（mm）

钢筋直径	a	b	c	d
$\phi6$	500	18	16	16
$\phi8 \sim \phi10$	600	22	18	20

表 4－5　卡盘与扳头（横口扳手）主要尺寸（mm）

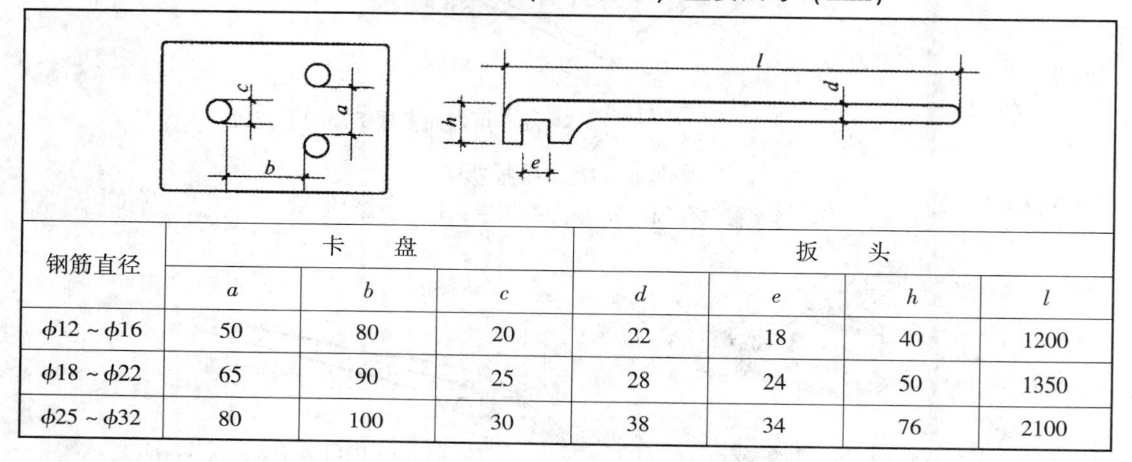

钢筋直径	卡　　盘			扳　　头			
	a	b	c	d	e	h	l
$\phi12 \sim \phi16$	50	80	20	22	18	40	1200
$\phi18 \sim \phi22$	65	90	25	28	24	50	1350
$\phi25 \sim \phi32$	80	100	30	38	34	76	2100

2. 机械式钢筋弯曲机

钢筋弯曲机是钢筋加工的主要机械设备，目前在弯制 40mm 以下的钢筋时，常用的有蜗轮蜗杆式钢筋弯曲机和齿轮式钢筋弯曲机。

（1）蜗轮蜗杆式钢筋弯曲机，构造如图 4－16 所示。机架下装有行走轮，便于移动。

工作原理：电动机动力经 V 带轮、两对直齿轮及蜗轮蜗杆减速后，带动工作盘旋转。工作盘上一般有 9 个轴孔，中心孔用来插中心轴，周围的 8 个孔用来插成形轴和轴套。在工作盘外的两侧还有插入座，各有 6 个孔，用来插入挡铁轴。为了便于移动钢筋，各工作台的两边还设有送料辊。工作时，根据钢筋弯曲形状，将钢筋平放在工作盘中心轴和相应的成形轴之间，挡铁轴的内侧。当工作盘转动时，钢筋一端被挡铁轴阻止不能转动，中心轴位置不变，而成形轴则绕中心轴作圆弧转动，将钢筋推弯，钢筋弯曲过程如图 4－17 所示。

图 4－16　蜗轮蜗杆式弯曲机构造

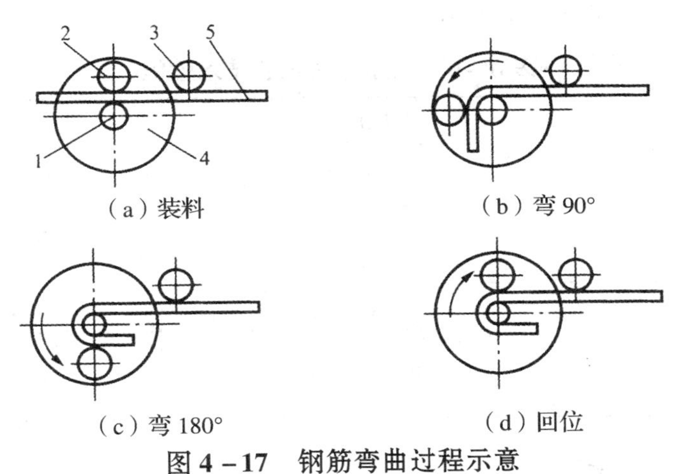

图 4－17　钢筋弯曲过程示意

1—中心轴；2—成形轴；3—挡铁轴；4—工作盘；5—钢筋

由于规范规定，当作 180°弯钩时，钢筋的圆弧弯曲直径不应小于钢筋直径的 2.5 倍。因此，中心轴也相应地制成 16～100mm 共 9 种不同规格，以适应弯曲不同直径钢筋的需要。

（2）齿轮式钢筋弯曲机，构造如图 4－18 所示。它改变了传统的蜗轮蜗杆传动，并增加了角度自动控制机构及制动装置。

工作原理：如图 4－19 所示，由一台带制动的电动机为动力，带动工作盘旋转。工作机构中左、右两个插入座可通过手轮无级调节，并和不同直径的成形轴及装料装置配合，能适应各种不同规格的钢筋弯曲成形。角度的控制是由角度预选机构和几个长短不一的限位销相互配合而实现的。当钢筋被弯曲到预选角度，限位销触及行程开关，使电动机停机并反转，恢复到原位，完成钢筋弯曲工序。此外，电气控制系统还具有点动、自动状态、双向控制、瞬时制动、事故急停及系统短路保护、电动机过热保护等特点。

图 4－18　齿轮式钢筋弯曲机构造

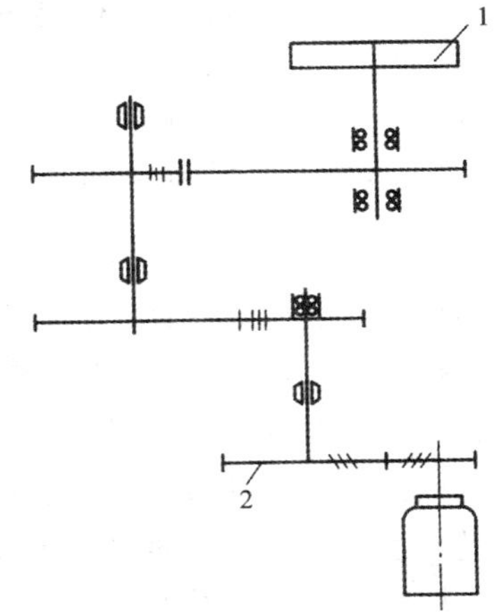

图 4－19　齿轮式弯曲机传动系统

1—工作盘；2—减速器

钢筋弯曲机的技术性能见表4-6。

表4-6 钢筋弯曲机的技术性能

弯曲机类型	GJB7-40	GW-40
弯曲钢筋直径（mm）	6~40	6~40
工作盘直径（mm）	350	350
弯曲速度（r/min）	5/10	8/16
电动机功率（kW）	3	1.6/2.2
外形尺寸（长×宽×高）（mm）	898×774×728	1172×722×830

3. 液压式钢筋弯曲切断机

这是运用液压技术对钢筋进行切断和弯曲成形的两用机械，自动化程度高，操作方便。

（1）构造。如图4-20所示，主要由液压传动系统、切断机构、弯曲机构、电动机、机体等组成。

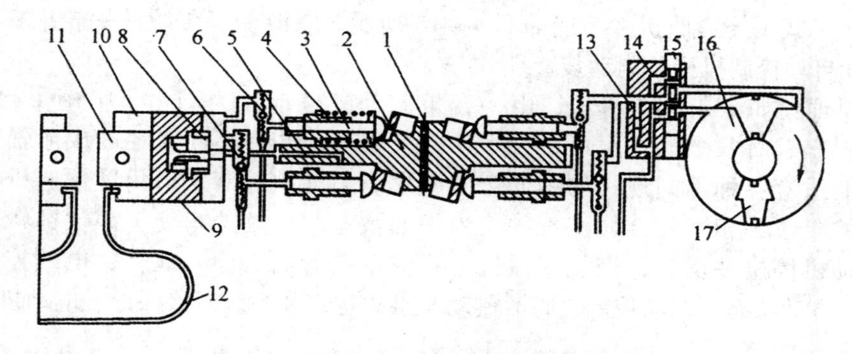

图4-20 液压式钢筋切断弯曲机结构示意

1—双头电动机（略）；2—轴向偏心泵轴；3—油泵柱塞；4—弹簧；5—中心油孔；6、7—进油阀；8—中心阀柱；9—切断活塞；10—油缸；11—切刀；12—板弹簧；13—限压阀；14—分配阀体；15—滑阀；16—回转油缸；17—回转叶片

（2）工作原理。由一台电动机带动两组柱塞式液压泵，一组推动切断用活塞；另一组驱动回转液压缸，带动弯曲工作盘旋转。

1）切断机构的工作原理。在切断活塞中间装有中心阀柱及弹簧，当空转时，由于弹簧的作用，使中心阀柱离开液压缸的中间油孔，高压油则从此也经偏心轴油道流回油箱。在切断时，以人力推动活塞，使中心阀柱堵死液压缸的中心孔，此时由柱塞泵来的高压油经过油阀进入液压缸中，产生高压推动活塞运动，活塞带动切刀进行切筋。此时压力弹簧的反推力作用大于液压缸内压力，阀柱便退回原处，液压油又沿中心油孔的油路流回油箱。切断活塞的回程是依靠板弹簧的回弹力来实现。

2）弯曲机构的工作原理。进入组合分配阀的高压油，由于滑阀的位置变换，可使油从回转油缸的左腔进油或右腔进油而实现油缸的左右回转。当油阀处于中间位置时，压力油流回油箱。当油缸受阻或超载时，油压迅速增高，自动打开限压阀，压力油液回油箱，以确保安全。

4. 钢筋弯箍机

钢筋弯箍机是适合弯制箍筋的专用机械，弯曲角度可任意调节，其构造和弯曲机相似，如图4－21所示。

图4－21 钢筋弯箍机

工作原理：电动机动力通过一双带轮和两对直齿轮减速，使偏心圆盘转动。偏心圆盘通过偏心铰带动两个连杆，每个连杆又铰接一根齿条，于是齿条沿滑道作往复直线运动。齿条又带动齿轮使工作盘在一定角度内作往复回转运动。工作盘上有两个轴孔，中心孔插心轴，另一孔插成形轴。当工作盘转动时，中心轴和成形轴都随之转动，和钢筋弯曲机同一原理，能将钢筋弯曲成所需的箍筋。

钢筋弯箍机的技术性能见表4－7。

表4－7 钢筋弯箍机的技术性能

弯曲钢筋直径（mm）	工作盘直径（mm）	主轴转速（r/min）	电动机功率（kW）	外形尺寸（长×宽×高）（mm）
6～12	240	31	3	1900×1452×900

4.4 钢筋成型机具

1. 成型机（生产线）的组成

冷轧带肋钢筋成型机是由对焊机、放线架、除锈机、润滑机、冷轧带肋钢筋成型机、拉拔机、应力消除机构、收线机及电器操作控制系统等组成的生产线，如图4－22及表4－8所示。

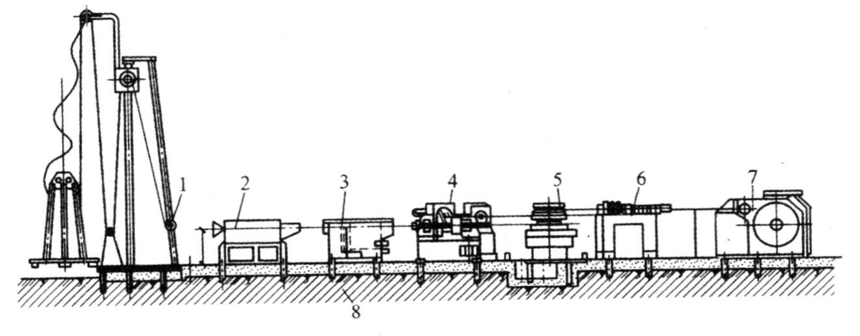

图4－22 冷轧带肋钢筋生产线结构示意

1—放线架；2—除锈机；3—润滑机；4—冷轧机；
5—拉拔机；6—应力消除机构；7—收线机；8—操作控制系统

表4-8 冷轧带肋钢筋生产线结构

结构	特点
放线架	根据不同需要，可采用架空式、卧式、回转式开卷机，卷重可达500~2000kg。为保证安全，其后设有乱线开关
除锈机	为了去除对冷轧有害的氧化铁皮，采用弯曲式除锈机进行反复弯曲除锈，最大处理可达ϕ20mm钢筋
润滑机	用蜗杆送料器将润滑剂连续送至钢筋入口，进入拉轧工序。润滑剂可用硬脂硅钙（钠）型，或用肥皂粉加二硫化钼制成
冷轧机	冷轧带肋钢筋成型机是该生产线中的主机，它有主动和被动两种型式，常用的为主动式
拉拔机	它是作业线的动力源，可采用卧式或立式冷拔机，其卷筒工作表面涂有特殊的硬化层，以延长其使用寿命
应力消除机构	为提高成品伸长率，消除成品的表面应力，一般采用由垂直、水平两组应力辊组成的机构，通过对成品的反复弯曲而将其伸长率提高1%~2%，并具有矫直作用
收线机	根据钢筋规格，卷重大小，可选用直径卷取式或工字轮式收线机，也可直接进行调直定尺切断生产直条

2. 生产线的工作原理

先利用对焊机将放线架上的盘料头尾进行对接并对接头进行修整，然后将盘料由放线架引出，通过除锈机除锈后穿过润滑机、冷轧机缠绕在拉拔机卷筒上2~3卷。开动拉拔机使钢筋通过冷轧机轧制出成品，再通过应力消除装置，由收线机进行成品收取，待绕满后用起重设备将其卸下。

3. 冷轧机的构造及工作原理

冷轧机是通过三个互成120°带有孔槽的辊片组成的轧辊组来完成减径或成型。轧辊组有前后两套，其辊片交错60°，从而实现两道次变形。转动冷轧机的左右侧轴，经蜗轮、蜗杆机构传动，使三个辊片产生收缩或张开。线材通过前轧辊组出口处时断面略带圆角的三角形，再经后轧辊组轧制后，恢复到已缩成圆形断面或带肋钢筋。辊片可以单独或三只成组用电动或手动调整。

5　钢筋的加工技术

5.1　钢筋除锈

在自然环境中，钢筋表面接触到水和空气，就会在表面结成一层氧化铁，这就是铁锈。生锈的钢筋不能与混凝土很好黏结，从而影响钢筋与混凝土共同受力工作。若锈皮不清除干净，还会继续发展，致使混凝土受到破坏而造成钢筋混凝土结构构件承载力降低，最终混凝土结构耐久性能下降结构构件完全破坏，钢筋的防锈和除锈是钢筋工非常重要的一项工作。

在预应力混凝土构件中，对预应力钢筋的防锈和除锈要求更为严格。因为在预应力构件中，受力作用主要依靠预应力钢筋与混凝土之间的黏结能力，因此要求构件的预应力钢筋或钢丝表面的油污、锈迹全部清除干净，凡带有氧化锈皮或蜂窝状锈迹的钢丝一律不得使用。除锈工作应在调直后、弯曲前进行，并应尽量利用冷拉和调直工序进行除锈。钢筋除锈的方法有多种，常用的有人工除锈、钢筋除锈机除锈和化学法除锈等，详见表5－1。

表5－1　钢筋除锈方法

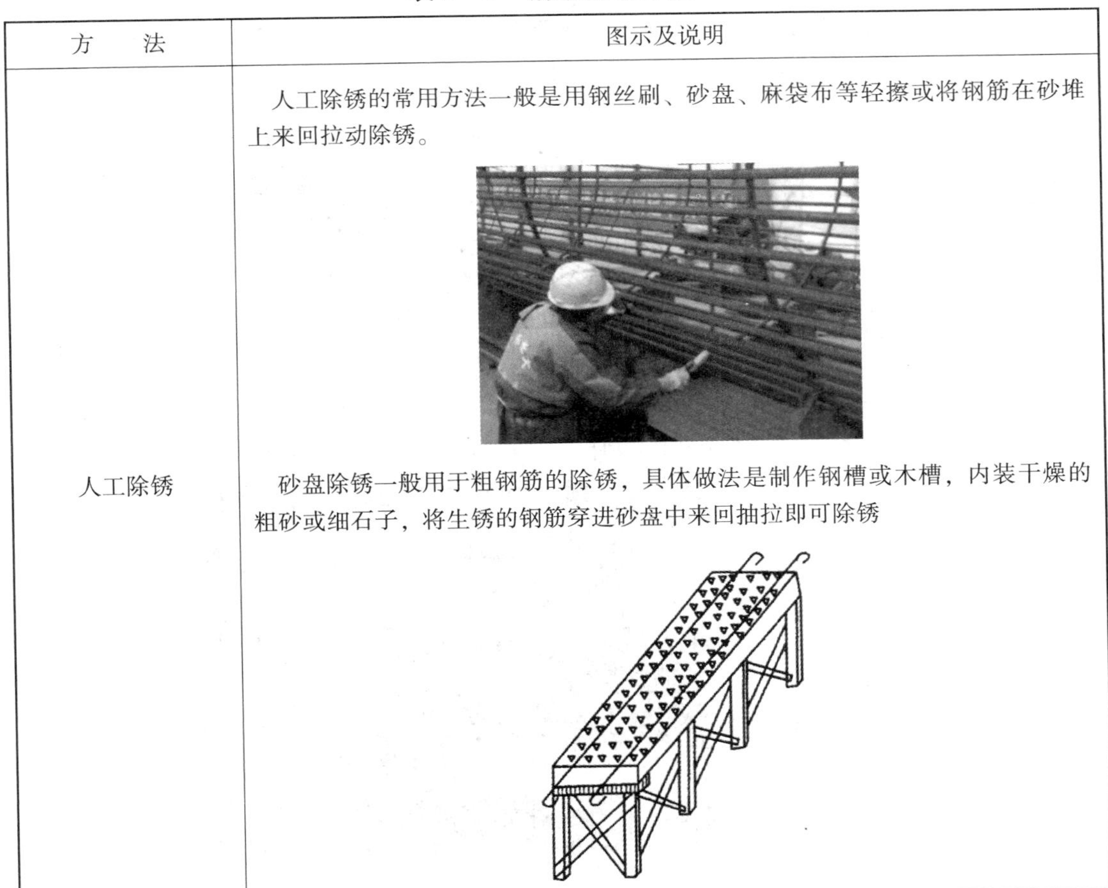

方　　法	图示及说明
人工除锈	人工除锈的常用方法一般是用钢丝刷、砂盘、麻袋布等轻擦或将钢筋在砂堆上来回拉动除锈。 砂盘除锈一般用于粗钢筋的除锈，具体做法是制作钢槽或木槽，内装干燥的粗砂或细石子，将生锈的钢筋穿进砂盘中来回抽拉即可除锈

续表 5 -1

方　法		图示及说明
机械除锈	除锈机除锈	对直径较细的盘条钢筋，通过冷拉和调直过程自动去锈；粗钢筋采用圆盘钢丝刷除锈机除锈。 钢筋除锈机有固定式和移动式两种，一般由钢筋加工单位自制，是由动力带动圆盘钢丝刷高速旋转，来清刷钢筋上的铁锈。 固定式钢筋除锈机一般安装一个圆盘钢丝刷，为提高效率也可将两台除锈机组合 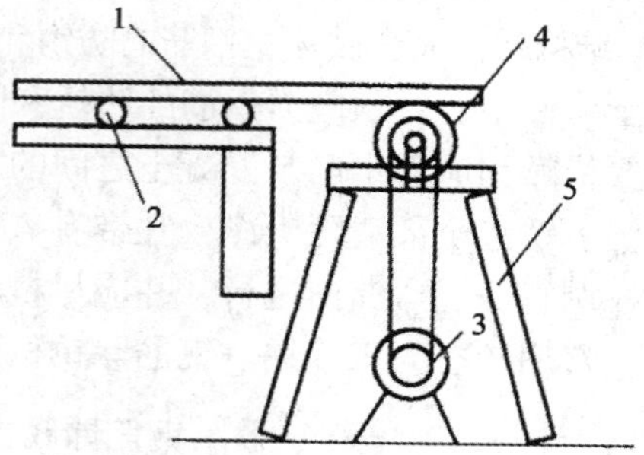 1—钢筋；2—滚道；3—电动机；4—钢丝刷；5—机架 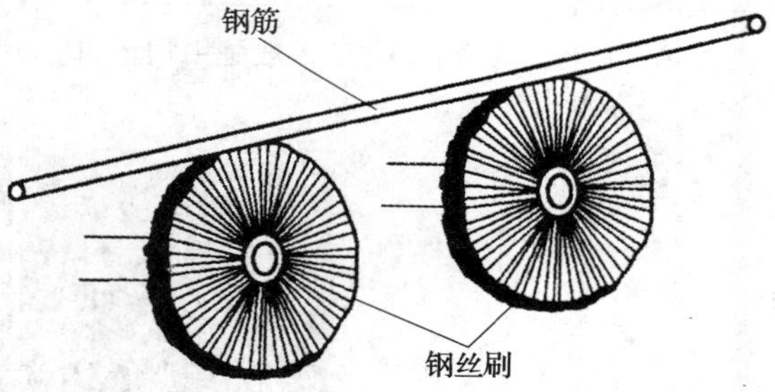
	喷砂法除锈	主要是用空压机、储砂罐、喷砂管、喷头等设备，利用空压机产生的强大气流形成高压砂流除锈，适用于大量除锈工作，除锈效果好 

续表 5－1

方 法	图示及说明
化学法除锈	钢筋除锈剂是一种 A、B 组分混凝土钢筋除锈防锈材料，本品由多种成分复配而成，它比以往的钢铁除锈剂使用更安全、更有效，短时间内即可将严重锈蚀除去。可恢复金属本色，对母材无损伤，可洗净钢筋表面铁锈等物质，可以自动溶解下来，在细微缝隙处也可发生作用。无须加温，常温下即可发挥最佳效果，不燃不爆，处理过的金属表面对焊接、电镀、喷漆不会产生影响，不影响钢筋的握裹力

5.2 钢筋调直

钢筋调直分人工调直和机械调直两类。人工调直可分为绞盘调直（多用于 12mm 以下的钢筋、板柱）、铁柱调直（用于粗钢筋）、蛇形管调直（用于冷拔低碳钢丝）。机械调直常用的有钢筋调直机调直（用于冷拔低碳钢丝和细钢筋）、卷扬机调直（用于粗细钢筋）。钢筋调直的具体要求如下：

（1）对局部曲折、弯曲或成盘的钢筋应加以调直。

（2）钢筋调直普遍使用慢速卷扬机拉直和用调直机调直（图 5－1），在缺乏调直设备时，粗钢筋可采用弯曲机、平直锤或卡盘、扳手、锤击矫直；细钢筋可用绞磨拉直或用导轮、蛇形管调直装置来调直（图 5－2）。

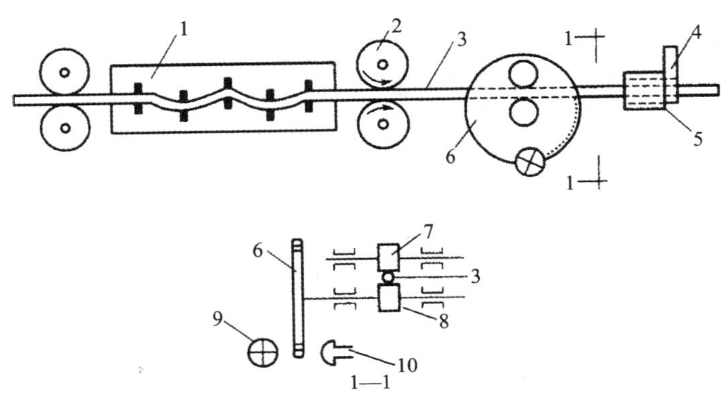

图 5－1 数控钢筋调直切断机工作简图

1—调直装置；2—牵引轮；3—钢筋；4—上刀口；5—下刀口；
6—光电盘；7—压轮；8—摩擦轮；9—灯泡；10—光电管

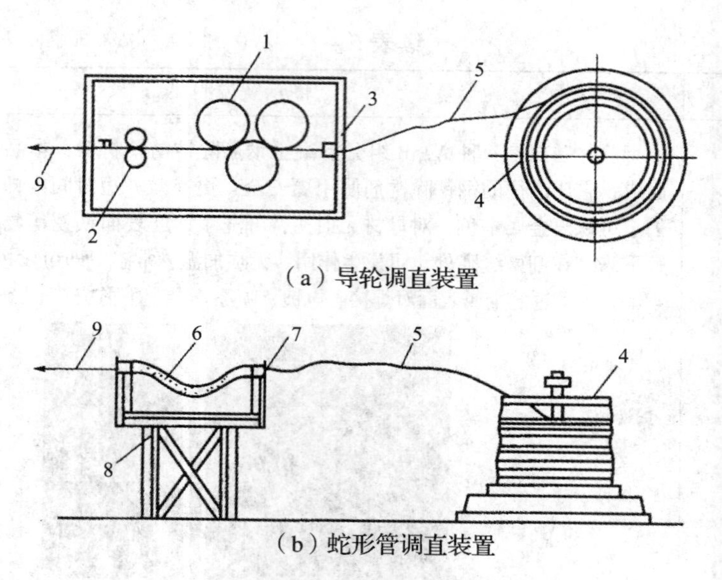

图 5-2 导轮和蛇形管调直装置

1—辊轮；2—导轮；3—旧拔丝模；4—盘条架；
5—细钢筋或钢丝；6—蛇形管；7—旧滚珠轴承；8—支架；9—人力牵引

(3) 采用钢筋调直机调直冷拔低碳钢丝和细钢筋时，要根据钢筋的直径选用调直模和传送辊，并要恰当掌握调直模的偏移量和压辊的压紧程度。

(4) 用卷扬机拉直钢筋时，应注意控制冷拉率：HPB300 级钢筋不宜大于 4%；HRB335、HRB400 和 RRB400 级钢筋及不准采用冷拉钢筋的结构，不宜大于 1%。用调直机调直钢丝和用锤击法平直粗钢筋时，表面伤痕不应使截面积减少 5% 以上。

(5) 调直后的钢筋应平直，无局部曲折；冷拔低碳钢丝表面不得有明显擦伤。应当注意：冷拔低碳钢丝经调直机调直后，其抗拉强度一般要降低 10% ~15%，使用前要加强检查，按调直后的抗拉强度选用。

(6) 已调直的钢筋应按级别、直径、长短、根数分扎成若干小扎，分区整齐地堆放。

5.3 钢筋切断

钢筋经过调直后就可以按照图纸要求的下料长度进行切断了。钢筋切断前应有计划，要精打细算。

首先要根据钢筋配料单，复核料牌上所标注的钢筋直径尺寸、根数是否正确，然后根据工地库存钢筋情况做好下料方案。应做到长料长用，短料短用，按照先断长料、后断短料的原则进行切断，尽量减少损耗。

在测量钢筋长度时，应避免使用短尺量长料，以防止产生累积误差。

调试好切断设备之后，要先试切一、两根，确认尺寸无误时方可进行钢筋的批量切断。

钢筋的切断方法分为机械切断和人工切断两大类，具体操作见表 5-2。

表 5－2 钢筋切断操作步骤

操作方法	图示及内容
人工切断	人工切断的常用方法是断线钳切断。  这是常用的两种断线钳，较大的断线钳能够剪断直径在 12mm 以下的钢筋或钢丝；较小的断线钳只能切断直径在 6mm 以下的钢丝，直径为 12mm 以上的钢筋则用机械切断。 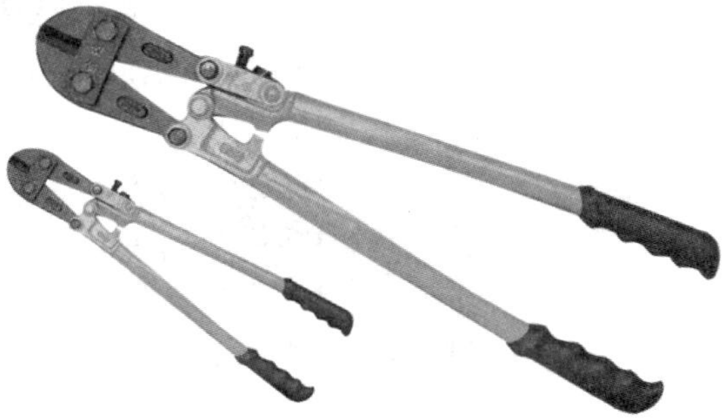
机械切断	机械切断钢筋的时候应注意以下事项： （1）使用前应检查电源线路是否损伤，检查 V 带是否松紧适度，检查润滑油是否充足，检查刀片安装得是否牢固，检查电动机运转是否正常，并且应在开机空转正常以后再进行操作。 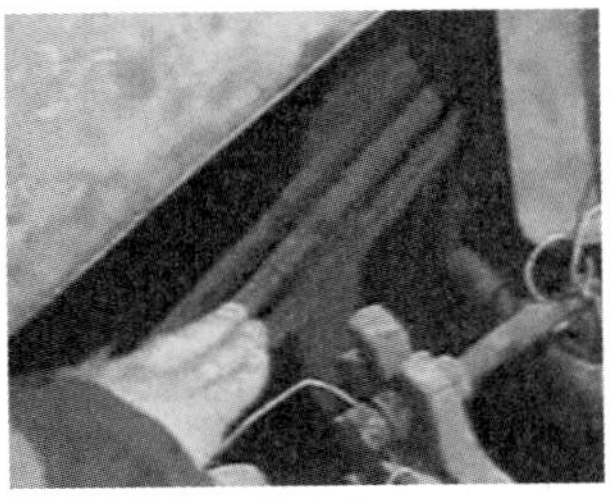 检查 V 带 　　检查润滑油

续表 5－2

<table>
<tr><th>操作方法</th><th>图示及内容</th></tr>
<tr><td>机械切断</td><td>
检查刀片安装
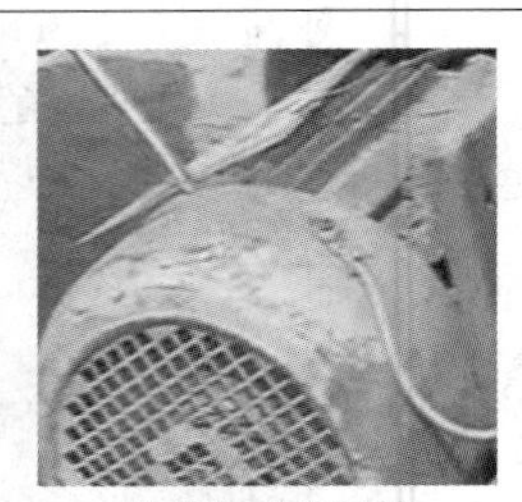
检查电动机运转
（2）钢筋和刀口成垂直状态。

（3）断料时必须握紧钢筋，待活动刀片已经开始向前推进时向刀口送料，以免断料不准甚至发生机械及人身事故。

握紧钢筋

送料
（4）长度在 30cm 以内的短料不能直接用手送料切断。

（5）禁止切断超过切断机技术性能规定以外的钢材以及超过刀片硬度或烧红的钢筋。
（6）切断钢筋后，刀口处的铁屑不能直接用手清除或者用嘴吹，而要用毛刷清扫干净</td></tr>
</table>

5.4　钢筋弯曲成型

钢筋工程中使用的钢筋形状各异，如弯起钢筋、箍筋等，有的需要弯折，有的需要制作弯钩，这就需要对钢筋进行弯曲加工成型。钢筋的弯曲成型有手工弯曲和机械弯曲两种方法。

1. 手工弯曲

手工弯曲投资小，设备简单，常用于弯曲工序少或缺少劳动力设备的中小型施工现场，手工弯曲所使用的主要工具和设备有工作台、手摇板、卡盘、钢筋扳手等。钢筋手工弯曲成型的步骤见表 5－3。

表 5－3　钢筋手工弯曲成型的步骤

步　　骤	图示及说明
划线	在下好料的钢筋上根据加工尺寸在需要弯曲的位置上做出标记，划线工作一般从钢筋中线开始向两边进行。当钢筋的形状比较简单或同一形状的钢筋根数较多时，可在工作台上按各段尺寸要求固定若干标志，按标准操作。 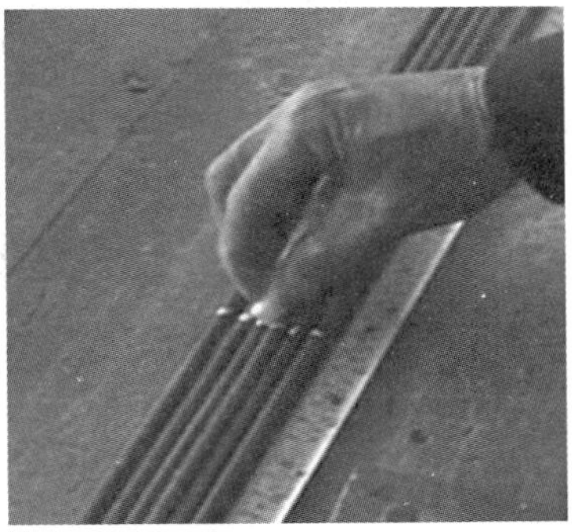
弯折 （以箍筋为例）	（1）按中线位置弯折 90°。 

续表 5-3

步　骤	图示及说明
弯折 (以箍筋为例)	（2）根据短边标记线弯折短边。  （3）根据长边标记线弯折长边弯钩。  （4）根据短边标记线弯折短边弯钩。 （5）根据长边标记线弯折长边。  手工弯曲钢筋时扳手一定要托平，不能上下摆，以免弯出的钢筋产生翘曲。注意放正弯曲点，应对准板柱外侧，搭好扳手，以保证弯制后的钢筋形状、尺寸准确。起弯时用力要慢，防止扳手脱落，结束时要平稳。在弯折钢筋时特别要注意弯折角度的控制，应根据设计的弯折角度事先在工作台上做出角度标记，以防过弯或嵌弯

续表 5－3

步　　骤	图示及说明
弯折 （以箍筋为例）	
尺寸检查	箍筋成型后，应检查其长度、宽度，以及弯钩长度是否符合设计要求，并平放在操作台上，检查是否产生翘曲现象。 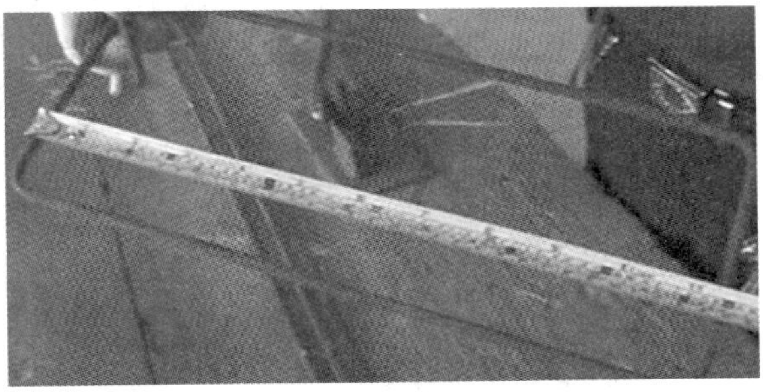 如果箍筋尺寸相同，可以在试弯几根后在操作台上用铁钉或粉笔做出标记，以保证成品尺寸一致。 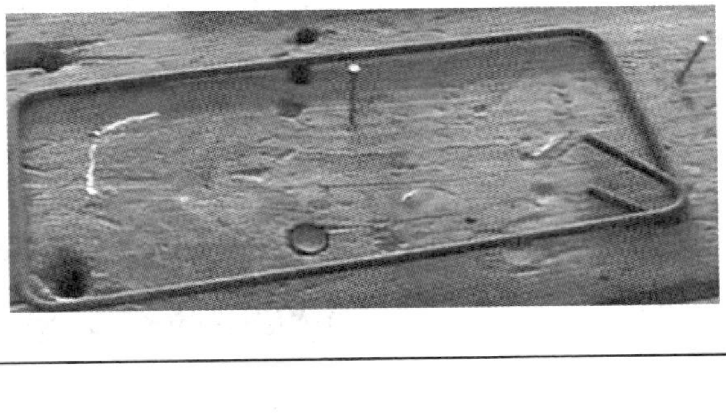

2．机械弯曲

钢筋机械弯曲只使用钢筋弯曲机、弯箍机、数控成型机等进行钢筋的弯曲成型，生产效率高，质量易于保证。在使用钢筋弯曲机前，应对机械的传动部分、各工作机构、防护设备、电动机接地及各润滑部位进行全面检查后进行试运转，确认正常后方可开机作业。加工步骤见表5－4。

表 5－4 钢筋机械弯曲加工步骤

步骤	图示及说明
加工步骤	（1）对照料牌上加工钢筋的型号、规格、下料长度、数量和成型尺寸是否符合。 （2）划线可以划在操作台上，也可以划在钢筋上，划线时要在钢筋弯曲堂内根据心轴的直径分别扣除延伸率。延伸率的通常计算方法是：90°为 $-2d$、60°为 $-0.75d$、45°为 $-0.5d$、30°为 $-0.25d$。 （3）根据钢筋直径选用弯曲轴盘上的心轴，心轴的直径为钢筋直径的 2.5 倍。  （4）试弯一根，检查各项尺寸是否符合要求，试弯合格后进行批量生产
注意事项	（1）开机操作之前要对机械各部件进行检查，合乎要求之后进行试运转，确认正常后方可进行作业。 （2）每次操作之前都要进行试弯，以确定弯曲点线与心轴尺寸的关系。  （3）实际操作时，弯曲机工作盘的转速、钢筋的直径和每次弯曲的根数要符合使用弯曲机的技术性能规定。 （4）严禁在弯曲机运转过程中更换心轴、成型轴、挡铁轴，也不得加润滑油或保养。 （5）倒顺开关必须在正转停止后才能反转，不允许频繁地交换工作盘的旋转方向

5.5 钢筋冷拉

钢筋的冷拉是在常温下对钢筋进行强力拉伸，将拉应力超过钢筋的屈服强度，使钢筋产生塑性变形，以达到调直钢筋除锈和提高强度的目的。

卷扬机冷拉工艺是施工现场用得最多的冷拉工艺，如图 5-3 所示，它具有适应性强、设备简单、效率高、成本低等优点。

图 5-3 卷扬机冷拉工艺

在进行冷拉操作时其主要工序有：钢筋上盘、放圈、切断、夹紧夹具、实施冷拉、放松夹具、捆扎堆放和分批验收。

1. 液压粗钢筋冷拉工艺

液压粗钢筋冷拉工艺（图 5-4）是用液压冷拉机代替钢筋冷压设备的一种冷拉工艺，具有设备紧凑、准备效率高、劳动强度小等优点。液压粗钢筋冷拉工艺适用于冷拉直径在 20mm 以上的粗钢筋。这种液压冷拉设备适用于长向圆孔板预制件专用钢筋的冷拉设备。冷拉钢筋的端部经过热镦加工形成镦头，如图 5-5 所示，代替了普通液压冷拉设备的钢筋末端挂钩夹具，其工作原理是相同的。

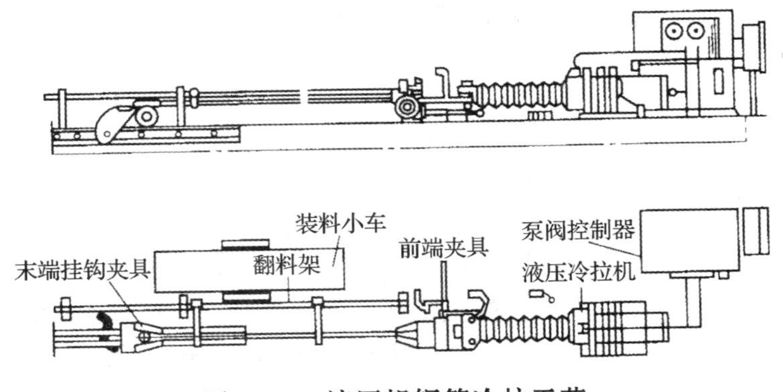

图 5-4 液压粗钢筋冷拉工艺

图 5－5　镦头

2. 钢筋冷拉操作注意事项

在进行钢筋冷拉操作时要注意以下事项：

（1）冷拉前，应对设备进行检验和复核，并对操作过程中做好原始记录。

（2）预应力钢筋先对焊后冷拉，以免因焊接而降低冷拉后的强度。

（3）钢筋冷拉表面不得有裂纹或局部紧缩。

（4）冷拉时如果电焊接头被拉断可重焊再接，但不得超过两次。

（5）冷拉场地要设置安全防护栏和警告标志，如图 5－6 所示。严禁与施工无关的人员在警戒区内停留。操作人员要处在远离被拉钢筋 2m 以外。

图 5－6　安全防护栏和警告标志

5.6　钢筋冷拔

1. 钢筋冷拔原理及应用

钢筋冷拔是使直径为 6～8mm 的钢筋在常温下强力通过特制的直径逐渐减小的钨合金拔丝模孔（图 5－7），使钢筋产生塑性变形，以改变其物理力学性能。钢筋冷拔后横向压缩纵向拉伸，内部晶格产生滑移，抗拉强度可提高 50%～90%；塑性降低，硬度提高。这种经冷拔加工的钢丝称为冷拔低碳钢丝。与冷拉相比，冷拉是纯拉伸线应力，而冷拔既有拉伸应力又有压缩应力。冷拔后冷拔低碳钢丝没有明显的屈服现象，按其材质特性可分甲、乙两级，甲级钢丝适用于作预应力筋，乙级钢丝适用于作焊接网，焊接骨架、箍筋和构造钢筋。

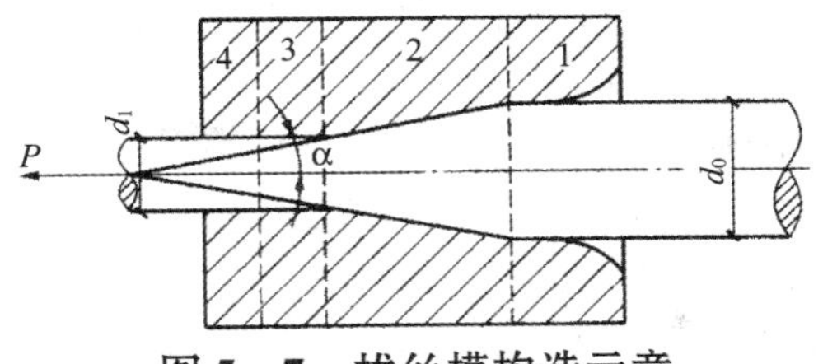

图 5－7 拔丝模构造示意

1—进口区；2—挤压区；3—定径区；4—出口区

2. 钢筋冷拔工艺

冷拔工艺过程：轧头→剥壳→通过润滑剂盒→进入拔丝模孔，如图 5－8 所示。

轧头在轧头机上进行，目的是将钢筋端头轧细，以便穿过拔丝模孔。剥壳是通过 3～6 个上下排列的辊子，以除去钢筋表面坚硬的渣壳，润滑剂常用石灰、动植物油、肥皂、白蜡和水按一定比例制成。剥壳和通过润滑剂能使铁渣不致进入拔丝模孔口，以提高拔丝模的使用寿命，并消除因拔丝模孔存在铁渣，使钢丝表面擦伤的现象。剥壳后，钢筋再通过润滑剂盒润滑，进入拔丝模进行冷拔。

图 5－8 钢筋冷拔

3. 钢筋冷拔操作

（1）冷拔前应对原材料进行必要的检验。对钢号不明或无出厂证明的钢材，应取样检验。遇截面不规整的扁圆、带刺、过硬、潮湿的钢筋，不得用于拔制，以免损坏拔丝模和影响质量。

（2）钢筋冷拔前必须经轧头和除锈处理。除锈装置可以利用拔丝机卷筒和盘条转架，其中设 3～6 个单向错开或上下交错排列的带槽剥壳轮，钢筋经上下左右反复弯曲，即可除锈。亦可使用与钢筋直径基本相同的废拔丝模以机械方法除锈。

（3）为方便钢筋穿过丝模，钢筋头要轧细一段（约长 150～200mm），轧压至直径比拔丝模孔小 0.5～0.8mm，以便顺利穿过模孔。为减少轧头次数，可用对焊方法将钢筋连接，但应将焊缝处的凸缝用砂轮锉平磨滑，以保护设备及拉丝模。

（4）在操作前，应按常规对设备进行检查和空载运转一次。安装拔丝模时，要分清正反面，安装后应将固定螺栓拧紧。

（5）为减少拔丝力和拔丝模孔损耗，抽拔时须涂以润滑剂，一般在拔丝模前安装一个润滑盒，使钢筋黏滞润滑剂进入拔丝模。润滑剂的配方为：动物油（羊油或牛油）：肥皂：石蜡：生石灰：水 =0.15 ~0.20：1.6 ~3.0：1：2：2。

（6）拔线速度宜控制在 50 ~70m/min。钢筋连拔不宜超过三次，如需再拔，应对钢筋消除内应力，采用低温（600 ~800℃）退火处理使钢筋变软。加热后取出埋入砂中，使其缓冷，冷却速度应控制在 150℃/h 以内。

（7）拔丝的成品，应随时检查砂孔、沟痕、夹皮等缺陷，以便随时更换拔丝模或调整转速。

5.7 钢筋冷轧扭

1. 钢筋冷轧扭原理及应用

钢筋冷轧扭是用某些普通低碳钢筋（热轧盘圆条）通过钢筋冷轧扭机加工，在常温下一次轧制成横截面为矩形，外表为连续螺旋曲面的麻花状钢筋，如图 5 -9 所示。冷轧扭钢筋具有冷拔低碳钢丝的某些特性，同时机械性能大大增高，塑性有所下降。由于冷轧扭钢筋具有连续不断的螺旋曲面，使钢筋与混凝土间产生较强的机械咬合力和法向应力，明显提高两者之间的黏结力。当构件承受荷载时，钢筋与混凝土互相制约，有效增加共同工作能力，改善构件弹塑性阶段性能，提高构件的强度和刚度，使钢筋强度得到充分发挥。冷轧扭钢筋加工工艺简单，设备可靠，集冷拉、冷轧、冷扭于一身，能大幅度提高钢筋的强度与混凝土之间的握裹力，使用时，末端不需弯钩。

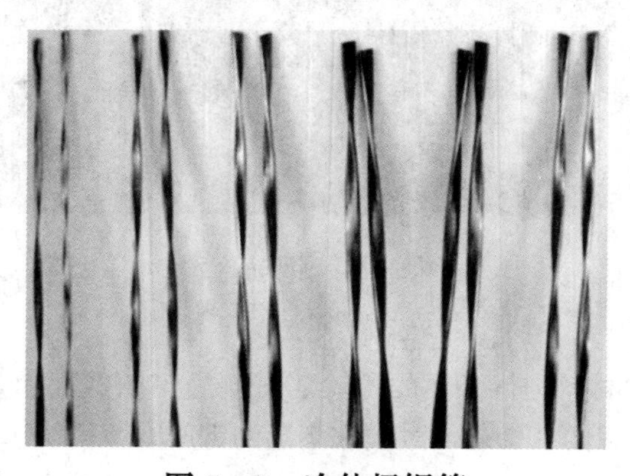

图 5 -9 冷轧扭钢筋

冷轧扭钢筋适用于作圆孔板（最大跨度为 4.5m，厚为 120mm、180mm）双向叠合楼板（最大跨度 6m ×5.4m），加气混凝土复合大楼板（跨度为 4.8m ×3.4m）以及预制薄板等。

2. 钢筋冷轧扭工艺

钢筋冷轧扭工艺平面，如图 5 -10 所示，由放盘架、调直箱、轧机、扭转装置、切断机、落料架、冷却系统及控制系统等组成。

加工工艺程序为：圆盘钢筋从放盘架上引出后，经调直箱调直并清除氧化薄钢皮，再经轧机将圆筋轧扁；在轧辊推动下，强迫钢筋通过扭转装置，从而形成表面为连续螺旋曲面的麻花状钢筋，再穿过切断机的圆切刀刀孔进入落料架的料槽，当钢筋触到定位开关后，切断机将钢筋切断，落到架上。

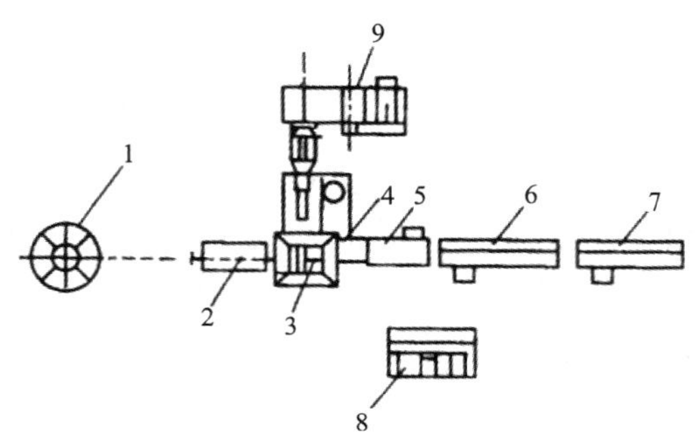

图 5－10　钢筋冷轧扭机工艺平面

1—放盘架；2—调直箱；3—轧机；4—扭转装置；5—切断机；
6—落料架；7—冷却系统；8—控制系统；9—传动系统

钢筋长度的控制可调整定位开关在落料架上的位置获得。钢筋调直、扭转及输送的动力均来自轧辊在轧制钢筋时产生的摩擦力。

6 钢筋连接

6.1 钢筋连接工具

6.1.1 钢筋机械连接设备

1. 带肋钢筋套筒径向挤压连接设备

带肋钢筋套筒径向挤压连接工艺是采用挤压机将钢套筒挤压变形，使之紧密地咬住变形钢筋的横肋，实现两根钢筋的连接（图6-1）。它适用于任何直径变形钢筋的连接，包括同径和异径（当套筒两端外径和壁厚相同时，被连接钢筋的直径相差不应大于5mm）钢筋。适用于ϕ16～ϕ40mm的HPB300、HRB400级带肋钢筋的径向挤压连接。

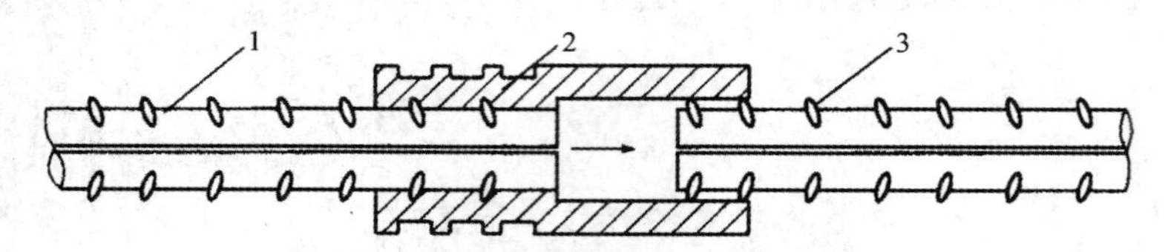

图6-1 套筒挤压连接

1—已挤压的钢筋；2—钢套筒；3—未挤压的钢筋

（1）设备组成。设备主要由挤压机、超高压泵站、平衡器、吊挂小车等组成（图6-2）。

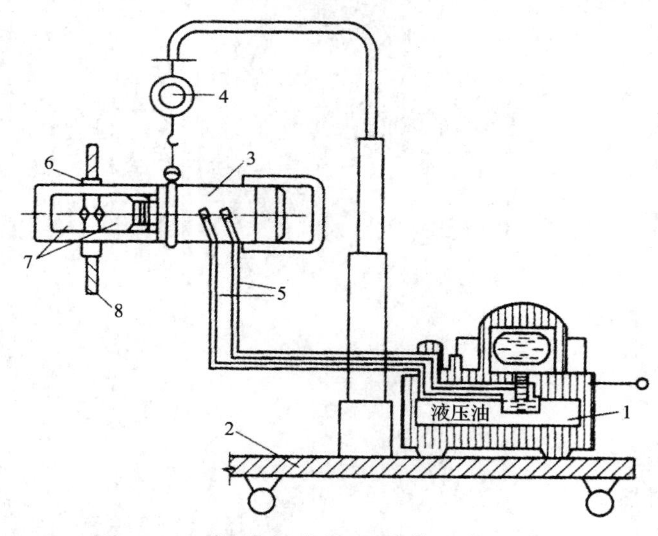

图6-2 钢筋径向挤压连接设备示意图

1—超高压泵站；2—吊挂小车；3—挤压机；4—平衡器；
5—超高压软管；6—钢套筒；7—模具；8—钢筋

采用径向挤压连接工艺使用的挤压机有以下几种型号：

1）YJ-32型。可用于直径为25～32mm变形钢筋的挤压连接。该机由于采用双作用油路和双作用油缸体，所以压接和回程速度较快。但机架宽度较小，只可用于挤压间距较小（但净距必须大于60mm）的钢筋（图6－3）。其主要技术性能见表6－1。

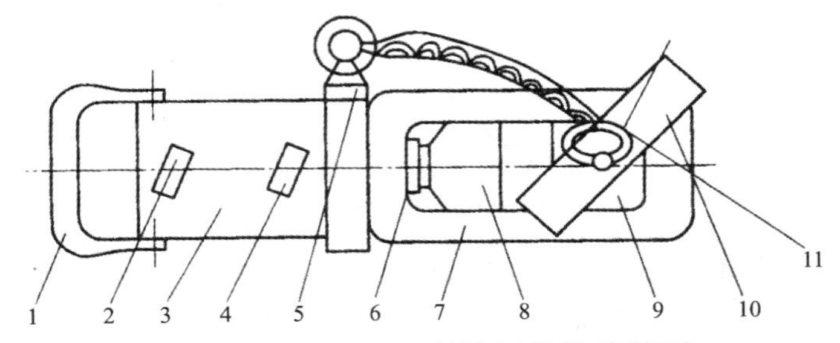

图6－3　YJ－32型挤压机构造简图

1—手把；2—进油口；3—缸体；4—回油口；5—吊环；
6—活塞；7—机架；8、9—压模；10—卡板；11—链条

表6－1　YJ－32型挤压机主要技术性能

项　　目	技 术 参 数
额定工作油压力（MPa）	108
额定压力（kN）	650
工作行程（mm）	50
挤压一次循环时间（s）	≤10
外形尺寸（mm）	ϕ130×160（机架宽）×426
自重（kg）	约28

该机的动力源（超高压泵站）为二极定量轴向柱塞泵，输出油压为31.38～122.8MPa，连续可调。它设有中、高压二级自动转换装置，在中压范围内输出流量可达2.86dm^3/min，使挤压机在中压范围内进入返程有较快的速度。当进入高压或超高压范围内，中压泵自动卸荷，用超高压的压力来保证足够的压接力。

2）YJ650型。用于直径为32mm以下变形钢筋的挤压连接（图6－4），其主要技术性能见表6－2。

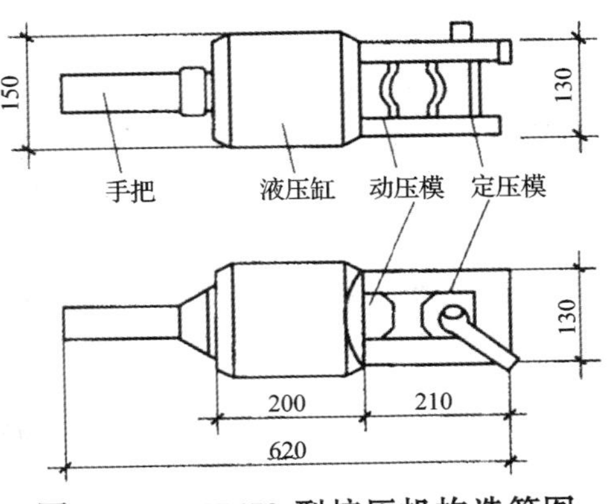

图6－4　YJ650型挤压机构造简图

表 6－2　YJ650 型挤压机主要技术性能

项　　目	技 术 参 数
额定压力（kN）	650
外形尺寸（mm）	ϕ144×450
自重（kg）	43

该机液压源可选用 ZB0.6/630 型油泵，额定油压为 63MPa。

3）YJ800 型。用于直径为 32mm 以上变形钢筋的挤压连接，其主要技术性能见表 6－3。

表 6－3　YJ800 型挤压机主要技术性能

项　　目	技 术 参 数
额定压力（kN）	800
外形尺寸（mm）	ϕ170×468
自重（kg）	55

该机液压源可选用 ZB4/500 高压油泵，额定油压为 50MPa。

4）YJH－25、YJH－32 和 YJH－40 径向挤压设备，其性能见表 6－4。平衡器是一种辅助工具，它是利用卷簧张紧力的变化进行平衡力调节。利用平衡器吊挂挤压机，将平衡重量调节到与挤压机重量一致或稍大时，使挤压机在任何位置均达到平衡，即操作人员手持挤压机处于无重状态，在被挤压的钢筋接头附近的空间进行挤压施工作业，从而大大减轻了工人的劳动强度，提高了挤压效率。

表 6－4　钢筋径向挤压连接设备主要技术参数

<table>
<tr><th rowspan="2">设备组成</th><th rowspan="2">项　　目</th><th colspan="3">设备型号及技术参数</th></tr>
<tr><th>YJH－25</th><th>YJH－32</th><th>YJH－40</th></tr>
<tr><td rowspan="4">压接钳</td><td>额定压力（MPa）</td><td>80</td><td>80</td><td>80</td></tr>
<tr><td>额定挤压力（kN）</td><td>760</td><td>760</td><td>900</td></tr>
<tr><td>外形尺寸（mm）</td><td>ϕ150×433</td><td>ϕ150×480</td><td>ϕ170×530</td></tr>
<tr><td>质量（kg）</td><td>23（不带压模）</td><td>27（不带压模）</td><td>34（不带压模）</td></tr>
<tr><td rowspan="3">压模</td><td>可配压模型号</td><td>M18、M20、M22、M25</td><td>M20、M22、M25、M28、M32</td><td>M32、M36、M40</td></tr>
<tr><td>可连接钢筋的直径（mm）</td><td>ϕ18、ϕ20、ϕ22、ϕ25</td><td>ϕ20、ϕ22、ϕ25、ϕ28、ϕ32</td><td>ϕ32、ϕ36、ϕ40</td></tr>
<tr><td>质量（kg/副）</td><td>5.6</td><td>6</td><td>7</td></tr>
</table>

续表 6－4

设备组成	项目	设备型号及技术参数		
		YJH－25	YJH－32	YJH－40
超高压泵站	电动机	输入电压：380V 50Hz（220V 60Hz） 功率：1.5kW		
	高压泵	额定压力：80MPa 高压流量：0.8L/min		
	低压泵	额定压力：2.0MPa 低压流量：4.0～6.0L/min		
	外形尺寸（mm）	750×540×785（长×宽×高）		
	质量（kg）	96	油箱容积（L）	20
超高压软管	额定压力（MPa）	100		
	内径（mm）	6.0		
	长度（m）	3.0（5.0）		

吊挂小车是车底盘下部有四个轮子，并将超高压泵放在车上，将挤压机和平衡器吊于挂钩下。这样，靠吊挂小车移动进行操作。

（2）钢筋。用于挤压连接的钢筋应符合现行标准《钢筋混凝土用余热处理钢筋》GB 13014—2013 的要求。

（3）钢套筒。钢套筒的材料宜选用强度适中、延展性好的优质钢材，其力学性能宜符合表 6－5 的要求。

表 6－5　套筒材料的力学性能

项目	力学性能指标
屈服强度（MPa）	225～350
抗拉强度（MPa）	375～500
伸长率 δ_5（%）	≥20
硬度（HRB 或 HB）	60～80 102～133

考虑到套筒的尺寸及强度偏差，套筒的设计屈服承载力和极限承载力应比钢筋的标准屈服承载力和极限承载力大 10%。

钢套筒的规格和尺寸，宜符合表 6－6 的规定。其允许偏差为：当外径小于或等于 50mm 时，为 ±0.5mm；外径大于 50mm 时，为 ±0.01mm；壁厚为 +12%、－10%；长度为 ±2mm。

表 6-6　钢套筒的规格和尺寸

钢套筒型号	钢套筒尺寸（mm）			压接标志道数
	外径	壁厚	长度	
G40	70	12	240	8×2
G36	63	11	216	7×2
G32	56	10	192	6×2
G28	50	8	168	5×2
G25	45	7.5	150	4×2
G22	40	6.5	132	3×2
G20	36	6	120	3×2

2. 带肋钢筋套筒轴向挤压连接设备

钢筋轴向挤压连接，是采用挤压机和压模对钢套筒和插入的两根对接钢筋，沿其轴线方向进行挤压，使套筒咬合到变形钢筋的肋间，结合成一体（图 6-5）。与钢筋径向挤压连接相同。适用于同直径或相差一个型号直径的钢筋连接，如 ϕ25 与 ϕ28、ϕ28 与 ϕ32。其适用材料及组成部件介绍如下。

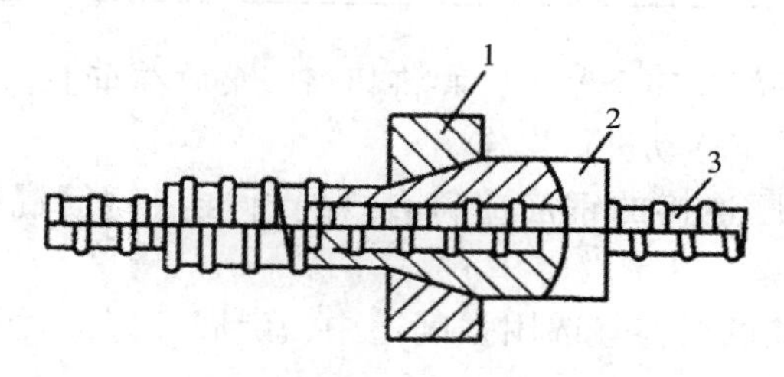

图 6-5　钢筋轴向挤压连接

1—压模；2—钢套筒；3—钢筋

（1）钢筋。钢筋要求与钢筋径向挤压连接相同。

（2）钢套筒。钢套筒材质应符合现行标准《高压锅炉用无缝钢管》GB 5310—2008 的优质碳素结构钢，其力学性能应符合表 6-7 的要求。

表 6-7　钢套筒力学性能

项　目	力 学 性 能
屈服强度	≥250MPa
抗拉强度	≥420～560MPa
伸长率 δ_5	≥24%
HRB	≤75

钢套筒的规格尺寸和要求，见表 6-8。

表 6－8　钢套筒规格尺寸

套筒尺寸（mm）＼钢筋直径（mm）		ϕ25	ϕ28	ϕ32
外径		$\phi 45^{+0.1}_{0}$	$\phi 49^{+0.1}_{0}$	$\phi 55.5^{+0.1}_{0}$
内径		$\phi 33^{0}_{-0.1}$	$\phi 35^{0}_{-0.1}$	$\phi 39^{0}_{-0.1}$
长度	钢筋端面紧贴连接时	$190^{+0.3}_{0}$	$200^{+0.3}_{0}$	$210^{+0.3}_{0}$
	钢筋端面间隙小于或等于 30mm 连接时	$200^{+0.3}_{0}$	$230^{+0.3}_{0}$	$240^{+0.3}_{0}$

（3）主要设备。其主要组成设备有挤压机、半挤压机、超高压泵站等，现分别介绍如下。

挤压机可用于全套筒钢筋接头的压接和少量半套筒接头的压接（图 6－6）。其主要技术参数见表 6－9。

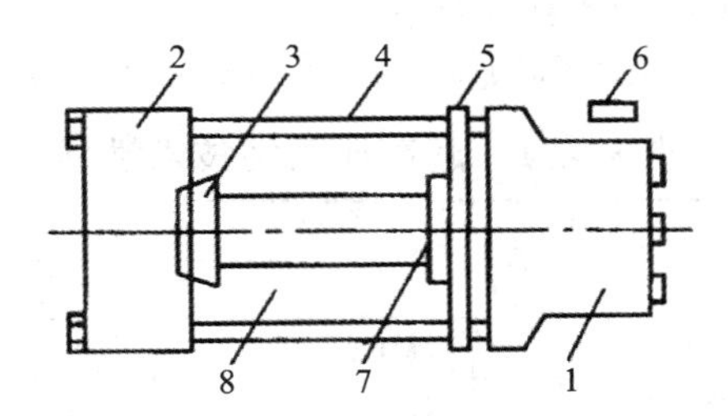

图 6－6　GTZ32 型挤压机简图

1—油缸；2—压模座；3—压模；4—导向杆；
5—撑力架；6—管拉头；7—垫块座；8—套筒

表 6－9　挤压机主要技术参数

钢筋公称直径（mm）	套管直径（mm）		压模直径（mm）	
	内径	外径	同径钢筋及异径钢筋粗径用	异径钢筋接头细径用
ϕ25	ϕ33	ϕ45	38.4 ±0.02	40 ±0.02
ϕ28	ϕ35	ϕ49.1	42.3 ±0.02	45 ±0.02
ϕ32	ϕ39	ϕ55.5	48.3 ±0.02	—

半挤压机适用于半套筒钢筋接头的压接（图 6－7）。其主要技术参数见表 6－10。

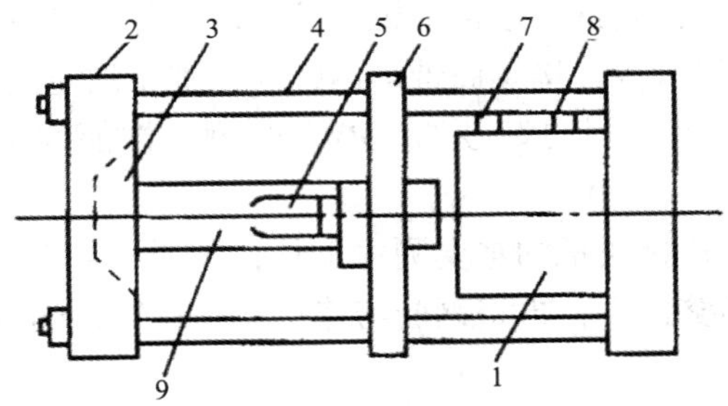

图 6－7　GTZ32 型半挤压机简图

1—油缸；2—压模座；3—压模；4—导向杆；5—限位器；6—撑力架；7、8—管接头；9—套管

表6－10 半挤压机主要技术参数

项次	项　　目	单位	技术性能	
			挤压机	半挤压机
1	额定工作压力	MPa	70	70
2	额定工作推力	kN	400	470
3	油缸最大行程	mm	104	110
4	外形尺寸（长×宽×高）	mm	755×158×215	180×180×780
5	自重	kg	65	70

超高压泵站为双泵双油路电控液压泵站。由电动机驱动高、低压泵。当三位四通换向阀左边接通时，油缸大腔进油，当压力达到65MPa时，高压继电器断电，换向阀回到中位；当换向阀右边接通时，油缸小腔进油，当压力达到35MPa时，低压继电器断电，换向阀又回到中位。钢套筒力学性能见表6－7。

压模分半挤压机用压模和挤压机用压模，使用时要按钢筋的规格选用见表6－11。

表6－11 超高压泵站技术性能

项次	项　　目	单位	技术性能	
			挤压机	半挤压机
1	额定工作压力	MPa	70	7
2	额定流量	L/min	2.5	7
3	继电器调定压力	N/min	72	36
4	电动机（$J100L_2-4-B_5$） 电压 功率 频率	 V kW Hz	 380 3 50	—

3. 钢筋锥螺纹套筒连接设备

（1）钢筋锥螺纹套丝机（图6－8）。用于加工$\phi16\sim\phi40$mm的HRB335、HRB400级钢筋连接端的锥形外螺纹。常用的型号有SZ－50A、GZL－40B等。

（2）量规。包括牙形规、卡规或环规、锥螺纹塞规。应由钢筋连接技术单位提供。

1）牙形规：用于检查钢筋连接端锥螺纹的加工质量（图6－9）。

2）卡规或环规：用于检查钢筋连接端锥螺纹小端直径（图6－10）。

3）锥螺纹塞规：用于检查连接套筒锥形内螺纹的加工质量（图6－11）。

（3）力矩扳手。工程中常用的型号如：PW360型，性能为100～360N·m；HL－02型，性能为70～350N·m等。

力矩扳手是保证钢筋连接质量的重要测力工具，如图6－12所示。操作时，先按不同钢筋直径规定的力矩值调整扳手，再将钢筋与连接套筒拧紧，达到要求的力矩时，可发出声响信号。

（4）砂轮锯。用于切断挠曲的钢筋接头，如图6－13所示。

（5）台式砂轮。用于修磨梳刀，如图6－14所示。

图 6－8 钢筋锥螺纹套丝机

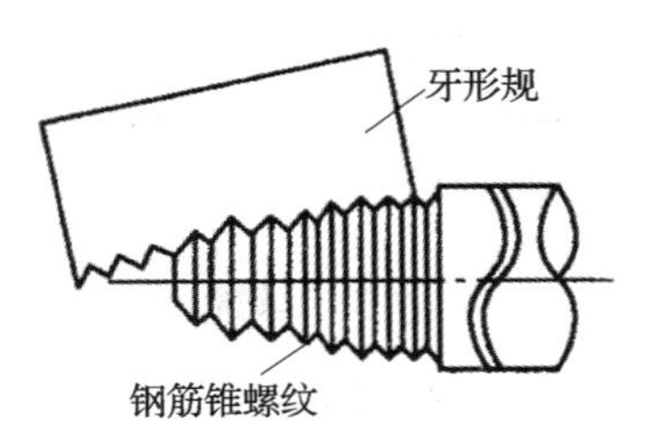

图 6－9 用牙形规检查锥螺纹的牙形

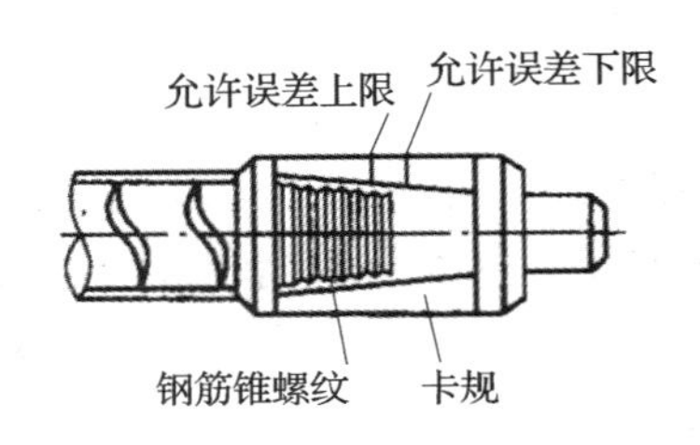

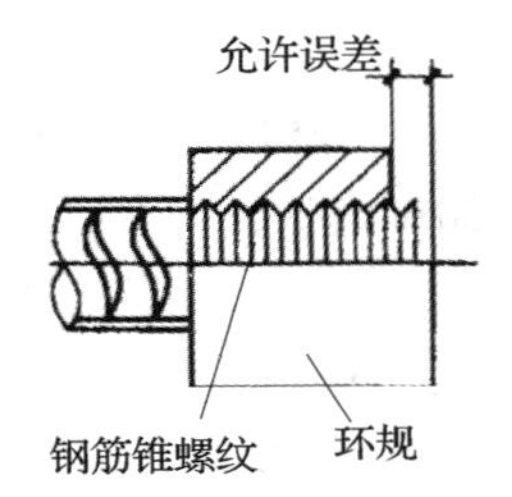

图 6－10 卡规与环规检查小端直径

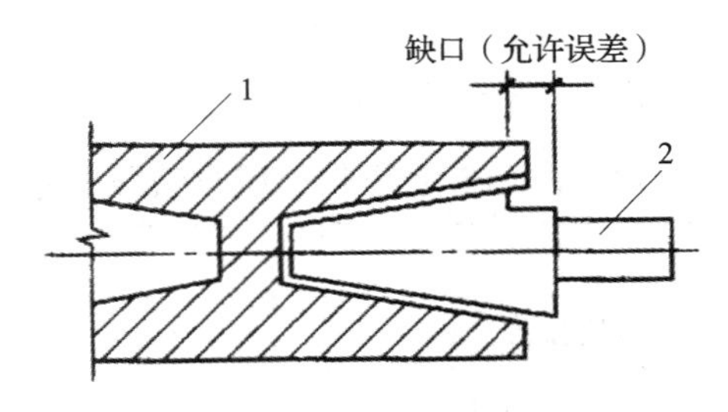

图 6－11 用锥螺纹塞规检查套筒

1—锥螺纹套筒；2—塞规

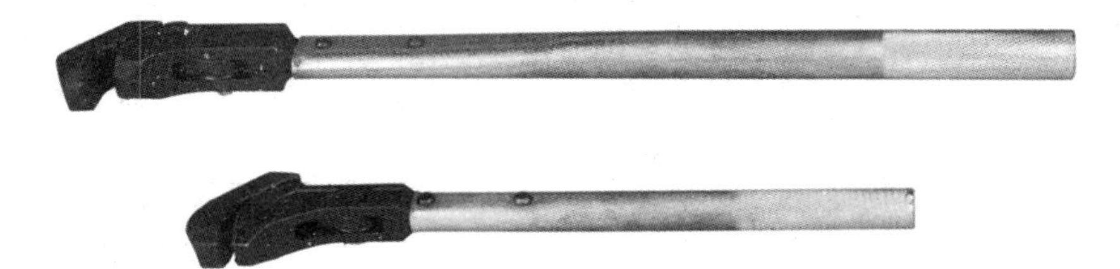

图 6－12 力矩扳手

图6-13　砂轮锯

图6-14　台式砂轮

4. GK型锥螺纹钢筋连接设备

GK型锥螺纹接头是在钢筋连接端加工前，先对钢筋连接端部沿径向通过压模施加压力，使其产生塑性变形，形成一个圆锥体。然后，按普通锥螺纹工艺，将顶压后的圆锥体加工成锥形外螺纹，再穿入带锥形内螺纹的钢套筒，用力矩扳手拧紧，即可完成钢筋的连接。

由于钢筋端部在预压塑性变形过程中，预压变形后的钢筋端部材料因冷硬化而使强度比钢筋母材可提高10%～20%，因而使锥螺纹的强度也相应得到提高，弥补了因加工锥螺纹减小钢筋截面而造成接头承载力下降的缺陷，从而可提高锥螺纹接头的强度。

在不改变主要工艺的前提下，可使锥螺纹接头部位的强度大于钢筋母材的实测极限强度。GK型锥螺纹接头性能可满足A级要求。

（1）钢筋径向预压机（GK40型）。可将$\phi16\sim\phi40$mm的HRB335、HRB400级钢筋端部预压成圆锥形。该机由以下三部分组成。

1）GK40型径向预压机：其结构形式是直线运动双作用液压缸，该液压缸为单活塞无缓冲式，液压缸由撑力架及模具组合成液压工作装置。其性能见表6-12。

表6-12　GK40型径向预压缸液压缸性能

项　次	项　目	指　标
1	额定推力（kN）	1780
2	最大推力（kN）	1910
3	外伸速度（m/min）	0.12
4	回程速度（m/min）	0.47
5	工作时间（s）	20～60
6	外形尺寸（mm）	486×230（高×直径）
7	质量（kg）	80
8	壁厚（mm）	25
9	密封形式	“O”形橡胶密封圈
10	缸体连接	螺纹连接

2）超高压液压泵站。YTDB 型超高压泵站，其结构形式是阀配流式径向定量柱塞泵与控制阀、管路、油箱、电动机、压力表组合成的液压动力装置。

钢筋端部径向预压机的动力源主要技术参数，见表 6－13。

表 6－13 钢筋端部径向预压机动力源

项 次	项 目	指 标
1	额定压力（MPa）	70
2	最大压力（MPa）	75
3	电动机功率（kW）	3
4	电动机转速（r/min）	1410
5	额定流量（L/min）	3
6	容积效率（%）	≥70
7	输入电压（V）	380
8	油箱容积（L）	25
9	外形尺寸（mm）	420×335×700（长×宽×高）
10	质量（kg）	105

3）径向预压模具。用于实现对建筑结构用 $\phi16 \sim \phi40$mm 钢筋端部的径向预压。材质为 CrWMn（锻件），淬火硬度为 55～60HRC。

（2）锥螺纹套丝机、力矩扳手、量规、砂轮锯等机具。与普通锥螺纹连接技术相同。

5. 钢筋冷镦粗直螺纹套筒连接设备

镦粗直螺纹钢筋接头是通过冷镦粗设备，先将钢筋连接端头冷镦粗，再在镦粗端加工成直螺纹丝头，然后，将两根已镦粗套丝的钢筋连接端穿入配套加工的连接套筒，旋紧后，即成为一个完整的接头。

该接头的钢筋端部经冷镦后不仅直径增大，使加工后的丝头螺纹底部最小直径不小于钢筋母材的直径；而且钢材冷镦后，还可提高接头部位的强度。因此，该接头可与钢筋母材等强，其性能可达到 SA 级要求。

钢筋冷镦粗直螺纹套筒连接适用于钢筋混凝土结构中 $\phi16 \sim \phi40$mm 的 HRB335、HRB400 钢筋的连接。

由于镦粗直螺纹钢筋接头的性能指标可达到 SA 级（等强级）标准，因此，适用于一切抗震和非抗震设施工程中的任何部位。必要时，在同一连接范围内钢筋接头数目，可以不受限制。如：钢筋笼的钢筋对接；伸缩缝或新老结构连接部位钢筋的对接以及滑模施工的筒体或墙体同以后施工的水平结构（如梁）的钢筋连接等。

（1）材料要求。

1）钢筋应符合国家标准的要求及《钢筋混凝土用余热处理钢筋》GB 13014—2013 的要求。

2）套筒与锁母材料应采用优质碳素结构钢或合金结构钢，其材质应符合《优质碳素结构钢》GB/T 699—1999 的规定。

（2）机具设备。机具设备包括切割机、液压冷锻压床、套丝机（图 6－15）、普通扳手及量规。

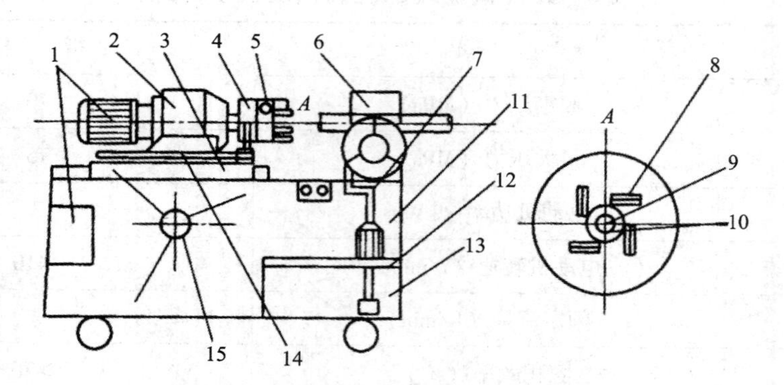

图 6－15 GSJ－40 套丝机示意图

1—电动机及电气控制装置；2—减速机；3—拖板及导轨；4—切削头；5—调节蜗杆；6—夹紧虎钳；7—冷却系统；8—刀具；9—限位顶杆；10—对刀心棒；11—机架；12—金属滤网；13—水箱；14—拔叉手柄；15—手轮

1）镦粗直螺纹机具设备，见表 6－14。

表 6－14 镦粗直螺纹机具设备表

镦机头				套丝机		高压油泵	
型号	LD700	LD800	LD1800	型号	GSJ－40	型号	
镦压力（kN）	700	1000	2000	功率（kW）	4.0	电动机功率（kW）	3.0
行程（mm）	40	50	65	转速（r/min）	40	最高额定压力（kN）	63
适用钢筋直径（mm）	16～25	16～32	28～40	适用钢筋直径（mm）	$\phi16\sim\phi40$	流量（L/min）	6
质量（kg）	200	385	550	质量（kg）	400	质量（kg）	60
外形尺寸（mm）（长×宽×高）	575×250×250	690×400×370	803×425×425	外形尺寸（mm）（长×宽×高）	1200×1050×550	外形尺寸（mm）（长×宽×高）	645×525×335

表 6－14 中设备机具应配套使用，每套设备平均每 40s 生产一个丝头，每台班可生产 400～600 个丝头。

2）环规。环规是丝头螺纹质量检验工具。每种丝头直螺纹的检验工具分为止端螺纹环规和通端螺纹环规两种（图 6－16）。

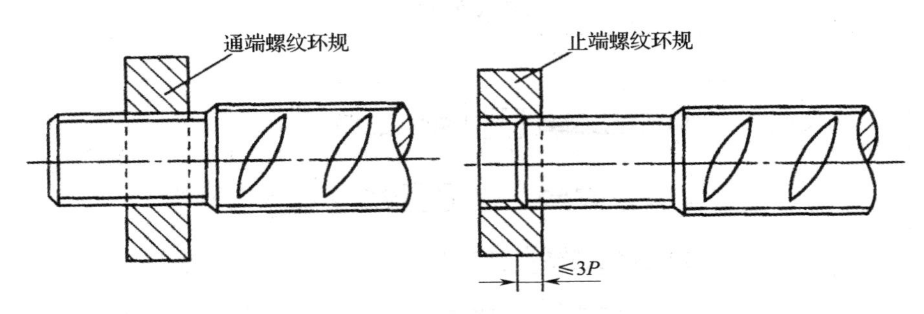

图 6－16　丝头质量检验示意图

P—螺距

3）塞规。塞规套筒螺纹质量检验工具。每种套筒直螺纹的检验工具分为止端螺纹塞规和通端螺纹塞规两种（图 6－17）。

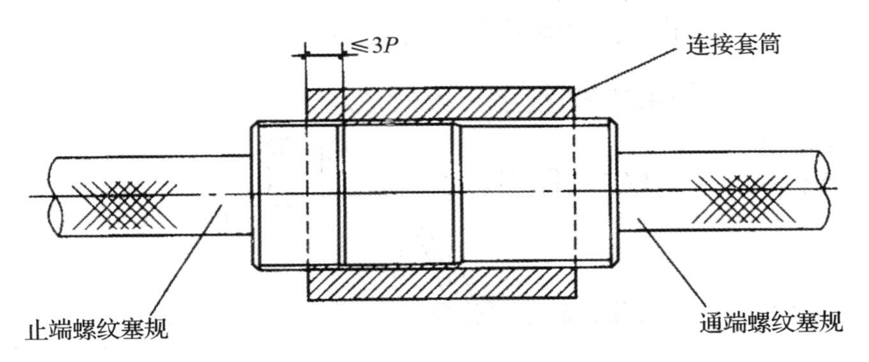

图 6－17　套筒质量检验示意图

P—螺距

(3) 接头分类。见表 6－15。

表 6－15　接头分类

分　类		图　示	说　明
按接头使用要求分类	标准型	(1) (2) (3) (4)	用于钢筋可自由转动的场合。利用钢筋端头相互对顶力锁定连接件，可选用标准型或变径型连接套筒

续表 6-15

分类		图示	说明
按接头使用要求分类	加长型	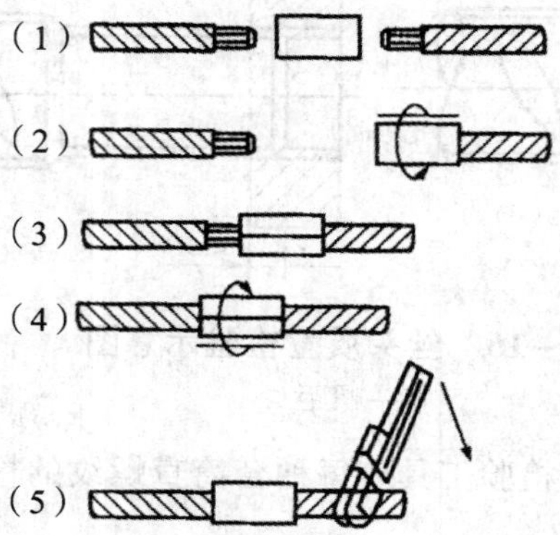 (1) (2) (3) (4) (5)	用于钢筋过长且密集，不便转动的场合。连接套筒预先全部拧入一根钢筋的加长螺纹上，再反拧入被接钢筋的端螺纹，转动钢筋 1/2～1 圈即可锁定连接件，可选用标准型连接套筒
	加锁母型	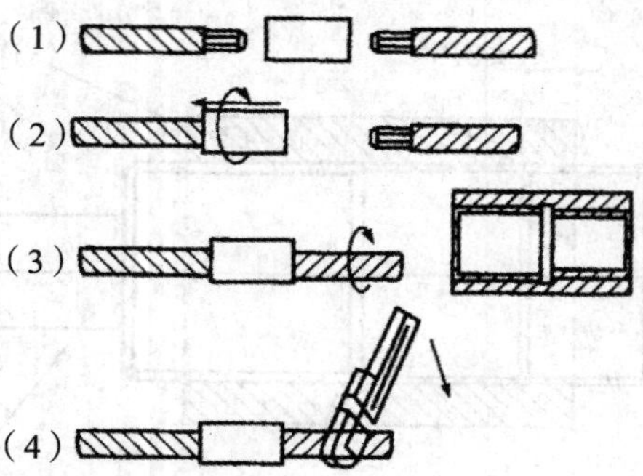 (1) (2) (3) (4)	用于钢筋完全不能转动，如弯折钢筋以及桥梁灌注桩等钢筋笼的相互对接。将锁母和连接套筒预先拧入加长螺纹，再反拧入另一根钢筋端头螺纹，用锁母锁定连接套筒。可选用标准型或扩口型连接套筒加锁母
	正反螺纹型	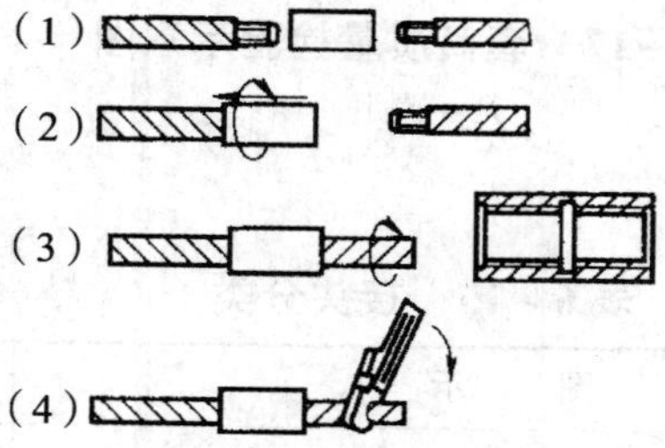 (1) (2) (3) (4)	用于钢筋完全不能转动而要求调节钢筋内力的场合，如施工缝、后浇带等。连接套筒带正反螺纹，可在一个旋合方向中松开或拧紧二根钢筋，应选用带正反螺纹的连接套筒
	扩口型	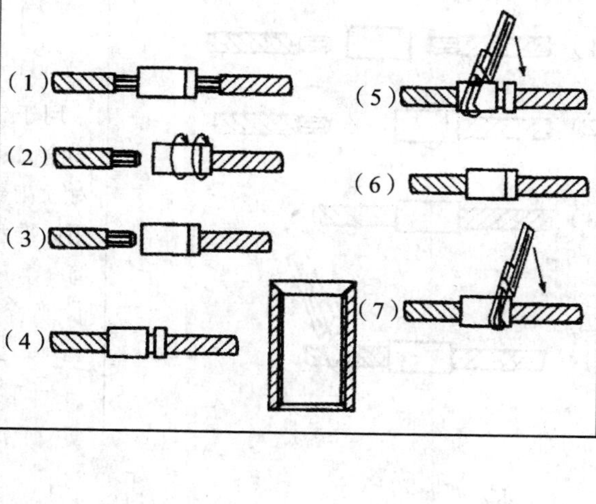 (1) (2) (3) (4) (5) (6) (7)	用于钢筋较难对中的场合，通过转动套筒连接钢筋

续表 6-15

分类		图示	说明
按接头使用要求分类	变径型	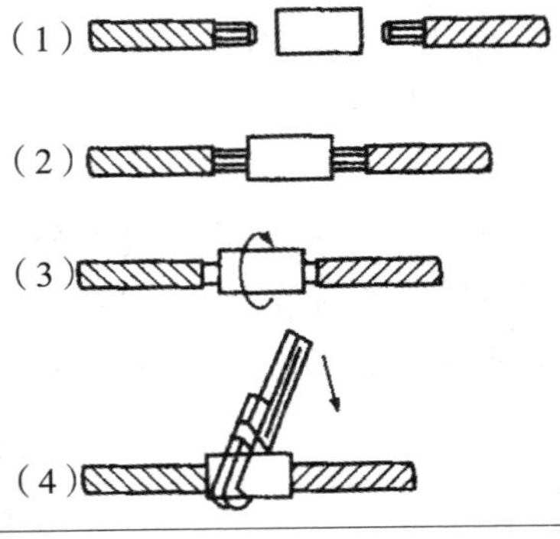 (1) (2) (3) (4)	用于连接不同直径的钢筋
	标准型套筒	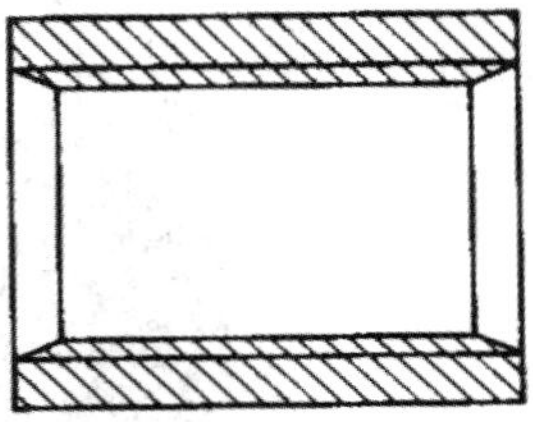	带右旋等直径内螺纹，端部二个螺距带有锥度
	扩口型套筒	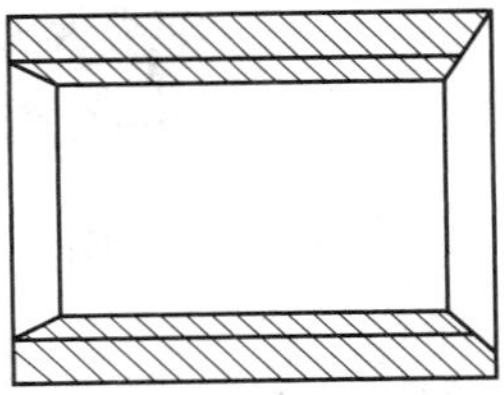	带右旋等直径内螺纹，一端带有45°或60°的扩口，以便于对中入扣
	变径型套筒	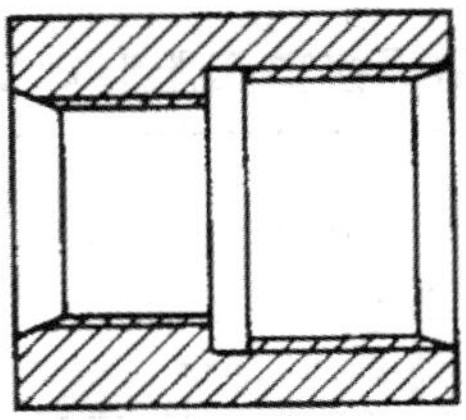	带右旋两端具有不同直径的内直螺纹，用于连接不同直径的钢筋
	正反扣型套筒	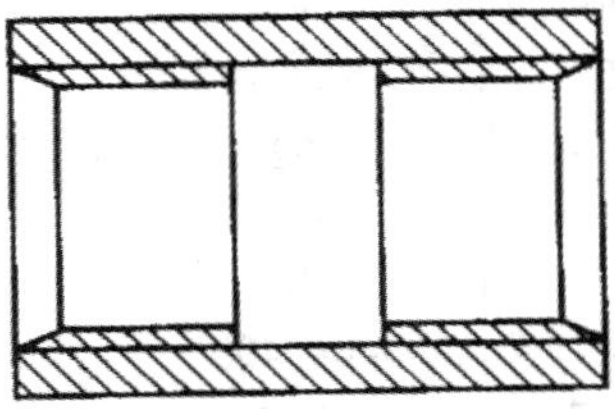	套筒两端各带左、右旋等直径内螺纹，用于钢筋不能转动的场合
	可调型套筒	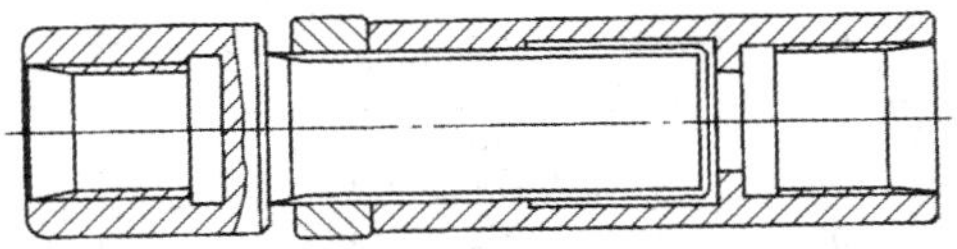	套筒中部带有加长型调节螺纹，用于钢筋轴向位置不能移动且不能转动时的连接

6.1.2 钢筋焊接设备

1. 钢筋电弧焊接设备

（1）原理。钢筋电弧焊是以焊条作为一极，钢筋作为另一极，利用焊接电流通过产生的电弧高温，集中热量熔化钢筋端和焊条末端，使焊条金属过渡到熔化的焊缝内，金属冷却凝固后，便形成焊接接头。

（2）焊接设备。电弧焊的主要设备是弧焊机，弧焊机可分为交流弧焊机（图 6－18）和直流弧焊机（图 6－19）两类。其中焊接整流器是一种将交流电变为直流电的手弧焊电源。这类整流器多用硅元件作为整流元件，故也称硅整流焊机。

图 6－18　交流弧焊机

图 6－19　直流弧焊机

常用焊接变压器型号及性能见表 6－16。

表 6－16　常用焊接变压器型号及性能

型　　号		单位	BX3－120－1	BX3－300－2	BX3－500－2	BX2－1000 （BC－1000）
额定焊接电流		A	120	300	500	1000
初级电压 次级空载电压 额定工作电压		V	220/380 70～75 25	380 70～78 32	380 70～75 40	220/380 69～78 42
额定初级电流 焊接电流调节范围		A	41/23.5 20～160	61.9 40～400	101.4 60～600	340/196 400/1200
额定持续率 额定输入功率		% kW	60 9	60 23.4	60 38.6	60 76
各持续率时功率	100%	kW	7	18.5	30.5	—
	额定持续率		9	23.4	38.6	76

续表 6－16

型号		单位	BX3－120－1	BX3－300－2	BX3－500－2	BX2－1000（BC－1000）
各持续率时焊接电流	100%	A	93	232	388	775
	额定持续率		120	300	500	1000
功率因素			—	—	—	0.62
效率		%	80	82.5	87	90
质量		kg	100	183	225	560
外形尺寸	长	mm	485	730	730	744
	宽		470	540	540	950
	高		680	900	900	1220

注：（ ）为原有型号。

常用焊接发电机型号及性能见表 6－17。

表 6－17 常用焊接发电机型号及性能

型号			单位	AX1－165（AB－165）	AX4－300－1（AG－300）	AX－320（AT－320）	AX5－500	AX3－500（AG－500）
弧焊发电机	额定焊接电流		A	165	300	320	500	500
	焊接电流调节范围			40～200	45～375	45～320	60～600	60～600
	空载电压		V	40～60	55～80	50～80	65～92	55～75
	工作电压			30	22～35	30	23～44	25～40
	额定持续率		%	60	60	50	60	60
	各持续率时功率	100%	kW	3.9	6.7	7.5	13.6	15.4
		额定持续率		5	9.6	9.6	20	20
	各持续率时焊接电流	100%	A	130	230	250	385	385
		额定持续率		165	300	320	500	500
使用焊条直径			mm	φ5 以下	φ3～φ7	φ3～φ7	φ3～φ7	φ3～φ7

续表 6－17

型　号		单位	AX1－165（AB－165）	AX4－300－1（AG－300）	AX－320（AT－320）	AX5－500	AX3－500（AG－500）
电动机	功率	kW	6	10	14	26	26
	电压	V	220/380	380	380	380	220/380/660
	电流	A	21.3/12.3	20.8	27.6	50.9	89/51.5/29.7
	频率	Hz	50	50	50	50	50
	转速	r/min	2900	2900	1450	1450	2900
	功率因数		0.87	0.88	0.87	0.88	0.90
	机组效率	%	52	52	53	54	54
机组质量		kg	210	250	560	700	415
外形尺寸	长	mm	932	1140	1202	1128	1078
	宽	mm	382	500	590	590	600
	高	mm	720	825	992	1000	805

注：（　）为原有型号。

常用焊接整流器型号及性能见表 6－18。

表 6－18　常用焊接整流器型号及性能

型　号			单位	ZXG_1－160	ZXG_1－250	ZXG－300R	ZXG_1－400	ZXG－500R
输出	额定焊接电流		A	160	250	300	400	500
	焊接电流调节范围		A	40～192	62～300	30～300	100～480	40～500
	空载电压		V	71.5	71.5	70	71.5	70/80
	工作电压		V	22～28	22～32	21～32	24～39	22～40
	额定持续率		%	60	60	40	60	40
	各持续率时焊接电流	100%	A	—	—	194	—	315
		额定持续率	A	—	—	300	—	500
输入	电源电压		V	380	380	380	380	380
	电源相数			3	3	3	3	3
	频率		Hz	50	50	50	50	50
	额定输入电流		A	16.8	26.3	29.6	42	53.8
	额定输入容量		kVA	11	17.3	19.5	27.8	35.5
质量			kg	138	182	230	238	350
外形尺寸		长	mm	595	635	690	686	760
		宽	mm	480	530	440	570	520
		高	mm	970	1030	885	1075	945

2. 钢筋闪光对焊设备

（1）构造。对焊机主要由焊接变压器、左电极、右电极、交流接触器、送料机构和控制元件等组成，如图 6－20 所示。

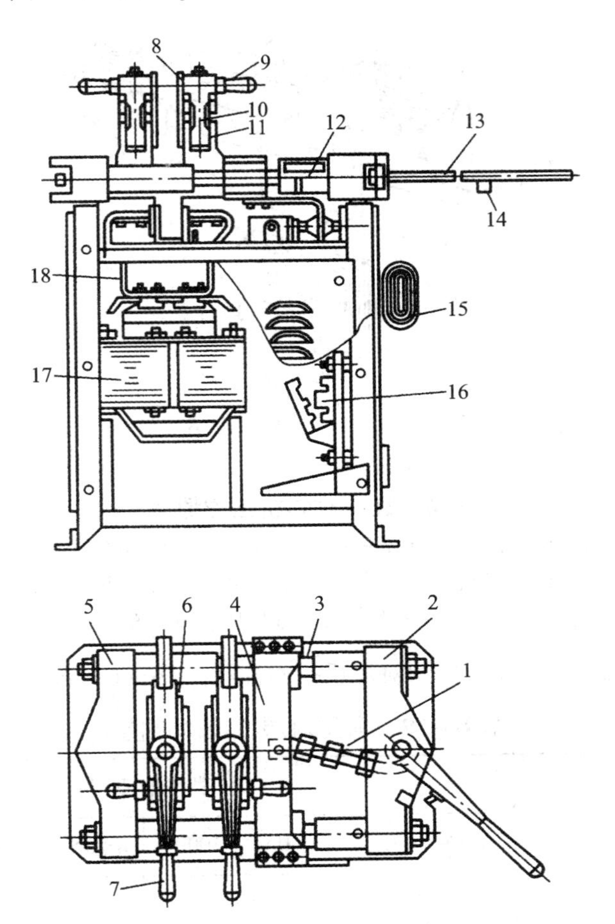

图 6－20　对焊机构造示意

1—调节螺钉；2—导轨架；3—导轮；4—滑动平板；5—固定平板；6—左电极；7—旋紧手柄；8—护板；9—套钩；10—右电极；11—夹紧臂；12—行程标尺；13—操纵杆；14—接触器按钮；15—分级开关；16—交流接触器；17—焊接变压器；18—铜引线

送料机构是实现焊接过程中所需要的熔化及挤压过程，它主要包括操纵杆、滑动平板和调节螺钉。当操纵杆在两极限位置中移动时，可获得电极的最大工作行程。

控制元件的控制程序是：按下接触器按钮，接通继电器，使交流接触器作用，于是焊接变压器被接通。移动操纵杆使两焊件压紧，并通电加热。

（2）工作原理。如图 6－21 所示。对焊机的电极分别装在固定平板和滑动平板上，滑动平板可沿机身上的导轨移动，电流通过变压器次级线圈传到电极上，当推动压力机构使两根钢筋端头接触到一起后，造成短路电阻产生热量，加热钢筋端头，当加热到高塑性后，再加力挤压，使两端头达到牢固的对接。

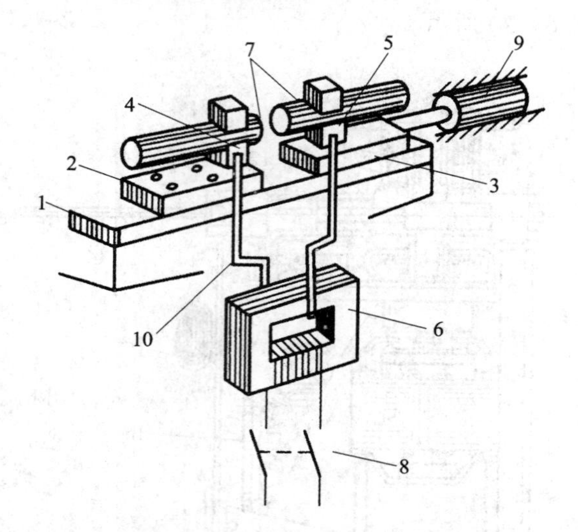

图6－21 对焊机工作原理

1—机身；2—固定平板；3—滑动平板；4—固定电极；
5—活动电极；6—变压器；7—钢筋；8—开关；
9—压力机构；10—变压器次级线圈

（3）常用对焊机技术性能。常用对焊机技术性能，见表6－19。

表6－19 常用对焊机技术性能

项目	焊机型号			
	UN_1－75	UN_1－100	UN_2－150	UN_{17}－150－1
额定容量（kVA）	75	100	150	150
一次电压（V）	220/380	380	380	380
二次电压调节范围（V）	3.52～7.94	4.5～7.6	4.05～8.1	3.8～7.6
额定容量二次电压调节级数（级）	8	8	15	15
额定负载持续率（%）	20	20	20	50
钳口夹紧力（kN）	20	40	100	160
最大顶端力（kN）	30	40	65	80
钳口最大距离（mm）	80	80	100	90
动钳口最大行程（mm）	30	50	27	80

续表 6－19

项　　目		焊机型号			
		UN_1－75	UN_1－100	UN_2－150	UN_{17}－150－1
动钳口最大加热行程（mm）		—	—	—	20
焊件最大预热压缩量（mm）		—	—	10	—
连续闪光焊时钢筋最大直径（mm）		12～16	16～20	20～25	20～25
预热闪光焊时钢筋最大直径（mm）		32～36	40	40	40
生产率（次/h）		75	20～30	80	120
冷却水消耗量（L/h）		200	200	200	500
压缩空气	压力（MPa）	—	—	5.5	6
	消耗量（m^3/h）	—	—	15	5
重量（kg）		445	465	2500	1900
外形尺寸	长（mm）	1520	1800	2140	2300
	宽（mm）	550	550	1360	1100
	高（mm）	1080	1150	1380	1820

3. 钢筋电阻点焊设备

（1）构造。图 6－22 所示为杠杆弹簧式点焊机的外形结构。

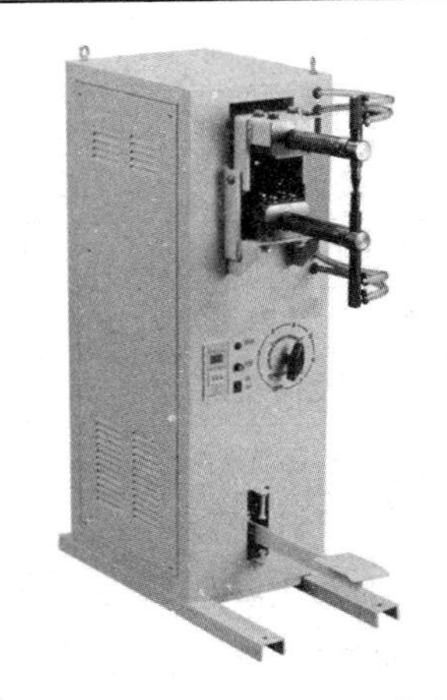

图 6－22　杠杆弹簧式点焊机外形结构

（2）工作原理。图 6－23 所示为杠杆弹簧式点焊机的工作原理。点焊时，将表面清理好的平直钢筋叠合在一起放在两个电极之间，踏下脚踏板，使两根钢筋的交点接触紧密，同时断路器也相接触，接通电源使钢筋交接点在短时间内产生大量的电阻热，钢筋很快被加热到熔点而处于熔化状态。放开脚踏板，断路器随杠杆下降切断电流，在压力作用下，熔化了的钢筋交接点冷却凝结成焊接点。

（3）技术性能。常用点焊机技术性能，见表 6－20。

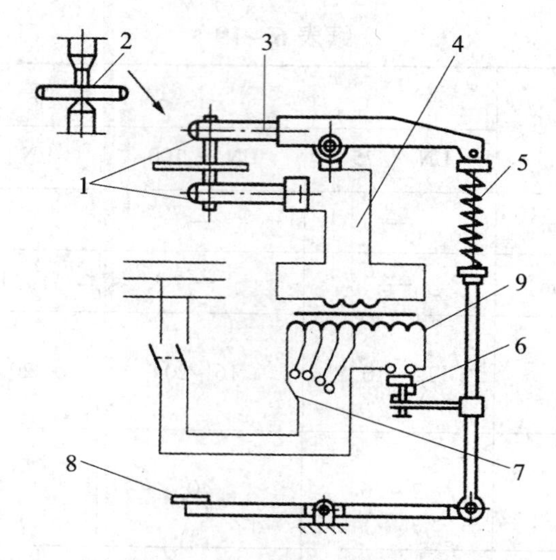

图 6－23　点焊机工作原理示意

1—电极；2—钢筋；3—电极臂；4—变压器次级线圈；5—弹簧；
6—断路器；7—变压器调节级数开关；8—脚踏板；9—变压器初级线圈

表 6－20　常用点焊机技术性能

<table>
<tr><th colspan="2" rowspan="2">项　目</th><th colspan="6">焊机型号</th></tr>
<tr><th colspan="2">S0232A</th><th colspan="2">S0432A</th><th>DN3－75</th><th>DN3－100</th></tr>
<tr><td colspan="2">传动方式</td><td colspan="6">气压传动式</td></tr>
<tr><td colspan="2">额定容量（kVA）</td><td colspan="2">17</td><td colspan="2">21</td><td>75</td><td>100</td></tr>
<tr><td colspan="2">额定电压（V）</td><td colspan="2">38</td><td colspan="2">380</td><td>380</td><td>380</td></tr>
<tr><td colspan="2">额定负载持续率（%）</td><td colspan="2">50</td><td colspan="2">50</td><td>20</td><td>20</td></tr>
<tr><td colspan="2">一次额定电压（V）</td><td colspan="2">45</td><td colspan="2">82</td><td>198</td><td>263</td></tr>
<tr><td colspan="2">较小钢筋最大直径（mm）</td><td colspan="2">8～10</td><td colspan="2">10～12</td><td>8～10</td><td>10～12</td></tr>
<tr><td colspan="2">每小时最大焊点数（点/h）</td><td colspan="2">900</td><td colspan="2">1800</td><td>300</td><td>1740</td></tr>
<tr><td colspan="2">二次电压调节范围（V）</td><td colspan="2">8～3.6</td><td colspan="2">2.5～4.6</td><td>3.33～6.66</td><td>3.65～7.3</td></tr>
<tr><td colspan="2">二次电压调节级数（级）</td><td colspan="2">6</td><td colspan="2">8</td><td>8</td><td>8</td></tr>
<tr><td colspan="2">电极臂有效伸长距离（mm）</td><td>230</td><td>550</td><td>500</td><td>800</td><td>800</td><td>800</td></tr>
<tr><td rowspan="2">上电极</td><td>工作行程（mm）</td><td rowspan="2">10～40</td><td rowspan="2">22～89</td><td rowspan="2">40～120</td><td rowspan="2">56～170</td><td>20</td><td>20</td></tr>
<tr><td>辅助行程（mm）</td><td>80</td><td>80</td></tr>
<tr><td colspan="2">电极间最大压力（kN）</td><td>2.64</td><td>1.18</td><td>2.76</td><td>1.95</td><td>6.5</td><td>6.5</td></tr>
<tr><td colspan="2">电极臂间距离（mm）</td><td colspan="2">—</td><td colspan="2">190～310</td><td>380～530</td><td>—</td></tr>
<tr><td colspan="2">下电极间垂直调节（mm）</td><td colspan="2">190～310</td><td colspan="2">150</td><td>150</td><td>150</td></tr>
<tr><td rowspan="2">压缩空气</td><td>压力（MPa）</td><td colspan="2">0.6</td><td colspan="2">0.6</td><td>0.55</td><td>0.55</td></tr>
<tr><td>消耗量（m^3/h）</td><td colspan="2">2.15</td><td colspan="2">1</td><td>15</td><td>15</td></tr>
</table>

续表 6－20

项目		焊机型号			
		S0232A	S0432A	DN3－75	DN3－100
冷却水消耗量（L/h）		160	160	400	700
重量（kg）		160	225	800	850
外形尺寸	长（mm）	765	860	1610	1610
	宽（mm）	400	400	730	730
	高（mm）	1405	1405	1460	1460

4. 钢筋电渣压力焊设备

钢筋电渣压力焊是改革开放以来兴起的一项新的钢筋竖向连接技术，属于熔化压力焊，它是利用电流通过两根钢筋端部之间产生的电弧热和通过渣池产生的电阻热将钢筋端部熔化，然后施加压力使钢筋焊接为一体的方法。这种方法具有施工简便、生产效率高、节约电能、节约钢材和接头质量可靠、成本较低的特点。主要用于现浇钢筋混凝土结构中竖向或斜向（倾斜度在4:1范围内）钢筋的连接。

竖向钢筋电渣压力焊是一种综合焊接，它具有埋弧焊、电渣焊、压力焊三种焊接方法的特点。焊接开始时，首先在上下两钢筋端之间引燃电弧，使电弧周围焊剂熔化形成空穴，随后在监视焊接电压的情况下，进行“电弧过程”的延时，利用电弧热量，一方面使电弧周围的焊剂不断熔化，以使渣池形成必要的深度；另一方面使钢筋端面逐渐烧平，为获得优良接头创造条件。接着将上钢筋端部潜入渣池中，电弧熄灭，进行“电渣过程”的延时，利用电阻热能使钢筋全断面熔化并形成有利于保证焊接质量的端面形状。最后，在断电的同时迅速进行挤压，排除全部熔渣和熔化金属，形成焊接接头（图6－24）。

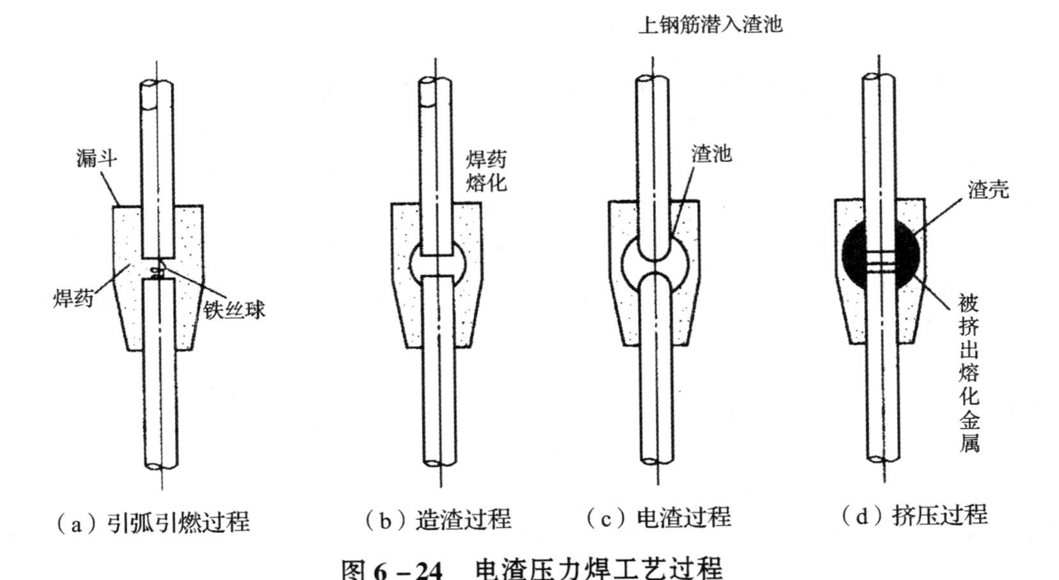

图 6－24　电渣压力焊工艺过程

钢筋电渣压力焊接一般适用于 HPB300、HRB335 级 $\phi14 \sim \phi40$mm 钢筋的连接。

（1）焊机。目前的焊机种类较多，大致分类如下。

1）按整机组合方式分类。分体式焊机——包括焊接电源（包括电弧焊机）、焊接夹具、控制系统和辅件（焊剂盒，回收工具等几部分）。此外，还有控制电缆、焊接电缆等附件。其特点是便于充分利用现有电弧焊机，节省投资。

同体式焊机——将控制系统的电气元件组合在焊接电源内，另配焊接夹具、电缆等。其特点是可以一次投资到位，购入即可使用。

2）按操作方式分类。手动式焊机——由焊工操作。这种焊机由于装有自动信号装置，又称半自动焊机。如图 6－25 和图 6－26 所示。

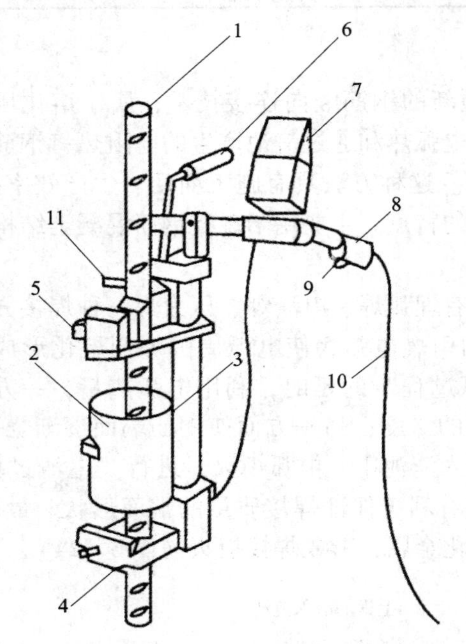

图 6－25　杠杆式单柱焊接机头示意图

1—钢筋；2—焊剂盒；3—单导柱；
4—下夹头；5—上夹头；6—手柄；
7—监控仪表；8—操作手把；
9—开关；10—控制电缆；11—插座

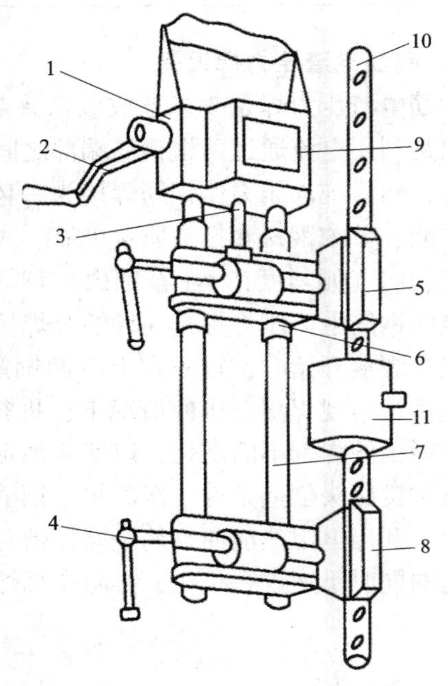

图 6－26　丝杠传动式双柱焊接机头示意图

1—伞形齿轮箱；2—手柄；3—升降丝框；
4—夹紧装置；5—上夹头；6—导管；7—双导柱；
8—下夹头；9—操作盒；10—钢筋；11—熔剂盒

自动式焊机——这种焊机可自动完成电弧、电渣及顶压过程，可以减轻劳动强度，但电气线路较复杂，如图 6－27 所示。

（2）焊接电源。可采用额定焊接电源 500A 或 500A 以上的弧焊电源（电弧焊机），作为焊接电源，交流或直流均可。

焊接电源的次级空载电压应较高，便于引弧。

焊机的容量，应根据所焊钢筋直径选定。常用的交流弧焊机型号有：BX3－500－2、BX3－650、BX2－700、BX2－1000 等，也可选用 JSD－600 型或 JSD－1000 型专用电源，见表 6－21；直流弧焊电源，可用 ZX5－630 型晶闸管弧焊整流器或硅弧焊整流器。

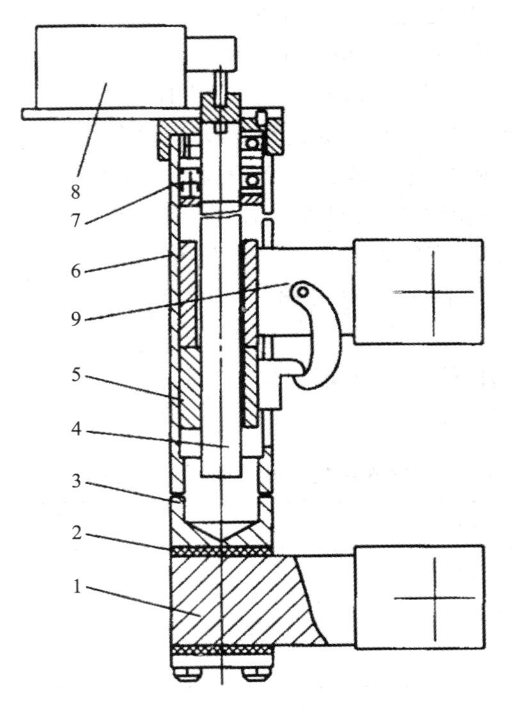

图 6 – 27　自动焊接卡具构造示意图

1—下卡头；2—绝缘层；3—支柱；4—丝框；5—传动螺母；
6—滑套；7—推力轴承；8—伺服电动机；9—上卡头

表 6 – 21　电渣压力焊电源性能指标表

项　　目	单　　位	JSD – 600		JSD – 1000	
电源电压	V	380		380	
相数	相	3		3	
输入容量	kVA	45		76	
空载电压	V	80		78	
负载持续率	%	60	35	60	35
初级电流	A	116		196	
次级电流	A	600	750	1000	1200
次级电压	V	22 ~ 45		22 ~ 45	
可焊接钢筋直径	mm	14 ~ 32		22 ~ 40	

(3) 焊接夹具。由立柱、传动机构、上下夹钳、焊剂（药）盒等组成，并装有监控装置，包括控制开关、次级电压表、时间指示灯（显示器）等。

夹具的主要作用：夹住上下钢筋，使钢筋定位同心；传导焊接电流；确保焊药盒直径与钢筋直径相适应，便于装卸焊药；装有便于准确掌握各项焊接参数的监控装置。

(4) 控制箱。它的作用是通过焊工操作（在焊接夹具上揿按钮），使弧焊电源的初级线路接通或断开。

(5) 焊剂。焊剂采用高锰、高硅、低氢型 HJ431 焊剂，其作用是使熔渣形成渣池，使钢筋接头良好的形成，并保护熔化金属和高温金属，避免氧化、氮化作用的发生。使用前必须经 250℃烘烤 2h。落地的焊剂可以回收，并经 5mm 筛子筛去熔渣，再经铜箩底筛一遍后烘烤 2h，最后再用铜箩底筛一遍，才能与新焊剂各掺半混合使用。

焊剂盒可做成合瓣圆柱体，下口为锥体（图 6－28），锥体口直径（d_2），可按表 6－22 选用。

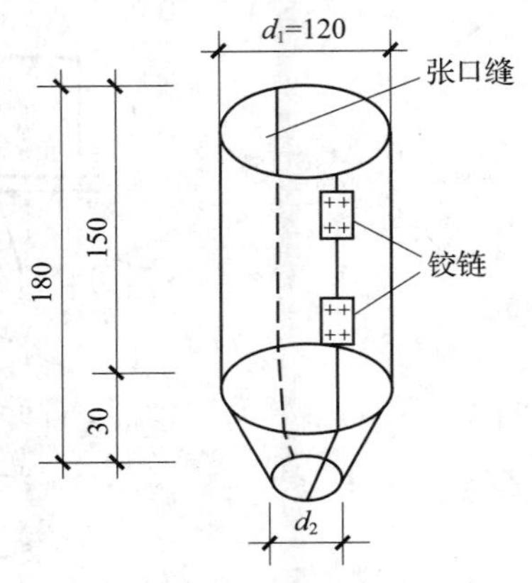

图 6－28 焊剂（药）盒

表 6－22 焊剂盒下口尺寸

焊接钢筋直径（mm）	锥体口直径 d_2（mm）
40	46
32	36
28	32

5. 钢筋气压焊设备

钢筋气压焊设备主要包括氧气和乙炔供气装置、加热器、加压器及钢筋卡具等，见图 6－29 和表 6－23。

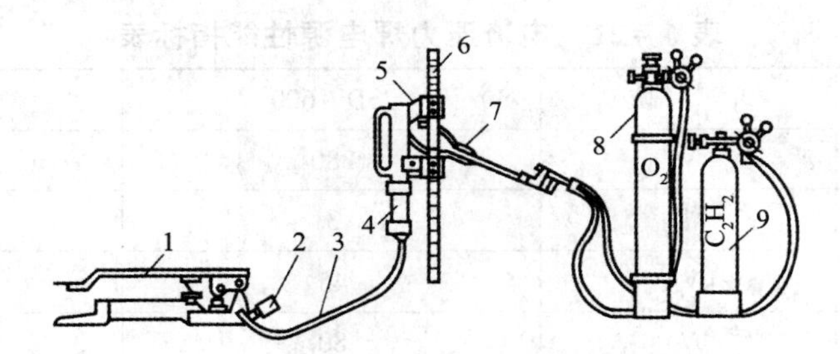

图 6－29 气压焊设备工作示意图

1—脚踏液压泵；2—压力表；3—液压胶管；4—油缸；
5—钢筋卡具；6—被焊接钢筋；7—多火口烤钳；
8—氧气瓶；9—乙炔瓶

表 6－23 钢筋气压设备

类别	构 造 说 明
加热器	由混合气管和多孔烤枪组成。为使钢筋接头能均匀受热，烤枪应设计成环行钳口。烤枪的火口数：对直径 16～22mm 的钢筋为 6～8 个；对直径 25～28mm 的钢筋为 8～10 个；对直径为 32～36mm 的钢筋为 10～12 个；对直径为 40mm 的钢筋为 12～14 个

续表 6－23

类别	构 造 说 明
加压器	由液压泵、压力表、液压胶管和活动油缸组成。液压泵有手动式、脚踏式和电动式。在钢筋气压焊接作业中，加压器作为压力源，通过钢筋卡具对钢筋施加30MPa以上的压力
供气装置	包括氧气瓶、溶解乙炔气瓶或液化石油气瓶、减压器及胶管等
焊接夹具	为保证能将钢筋夹紧、安装定位，并施加轴向压力所采取的夹具

加热器的技术基本参数见表6－24。

表6－24 射吸式多嘴环管加热器基本参数

加热器代号	加热嘴数（个）	焊接钢筋额定直径（mm）	加热嘴孔径（mm）	焰芯长度（mm）	氧气作压力（MPa）	乙炔工作压力（MPa）
W6	6	25	1.10	≥8	0.6	0.05
W8	8	32			0.7	
W12	12	40			0.8	
P8	8	25	1.00	≥7	0.6	
P10	10	32			0.7	
P14	14	40			0.8	

焊接夹具的基本参数见表6－25。

表6－25 焊接夹具基本参数

焊接夹具代号	焊接钢筋额定直径（mm）	额定荷载（kN）	允许最大载荷（kN）	动夹头有效行程（mm）	动、定夹头净距（mm）	夹头中心与筒体外缘净距（mm）
HJ25	25	20	30	≥45	160	70
HJ32	32	32	48	≥50	170	80
HJ40	40	50	65	≥60	200	85

6. 埋弧压力焊设备

（1）焊接电源。根据钢筋直径的大小，选用500型或1000型弧焊变压器作为焊接电源。

（2）焊接机构。手工埋弧压力焊机由机架、工作平台及焊接机头组成，如图6－30所示。该机装有高频引弧装置，高频引弧器的作用是利用高频电压、电流引弧，使周围空气剧烈电离，产生电击穿现象。焊接接地采用的是对称接地法，焊剂采用431、430焊剂。焊接机构宜操作方便、灵活；应装有高频引弧装置；焊接地线应采取对称接地法，以减少电弧偏移；操作台面上应装电压表和电流表。

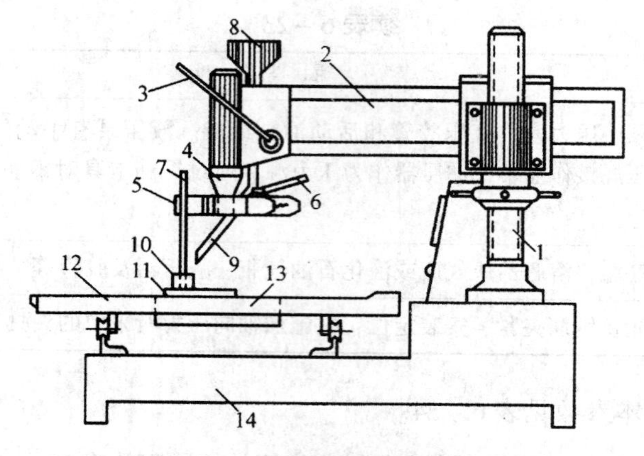

图6-30 手工埋弧压力焊机

1—立柱；2—摇臂；3—操作手柄；4—焊接机头；5—钢筋夹钳；6—夹钳手柄；7—钢筋；8—焊剂头；9—焊剂下料管；10—焊剂盒；11—钢板；12—可移动的工作台面；13—电磁吸盘；14—机架

控制系统应灵敏、准确，并应配备时间显示装置或时间继电器，以控制焊接通电时间。

（3）焊接原理及适用范围。预埋件钢筋T型接头宜采用埋弧压力焊进行焊接。

钢筋埋弧压力焊是利用焊剂层下的电弧燃烧将两焊件相邻熔化，然后加压顶锻使两焊件焊合。这种焊接方法工艺简单，生产效率高，质量好，成本低。它适用于钢筋与钢板作丁字形接头焊接。它可分为手工操作和自动控制两种方式。

预埋件钢筋埋弧压力焊适用于钢筋直径为6~22mm的热轧HPB300级钢筋，直径为6~28mm的HRB335、HRBF335、HRB400、HRBF400级钢筋的焊接。

（4）焊接参数。埋弧压力焊的焊接参数应包括引弧提升高度、电弧电压、焊接电流、焊接通电时间等。当采用500型焊接变压器时，焊接参数应符合表6-26的规定；当采用1000型焊接变压器时，也可选用大电流、短时间的强参数焊接法。

表6-26 埋弧压力焊焊接参数

钢筋牌号	钢筋直径（mm）	引弧提升高度（mm）	电弧电压（V）	焊接电流（A）	焊接通电时间（s）
HPB300 HRB335 HRBF335 HRB400 HRBF400	6	2.5	30~35	400~450	2
	8	2.5	30~35	500~600	3
	10	2.5	30~35	500~650	5
	12	3.0	30~35	500~650	8
	14	3.5	30~35	500~650	15
	16	3.5	30~40	500~650	22
	18	3.5	30~40	500~650	30
	20	3.5	30~40	500~650	33
	22	4.0	30~40	500~650	36

6.1.3 焊条

涂有药皮的供手弧焊用的熔化电极叫焊条。它由药皮和焊芯两部分组成。

1. 药皮的作用及类型

(1) 药皮的作用。压涂在焊芯表面上的涂料层叫药皮。药皮具有下列作用:

1) 提高焊接电弧的稳定性。药皮中含有钾和钠成分的“稳弧剂”,能提高电弧的稳定性,使焊条容易引弧,稳定燃烧以及熄灭后的再引弧。

2) 保护熔化金属不受外界空气的影响。药皮中的“造气剂”高温下产生的保护性气体与熔化的焊渣使熔化金属与外界空气隔绝,防止空气侵入。熔化后形成的熔渣覆盖在焊缝表面,使焊缝金属缓慢冷却,有利于焊缝中气体的逸出。

3) 过渡合金元素使焊缝获得所要求的性能。药皮中加入一定量的合金元素,有利于焊缝金属脱氧并补充合金元素,以得到满意的力学性能。

4) 改善焊接工艺性能,提高焊接生产率。药皮中含有合适的造渣、稀渣成分,使焊渣可获得良好的流动性,焊接时,形成药皮套筒,使熔滴顺利向熔池过渡,减少飞溅和热量损失,提高生产率和改善工艺过程。

(2) 药皮的类型。焊接结构钢用的焊条药皮类型有:钛铁矿型、钛钙型、铁粉钛钙型、高纤维素钠型、高纤维素钾型、高钛钠型、高钛钾型、铁粉钛型、氧化铁型、铁粉氧化铁型、低氢钠型、低氢钾型、铁粉低氢型。其中用得最广的有如下两种:

1) 钛钙型。药皮中含30%以上的氧化钛和20%以下的钙或镁的碳酸盐矿石。熔渣流动性良好,脱渣容易,电弧稳定,熔深适中,飞溅少,焊波整齐,适用于全位置焊接,焊接电源为交直流均可。

2) 低氢钠型。药皮主要组成物是碳酸盐矿和萤石,碱度较高。熔渣流动性好,焊接工艺性能一般,焊波较粗,角焊缝略凸出,熔深适中,脱渣性较好,焊接时要求焊条干燥,并采用短弧焊。可全位置焊接,焊接电流为直流反接。熔敷在金属上具有良好的抗裂性和力学性能。

2. 焊芯牌号

(1) 焊芯牌号表示方法。焊芯的牌号用“H”表示,其后的牌号表示与钢号表示方法相同。焊条的直径是以焊芯直径来表示的,常用的焊条直径有$\phi2$、$\phi2.5$、$\phi3.2$、$\phi4$、$\phi5$等几种。焊条的长度取决于焊芯的直径、材料、药皮类型等。

(2) 焊芯用钢材分类。按国家标准《熔化焊用钢丝》GB/T 14957—1994 规定有24种,可分为碳素结构钢和合金结构钢两大类,见表6-27。

表6-27 常用焊丝的牌号

钢　种	牌　号
碳素结构钢	H08A
	H08E
	H08C
	H08MnA

续表 6-27

钢种	牌号
碳素结构钢	H15A
	H15Mn
合金结构钢	H10Mn2
	H08Mn2Si
	H08Mn2SiA
	H10MnSi
	H10MnSiMo
	H10MnSiMoTiA
	H08MnMoA
	H08Mn2MoA
	H10Mn2MoA
	H08Mn2MoVA
	H10Mn2MoVA
	H08CrMoA
	H13CrMoA
	H18CrMoA
	H08CrMoVA
	H08CrNi2MoA
	H30CrMnSiA
	H10MoCrA

3. 焊条的分类、焊条型号的编制及选用原则

（1）焊条的分类。

1）按焊条的用途可分为非合金钢及细晶粒钢焊条、热强钢焊条、不锈钢焊条、堆焊焊条、铸铁焊条、镍及镍合金焊条、铜及铜合金焊条、铝及铝合金焊条、特殊用途焊条共9种。

2）按焊条药皮熔化后的熔渣特性可分为：

①酸性焊条。其熔渣的成分主要是酸性氧化物，具有较强的氧化性，合金元素烧损多，因而力学性能较差，特别是塑性和冲击韧性比碱性焊条低。同时，酸性焊条脱氧、脱磷硫能力低，因此，热裂纹的倾向也较大。但这类焊条焊接工艺性较好，对弧长、铁锈不敏感，且焊缝成形好，脱渣性好，广泛用于一般结构。

②碱性焊条。熔渣的成分主要是碱性氧化物和铁合金。由于脱氧完全，合金过渡容易，能有效地降低焊缝中的氢、氧、硫。所以，焊缝的力学性能和抗裂性能均比酸性焊条

好。可用于合金钢和重要碳钢的焊接。但这类焊条的工艺性能差，引弧困难，电弧稳定性差，飞溅较大，不易脱渣，必须采用短弧焊。

3）按药皮的主要成分分类见表6－28。

表6－28 焊条按药皮的主要成分分类

药皮类型	药皮主要成分（质量分数）	焊接电源
钛型	氧化钛≥35%	直流或交流
钛钙型	氧化钛30%以上 钙、镁的碳酸盐20%以下	
钛铁矿型	钛铁矿≥30%	
氧化铁型	多量氧化铁及较多的锰铁脱氧剂	
纤维素型	有机物15%以上，氧化钛30%左右	
低氢型	钙、镁的碳酸盐或萤石	直流
石墨型	多量石墨	直流或交流
盐基型	氯化物和氟化物	直流

（2）焊条型号的编制。

1）非合金钢及细晶粒钢焊条型号。按《非合金钢及细晶粒钢焊条》GB/T 5117—2012规定，非合金钢及细晶粒钢焊条型号编制方法见表6－29。

表6－29 非合金钢及细晶粒钢焊条型号编制方法

E	××	××	第四部分	第五部分
焊条	熔敷金属的最小抗拉强度代号见表6－30	药皮类型、焊接位置和电流类型见表6－31	熔敷金属化学成分分类代号，可为“无标记”或短划“－”后的字母、数字或字母和数字的组合，见表6－32	熔敷金属的化学成分代号之后的焊后状态代号，其中“无标记”表示焊态，“P”表示热处理状态，“AP”表示焊态和焊后热处理两种状态均可

表6－30 熔敷金属抗拉强度代号

抗拉强度代号	最小抗拉强度值（MPa）
43	430
50	490
55	550
57	570

表 6－31 药皮类型、焊接位置及电流类型代号

代号	药皮类型	焊接位置①	电流类型
03	钛型	全位置②	交流和直流正、反接
10	纤维素	全位置	直流反接
11	纤维素	全位置	交流和直流反接
12	金红石	全位置②	交流和直流正接
13	金红石	全位置②	交流和直流正、反接
14	金红石＋铁粉	全位置②	交流和直流正、反接
15	碱性	全位置②	直流反接
16	碱性	全位置②	交流和直流反接
18	碱性＋铁粉	全位置②	交流和直流反接
19	钛铁矿	全位置②	交流和直流正、反接
20	氧化铁	PA、PB	交流和直流正接
24	金红石＋铁粉	PA、PB	交流和直流正、反接
27	氧化铁＋铁粉	PA、PB	交流和直流正、反接
28	碱性＋铁粉	PA、PB、PC	交流和直流反接
40	不做规定	由制造商确定	
45	碱性	全位置	直流反接
48	碱性	全位置	交流和直流反接

注：①焊接位置见《焊缝——工作位置——倾角和转角的定义》GB/T 16672—1996，其中 PA＝平焊、PB＝平角焊、PC＝横焊、PG＝向下立焊；

②此处“全位置”并不一定包含向下立焊，由制造商确定。

表 6－32 熔敷金属化学成分分类代号

分类代号	主要化学成分的名义含量（质量分数）（%）				
	Mn	Ni	Cr	Mo	Cu
无标记、－1、－P1、－P2	1.0	—	—	—	—
－1M3	—	—	—	0.5	—
－3M2	1.5	—	—	0.4	—
－3M3	1.5	—	—	0.5	—
－N1	—	0.5	—	—	—

续表 6-32

分类代号	主要化学成分的名义含量（质量分数）(%)				
	Mn	Ni	Cr	Mo	Cu
-N2	—	1.0	—	—	—
-N3	—	1.5	—	—	—
-3N3	1.5	1.5	—	—	—
-N5	—	2.5	—	—	—
-N7	—	3.5	—	—	—
-N13	—	6.5	—	—	—
-N2M3	—	1.0	—	0.5	—
-NC	—	0.5	—	—	0.4
-CC	—	—	0.5	—	0.4
-NCC	—	0.2	0.6	—	0.5
-NCC1	—	0.6	0.6	—	0.5
-NCC2	—	0.3	0.2	—	0.5
-G	其他成分				

2）热强钢焊条型号。按《热强钢焊条》GB/T 5118—2012 规定，热强钢焊条型号编制方法见表 6-33。

表 6-33　热强钢焊条型号编制方法

E	××	××	短划“-”后的字母、数字或字母和数字的组合
焊条	熔敷金属的最小抗拉强度代号见表 6-34	药皮类型、焊接位置和电流类型见表 6-35	熔敷金属的化学成分分类代号见表 6-36

表 6-34　熔敷金属抗拉强度代号

抗拉强度代号	最小抗拉强度值（MPa）
50	490
52	520
55	550
62	620

表6-35 药皮类型、焊接位置、电流类型代号

代号	药皮类型	焊接位置①	电流类型
03	钛型	全位置③	交流和直流正、反接
10②	纤维素	全位置	直流反接
11②	纤维素	全位置	交流和直流反接
13	金红石	全位置③	交流和直流正、反接
15	碱性	全位置③	直流反接
16	碱性	全位置③	交流和直流反接
18	碱性+铁粉	全位置（PG除外）	交流和直流反接
19②	钛铁矿	全位置③	交流和直流正、反接
20②	氧化铁	PA、PB	交流和直流正接
27②	氧化铁+铁粉	PA、PB	交流和直流正接
40	不做规定	由制造商确定	

注：①焊接位置见《焊缝——工作位置——倾角和转角的定义》GB/T 16672—1996，其中PA=平焊、PB=平角焊、PG=向下立焊。

②仅限于熔敷金属化学成分代号1M3。

③此处“全位置”并不一定包含向下立焊，由制造商确定。

表6-36 熔敷金属化学成分分类代号

分类代号	主要化学成分的名义含量
-1M3	此类焊条中含有Mo，Mo是在非合金钢焊条基础上的唯一添加合金元素。数字1约等于名义上Mn含量两倍的整数，字母“M”表示Mo，数字3表示Mo的名义含量，大约为0.5%
-×C×M×	对于含铬—钼的热强钢，标识“C”前的整数表示Cr的名义含量，“M”前的整数表示Mo的名义含量。对于Cr或者Mo，如果名义含量少于1%，则字母前不标识数字。如果在Cr和Mo之外还加入了W、V、B、Nb等合金成分，则按照此顺序，加于铬和钼标记之后。标识末尾的“L”表示含碳量较低。最后一个字母后的数字表示成分有所改变
-G	其他成分

3）不锈钢焊条型号。按《不锈钢焊条》GB/T 983—2012规定，不锈钢焊条编制方法如表6-37所示。

表 6－37 不锈钢焊条型号的编制方法

E	××	－×	×
焊条	熔敷金属的化学成分分类，数字后面的“L”表示碳含量较低，“H”表示碳含量较高，如有其他特殊要求的化学成分，该化学成分用元素符号表示放在后面	焊接位置见表 6－38	药皮类型和电流类型见表 6－39

表 6－38 焊接位置代号

代 号	焊接位置①
－1	PA、PB、PD、PF
－2	PA、PB
－4	PA、PB、PD、PF、PG

注：① 焊接位置见《焊缝——工作位置——倾角和转角的定义》GB/T 16672—1996，其中 PA = 平焊、PB = 平角焊、PD = 仰角焊、PF = 向上立焊、PG = 向下立焊。

表 6－39 药皮类型代号

代 号	药 皮 类 型	电 流 类 型
5	碱性	直流
6	金红石	交流和直流①
7	钛酸型	交流和直流②

注：① 46 型采用直流焊接。
② 47 型采用直流焊接。

（3）选用原则。

1）等强度原则。对于承受静载或一般载荷的工件或结构，通常选用抗拉强度与母材相等的焊条。例：20 钢抗拉强度在 400MPa 左右，可以选用 E43 系列的焊条。

2）同等性能原则。在特殊环境下工作的结构如要求耐磨、耐腐蚀、耐高温或低温等具有较高的力学性能，应选用能保证熔敷金属的性能与母材相近或近似的焊条。如焊接不锈钢时，应选用不锈钢焊条。

3）等条件原则。根据工件或焊接结构的工作条件和特点选择焊条。如焊件需要承受动载荷或冲击载荷，应选用熔敷金属冲击韧性较高的低氢型碱性焊条。反之，焊一般结构时，应选用酸性焊条。

6.2 钢筋机械连接

6.2.1 带肋钢筋套筒挤压连接

1. 带肋钢筋套筒径向挤压连接

带肋钢筋套筒径向挤压连接是采用挤压机沿径向（即与套筒轴线垂直方向）将钢套

筒挤压使之产生塑性变形，紧密地咬住带肋钢筋的横肋，实现两根钢筋的连接，如图6－31和图6－32所示。不同直径的带肋钢筋采用挤压接头连接时，若套筒两端外径与壁厚相同，被连接钢筋的直径相差不宜大于5mm。挤压连接工艺流程：钢筋套筒检验→钢筋断料，刻划钢筋套入长度定出标记→套筒套入钢筋→安装挤压机→开动液压泵，逐渐加压套筒至接头成型→卸下挤压机→接头外形检查。

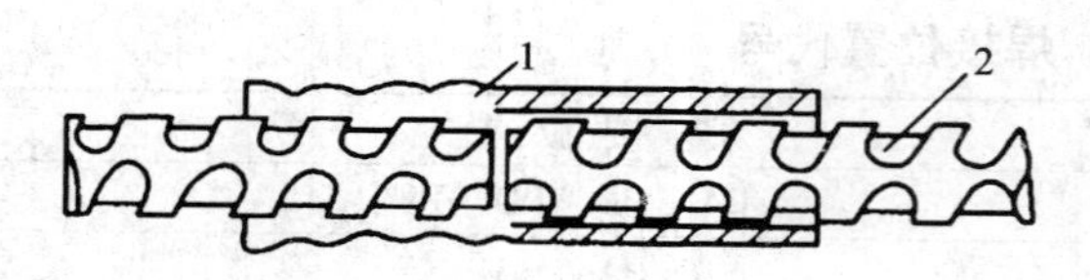

图6－31 钢筋径向挤压

1—钢套管；2—钢筋

图6－32 径向挤压套管连接

（1）工艺要点如下：

1）将钢筋套入钢套筒内，使钢套筒端面同钢筋伸入位置的标记线对齐，如图6－33所示。

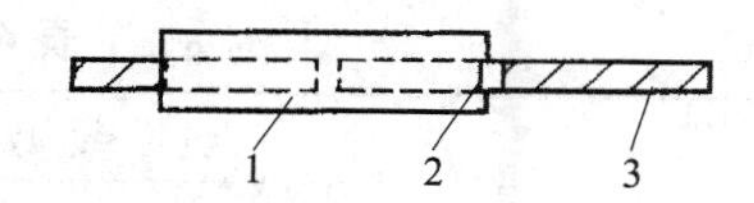

图6－33 钢筋伸入位置标记线

1—铜套筒；2—标记线；3—钢筋

为减少高空作业的难度，加快施工速度，可先在地面预先压接半个钢筋接头，再集装吊运到作业区，完成另半个钢筋接头的压接（图6－34）。

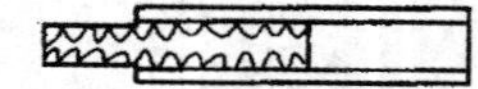

（a）把已下好料的钢筋插到套管中央

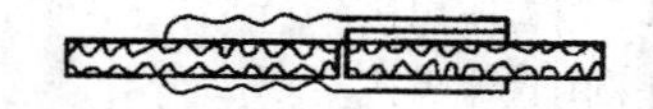

（b）放在挤压机内，压结已插钢筋的半边

（c）把已预压半边的钢筋插到待接钢筋上

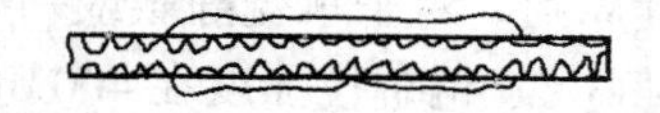

（d）压接另一半套筒

图6－34 预制半个钢筋接头工序示意图

2）按钢套筒压痕位置标记，对正压模位置，并使压模运动方向同钢筋两纵肋所在的平面相垂直，即保证最大压接面在钢筋的横肋上。

压痕通常由各生产厂家根据各自设备、压模刃口的尺寸和形状，通过在其所售的钢套筒上喷挤压道数标志或出厂技术文件中确定。凡属于压痕道数只在出厂技术文件中确定的，宜在施工现场按照出厂技术文件涂刷压接标记，压痕宽度为12mm（允许偏差±1mm），压痕间距为4mm（允许偏差为±1.5mm），如图6－35所示。

（2）钢筋径向挤压连接的特点如下：

1）接头强度高，性能可靠，能承受高应力反复拉压荷载及疲劳荷载。

2）操作简单，工人经培训后可上岗操作。

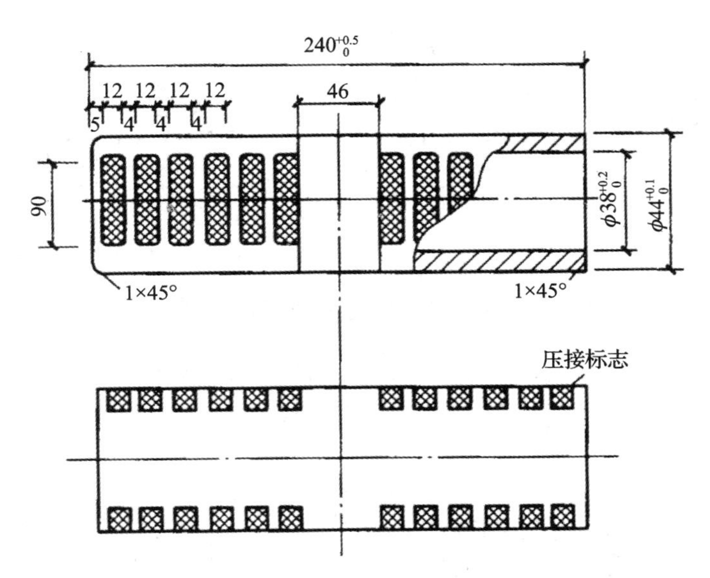

图 6－35 钢套筒（G32）的尺寸及压接标志

3）连接时无明火，操作不受气候环境影响，在水中或可燃气体环境中均可作业。

4）节约能源，设备的功率较小。

5）接头检验方便。通过外观检查挤压道数及测量压痕处直径即可判断接头质量。

6）施工速度快。

总的来说，钢筋径向挤压连接技术是一种易掌握、易操作、质量好、速度快、节约能源和材料、综合经济效益高的一种先进的技术方法。

2. 带肋钢筋套筒轴向挤压连接

钢筋轴向挤压连接是采用挤压机和压模对钢套筒以及插入的两根对接钢筋，朝轴向方向进行挤压，使套筒咬合在带肋钢筋的肋间，使其结合成一体，见图 6－36。

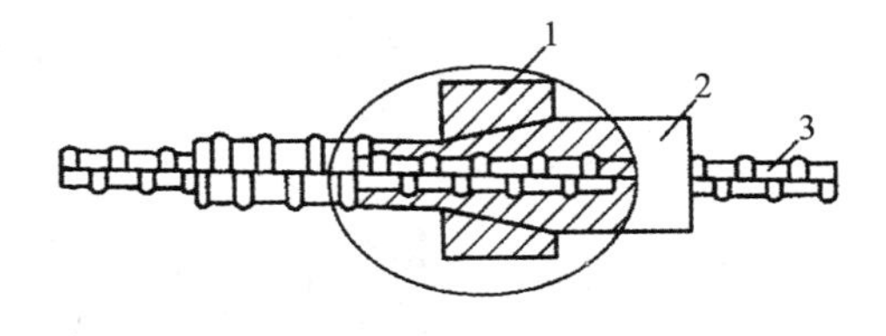

图 6－36 钢筋轴向挤压

1—压模；2—钢套筒；3—钢筋

（1）工艺要点如下：

1）为了能够准确地判断出钢筋伸入钢套筒内的长度，在钢筋两端用标尺画出油漆标志线，如图 6－37 所示。

2）选定套筒与压模，并使其配套。

3）接好泵站电源及其与半挤压机（或挤压机）的超高压油管。

4）启动泵站，按手控开关的“上”、“下”按钮，使油缸往复运动几次，检查泵站和半挤压机（或挤压机）是否正常。

5）常采取预先压接半个钢筋接头后，再运往作业地点进行另外半个钢筋接头的整根压接连接。

6）半根钢筋挤压作业步骤，见表 6－40。

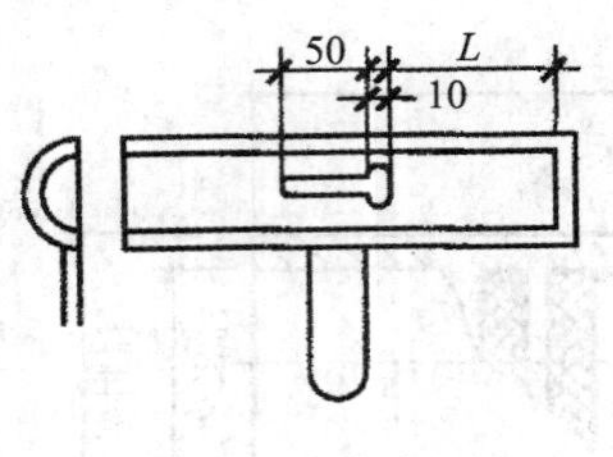

（a）标尺

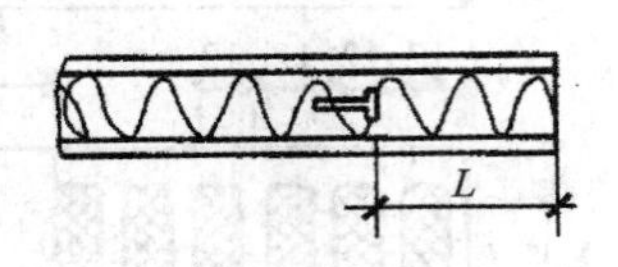

（b）钢筋上已画好油漆标志线

图 6－37　标尺画油漆标志线

表 6－40　半根钢筋挤压作业步骤

步骤	图　示	说　明
步骤一	压模座 限位器 压模 套管 液压缸	装好高压油管和钢筋配用的限位器、套管、压模，并在压模内孔涂羊油
步骤二		按手控“上”按钮，使套管对正压模内孔，再按手控“停止”按钮
步骤三		插入钢筋；顶在限位器立柱上，扶正
步骤四		按手控“上”按钮，进行挤压
步骤五		当听到溢流“吱吱”声，再按手控“下”按钮，退回柱塞，取下压模
步骤六		取出半套管接头，挤压作业结束

7）整根钢筋挤压作业步骤，见表6－41。

表6－41 整根钢筋挤压作业步骤

步骤	图示	说明
步骤一	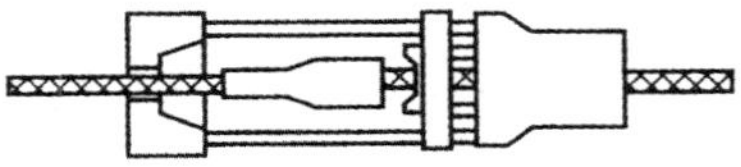	将半套管接头，插入结构钢筋，挤压机就位
步骤二	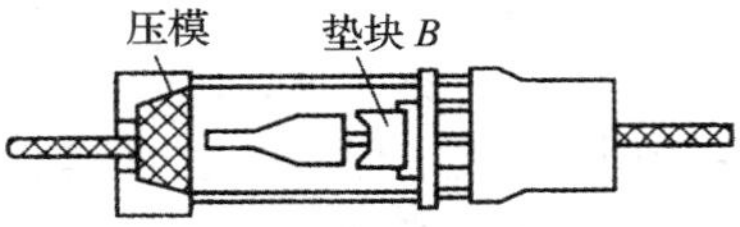 压模 垫块B	放置与钢筋配用的垫块B和压模
步骤三	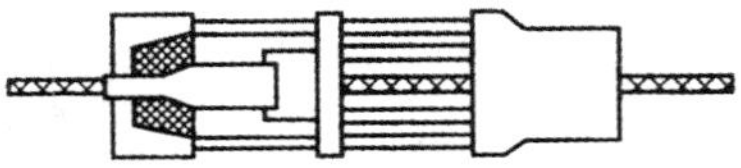	按手控“上”按钮，进行挤压，听到“吱吱”溢流声
步骤四	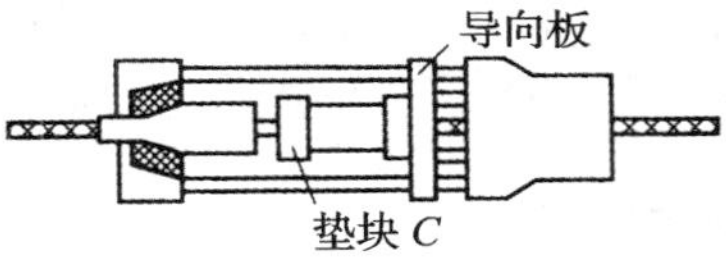 导向板 垫块C	按手控“下”按钮，退回柱塞及导向板；装上垫块C
步骤五	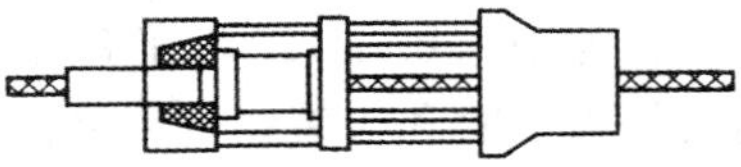	按手控“上”按钮，进行挤压
步骤六	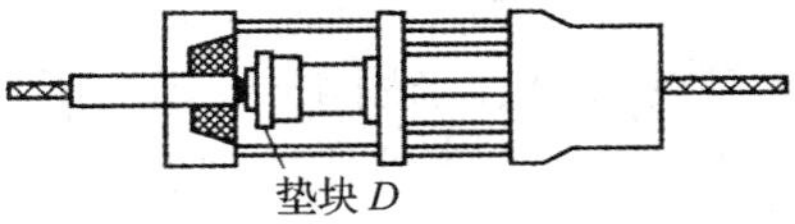 垫块D	按手控“下”按钮，退回柱塞，再加垫块D
步骤七	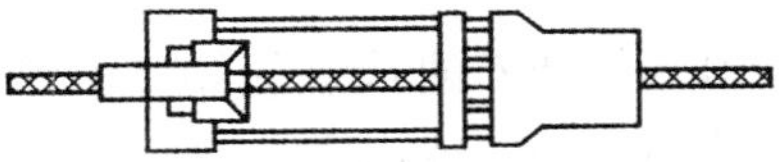	按手控“上”按钮，进行挤压；再按手控“下”按钮，退回柱塞
步骤八	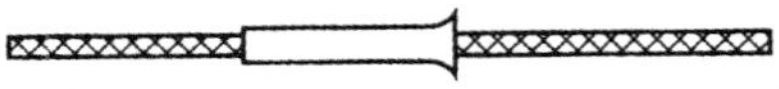	取下垫块、模具、挤压机，接头挤压连接完毕

8）压接后的接头，其套筒握裹钢筋的长度宜达到油漆标记线，达不到的，可绑扎补强钢筋或切去重新压接。

（2）钢筋轴向挤压连接的特点如下：

1）钢筋接头抗拉强度实测值，达到或超过钢筋母材实际强度。

2）操作简单，普通工人经培训后就能上岗操作。

3）连接速度快，3 ~4min 即可连接一个接头。

4）无明火作业，无爆炸着火危险。

5）可全天候施工，工期有保障。

6）节约大量钢筋和能源。

6.2.2 钢筋锥螺纹套筒连接

锥螺纹钢筋接头是利用锥形螺纹能承受轴向力和水平力以及密封性能较好的原理，依靠机械力将钢筋连接在一起。

操作时，先用专用套丝机将钢筋的待连接端加工成锥形外螺纹；然后，通过带锥形内螺纹的钢连接套筒将两根待接钢筋连接；最后利用力矩扳手按规定的力矩值使钢筋和连接钢套筒拧紧在一起（图 6 – 38）。

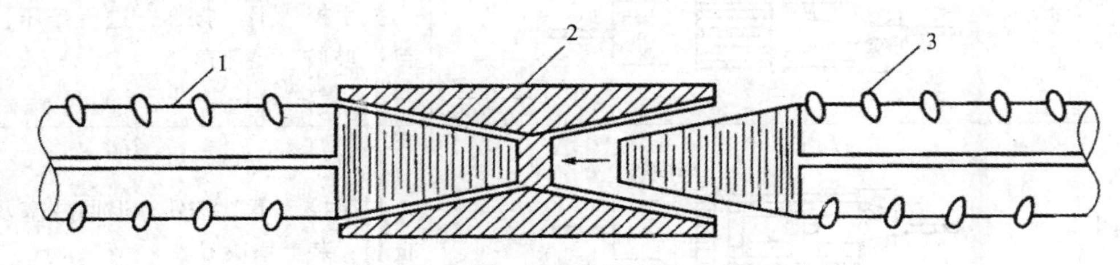

图 6 –38 锥螺纹钢筋连接

1—已连接的钢筋；2—锥螺纹套筒；3—未连接的钢筋

这种接头工艺简便，能在施工现场连接直径为16 ~40mm 的热轧 HRB335 级、HRB400 级同径和异径的竖向或水平钢筋，且不受钢筋是否带肋和含碳量的限制。适用于按一、二级抗震等级设施的工业和民用建筑钢筋混凝土结构的热轧 HRB335 级、HRB400 级钢筋的连接施工。但不得用于预应力钢筋的连接。对于直接承受动荷载的结构构件，其接头还应满足抗疲劳性能等设计要求。锥螺纹连接套筒的材料宜采用 45 号优质碳素结构钢或其他经试验确认符合要求的钢材制成，其抗拉承载力不应小于被连接钢筋受拉承载力标准值的 1.10 倍。

（1）钢筋锥螺纹加工应符合下列要规定：

1）钢筋应先调直再下料。钢筋下料可用钢筋切断机或砂轮锯，但不得用气割下料。下料时，要求切口端面与钢筋轴线垂直，端头不得挠曲或出现马蹄形。

2）加工好的钢筋锥螺纹丝头的锥度、牙形、螺距等必须与连接套的锥度、牙形、螺距一致，并应进行质量检验。检验内容包括：

①锥螺纹丝头牙形检验。

②锥螺纹丝头锥度与小端直径检验。

3）其加工工艺为：下料→套丝→用牙形规和卡规（或环规）逐个检查钢筋套丝质量→质量合格的丝头用塑料保护帽盖封，待查和待用。

锥螺纹的完整牙数，不得小于表 6 – 42 的规定值。

表 6－42　钢筋锥螺纹完整牙数表

钢筋直径（mm）	完 整 牙 数
16～18	5
20～22	7
25～28	8
32	10
36	11
40	12

4）钢筋经检验合格后，方可在套丝机上加工锥螺纹。为确保钢筋的套丝质量，操作人员必须坚持上岗证制度。操作前应先调整好定位尺，并按钢筋规格配置相对应的加工导向套。对于大直径钢筋要分次加工到规定的尺寸，以保证螺纹的精度和避免损坏梳刀。

5）钢筋套丝时，必须采用水溶性切削冷却润滑液，当气温低于 0℃时，应掺入15%～20% 亚硝酸钠，不得采用机油作冷却润滑液。

（2）钢筋连接。连接钢筋之前，先回收钢筋待连接端的保护帽和连接套上的密封盖，并检查钢筋规格是否与连接套规格相同，检查锥螺纹丝头是否完好无损、有无杂质。

连接钢筋时，应先把已拧好连接套的一端钢筋对正轴线拧到被连接的钢筋上，然后用力矩扳手按规定的力矩值把钢筋接头拧紧，不得超拧，以防止损坏接头丝扣。拧紧后的接头应画上油漆标记，以防有的钢筋接头漏拧。锥螺纹钢筋连接方法，见图 6－39。

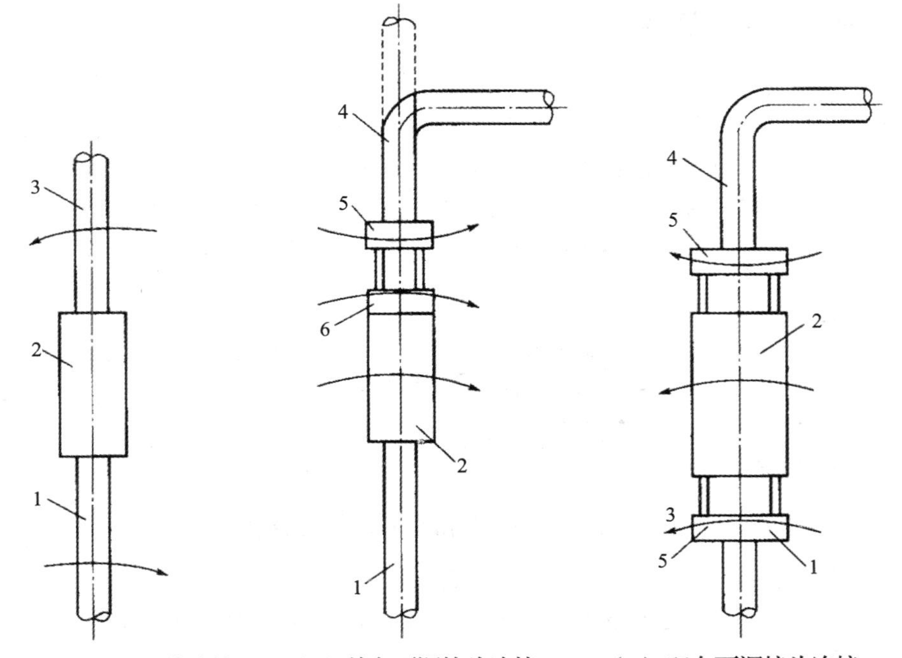

（a）同径或异径钢筋连接　（b）单向可调接头连接　（c）双向可调接头连接

图 6－39　锥螺纹钢筋连接方法

1、3、4—钢筋；2—连接套筒；5—可调连接器；6—锁母拧紧时要拧到规定扭矩值，待测力扳手发出指示响声时，才认为达到了规定的扭矩值。锥螺纹接头拧紧扭矩值见表6－43，但不得加长扳手杆来拧紧。质量检验与施工安装使用的力矩扳手应分开使用，不得混用。

表6－43　锥螺纹接头拧紧扭矩值

钢筋直径（mm）	拧紧扭矩（N·m）
≤16	100
18～20	180
22～25	240
28～32	300
36～40	360

在构件受拉区段内，同一截面连接接头数量不宜超过钢筋总数的50%；受压区不受限制。连接头的错开间距大于500mm，保护层不得小于15mm，钢筋间净距应大于50mm。

在正式安装前要做三个试件，进行基本性能试验。当有一个试件不合格，应取双倍试件进行试验，如仍有一个不合格，则该批加工的接头为不合格，严禁在工程中使用。

对连接套应有出厂合格证及质保书。每批接头的基本试验应有试验报告。连接套与钢筋应配套一致。连接套应有钢印标记。

安装完毕后，质量检测员应用自用的专用测力扳手对拧紧的扭矩值加以抽检。

6.2.3　钢筋直螺纹连接

1. 冷镦粗直螺纹钢筋连接

镦粗直螺纹接头工艺是先利用冷镦机将钢筋端部镦粗，再用套丝机在钢筋端部的镦粗段上加工直螺纹，然后用连接套筒将两根钢筋对接。由于钢筋端部冷镦后，不仅截面加大；而且强度也有提高。加之，钢筋端部加工直螺纹后，其螺纹底部的最小直径，不应小于钢筋母材的直径。因此，该接头可与钢筋母材等强。其工艺流程见图6－40。

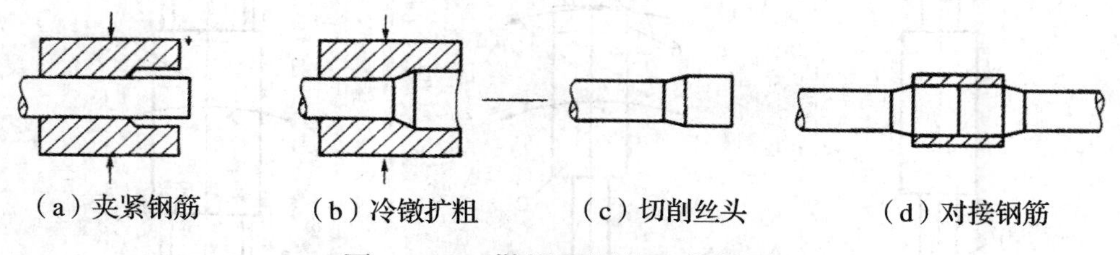

（a）夹紧钢筋　（b）冷镦扩粗　（c）切削丝头　（d）对接钢筋

图6－40　镦粗直螺纹工艺简图

（1）钢筋端部丝头加工应符合下列规定：

1）钢筋下料前应先进行调直，下料时，切口端面应与钢筋轴线垂直，不得有马蹄形或挠曲。

2）镦粗后的基圆直径 d_1 应大于丝头螺纹外径，长度 L_0 应大于1/2套筒长度，过渡段坡度应≤1:5。镦粗头的外形尺寸见图6－41。镦粗量参考数据，见表6－44。

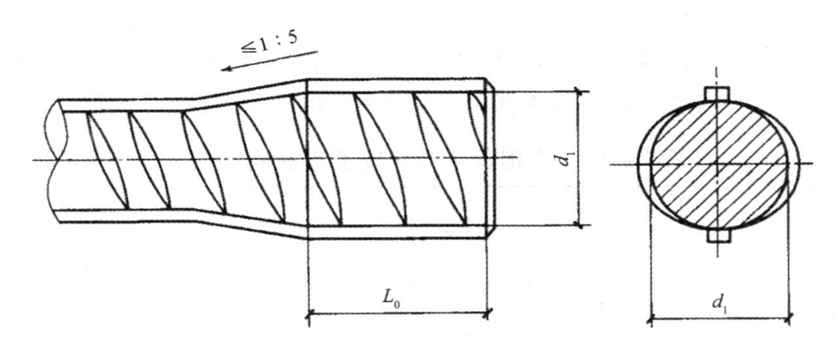

图 6－41 镦粗头外形示意图

表 6－44 镦粗量参考数据

钢筋规格（mm）	镦粗压力（MPa）	镦粗基圆直径 d_1（mm）	镦粗缩短尺寸（mm）	镦粗长度 L_0（mm）
ϕ16	12～14	19.5～20.5	12±3	16～18
ϕ18	15～17	21.5～22.5	12±3	18～20
ϕ20	17～19	23.5～24.5	12±3	20～23
ϕ22	21～23	24.5～28.5	15±3	22～25
ϕ25	22～24	28.5～29.5	15±3	25～28
ϕ28	24～26	31.5～32.5	15±3	28～31
ϕ32	29～31	35.5～36.5	18±3	32～35
ϕ36	26～28	39.5～40.5	18±3	36～39
ϕ40	28～30	44.5～45.5	18±3	40～43

3）镦粗头不得有与钢筋轴线相垂直的横向表面裂纹。

4）不合格的镦粗头应切去后重新镦粗，不得在原镦粗段进行二次镦粗。

5）如选用热镦工艺镦粗钢筋，则应在室内进行镦头加工。

6）加工钢筋丝头时，应采用水溶性切削润滑液，当气温低于0℃时应有防冻措施，不得在不加润滑液的状态下套丝。

7）钢筋丝头的螺纹应与连接套筒的螺纹相匹配。丝头长度偏差一般不宜超过 +1P（P 为螺距）。

8）冷镦后进行套丝，套丝后的螺牙应无裂纹、无断牙及其他缺陷，表面粗糙度达到图纸要求。

9）用牙形规检测牙形是否合格，并用环规检查其中径尺寸是否在规定误差范围之内。

10）直螺纹加工检查合格后，应戴上塑料保护帽或拧上连接套，以防碰伤和生锈。

11）现场加工的直螺纹应注意防潮，防止强力摔碰，并堆放整齐。

（2）套筒加工应符合下列要求：

1）套筒内螺纹的公差带应符合《普通螺纹公差》GB/T 197—2003 的要求，可选用6H。

2）进行表面防锈处理。

3）套筒材料、尺寸、螺纹规格、公差带及精度等级还应符合产品设计图纸的要求。

（3）镦粗普通螺纹钢筋接头性能指标，见表6－45。

表6－45　镦粗普通螺纹钢筋接头性能指标

等　　级		SA级
单向拉伸	强度	$f^0_{mst} \geq f^0_{st}$或$f^0_{mst} \geq 1.15f_{tk}$
	极限应变	$\varepsilon_u \geq 0.04$
	残余变形	$u \leq 0.1$mm
高应力反复拉压	强度	$f^0_{mst} \geq f^0_{st}$或$f^0_{mst} \geq 1.15f_{tk}$
	残余变形	$u_{20} \leq 0.3$mm
大变形反复抗压	强度	$f^0_{mst} \geq f^0_{st}$或$f^0_{mst} \geq 1.15f_{tk}$
	残余变形	$u_4 \leq 0.3$mm且$u_8 \leq 0.6$mm

注：f^0_{mst}——接头的抗拉强度实测值；
f^0_{st}——钢筋的抗拉强度实测值；
f_{tk}——钢筋的抗拉强度标准值；
ε_u——受拉钢筋试件极限应变；
u——接头单向拉伸的残余变形；
u_4、u_8、u_{20}——接头反复拉压4、8、20次后的残余变形。

（4）标准型连接端和加长型连接端加工参考数据，见表6－46。

表6－46　标准型连接端和加长型连接端加工参考数据

钢筋规格（mm）	标准型连接端长度（mm）	加长型连接端长度（mm）
ϕ16	16	41
ϕ18	18	45
ϕ20	20	49
ϕ22	22	53
ϕ25	25	61
ϕ28	28	67
ϕ32	32	75
ϕ36	36	85
ϕ40	40	93

2. 直接滚轧直螺纹钢筋连接

直接滚轧直螺纹钢筋连接接头是将钢筋连接端头采用专用滚轧设备和工艺，通过滚丝轮直接将钢筋端头滚轧成直螺纹，并用相应的连接套筒将两根待接钢筋连接成一体的钢筋接头。

(1) 连接钢筋时，钢筋规格与套筒的规格必须一致，钢筋和套筒的螺纹应干净、完好无损。

(2) 采用预埋接头时，连接套筒的位置、规格及数量应符合设计要求。带连接套筒的钢筋宜固定牢靠，连接套筒的外露端应有保护盖。

(3) 滚轧普通螺纹接头宜使用扭力扳手或管钳进行施工，将两个钢筋丝头在套筒的中间位置相互顶紧，接头拧紧力矩需符合表 6－47 的规定。扭力扳手的精度为 ±5%。

表 6－47 直螺纹钢筋接头拧紧力矩值

钢筋直径（mm）	≤16	18～20	22～25	28～32	36～40
扭紧力矩（N·m）	80	160	230	300	350

(4) 拧紧后的滚压普通螺纹接头应做出标记，单边外露螺纹长度不宜超过 2 个螺距。

(5) 根据待接钢筋所在部位和转动难易情况选用不同的套筒类型，采用不同的安装方法，如图 6－42～图 6－45 所示。

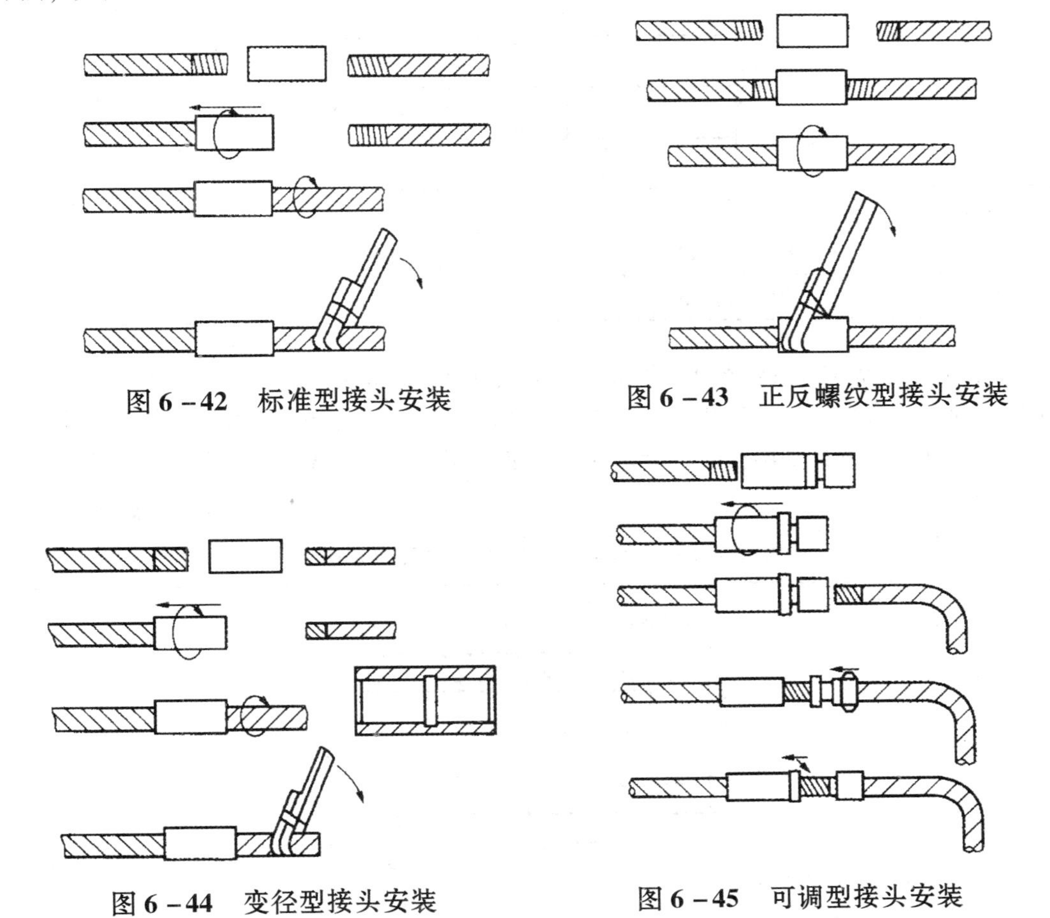

图 6－42 标准型接头安装

图 6－43 正反螺纹型接头安装

图 6－44 变径型接头安装

图 6－45 可调型接头安装

3. 挤压肋滚轧直螺纹钢筋连接

（1）挤压肋滚轧（也称滚压）直螺纹钢筋连接技术，是先利用专用挤压设备，把钢筋端头待连接部位的纵肋与横肋挤压成圆柱状，然后，再利用滚丝机把圆柱状的钢筋端头滚轧成直螺纹。在钢筋端部挤压肋及滚丝加工过程中，由于局部塑性变形冷作硬化的原理，使钢筋端部强度得到提高。因此，可以使钢筋接头的强度大于或等于钢筋母材的强度。

（2）工艺要点。

1）钢筋端部平头压圆。检查钢筋是否符合要求以后，将钢筋用砂轮切割机切头 5mm 左右，达到端部平整。再根据钢筋直径选择相适配规格的压模，调整压合高度与定位尺寸，然后，将钢筋端头放入挤压圆机的压模腔中，调整油泵压力进行压圆操作。经压圆操作之后，钢筋端头成为圆柱体。

2）滚轧直螺纹。将已经压成圆柱形的钢筋端头插入滚丝机卡盘孔，夹紧钢筋。开机之后，卡盘的引导部分可使钢筋沿轴向自动进给，在滚丝轮的作用下，便可完成直螺纹的滚轧加工。钢筋挤压肋滚轧直螺纹参考资料见表 6－48。

表 6－48　钢筋挤压肋滚轧直螺纹参考资料表

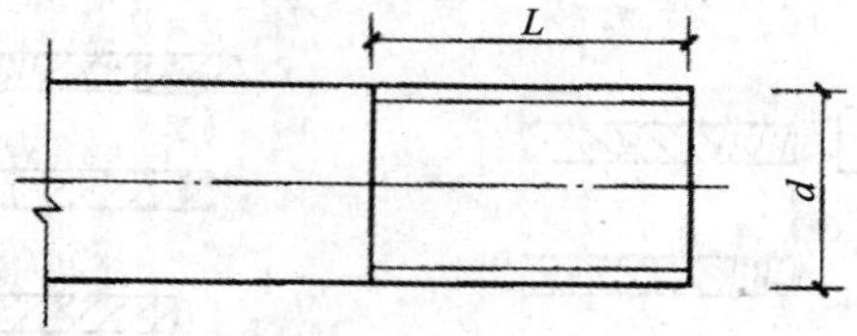

钢筋直径（mm）	18	20	22	25	28	32	36	40
d（mm）	18.2	20.2	22.2	25.2	28.2	32.2	36.2	40.2
L（mm）	29	31	33	35	37	41	45	49

3）套筒。套筒采用 45 号钢，并符合《优质碳素结构钢》GB/T 699—1999 中的规定。套筒加工的主要参数如热处理状态、螺距、牙型高度、牙型角与公称直径等均应符合设计要求及有关规定，并且必须有出厂合格证。标准套筒参考尺寸见表 6－49；异径套筒参考尺寸见表 6－50。

表 6－49　标准套筒参考尺寸表（mm）

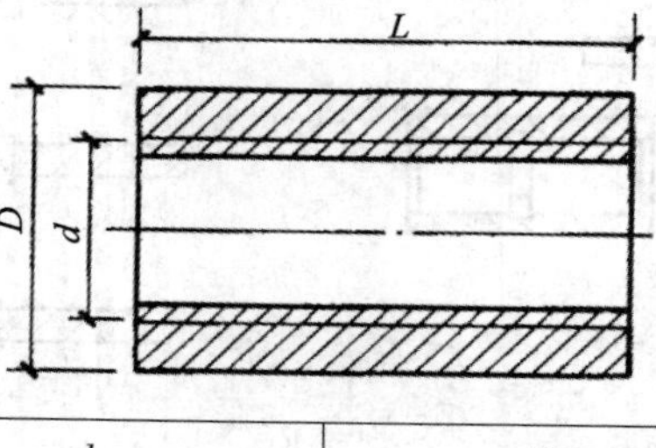

钢筋直径	d	$D\geqslant$	$L\geqslant$
18	18.2	28	50

续表 6－49

钢筋直径	d	$D\geqslant$	$L\geqslant$
20	20.2	32	54
22	22.2	36	58
25	25.2	40	62
28	28.2	44	66
32	32.2	50	74
36	36.2	56	82
40	40.2	62	90

表 6－50　异径套筒参考尺寸表（mm）

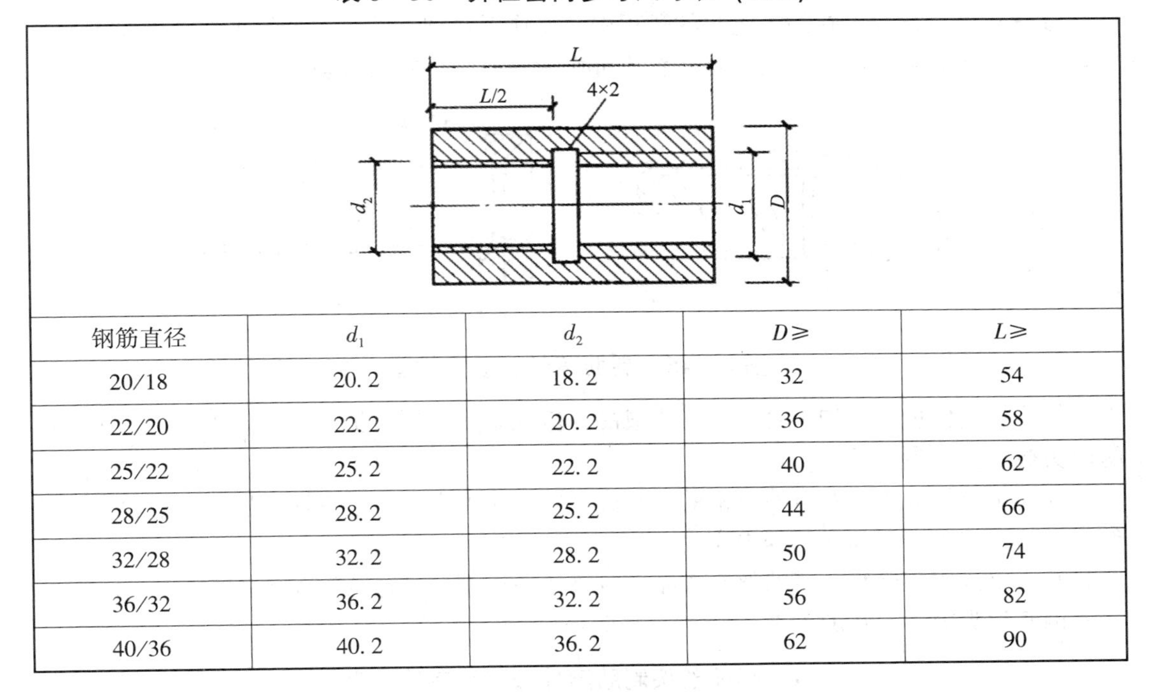

钢筋直径	d_1	d_2	$D\geqslant$	$L\geqslant$
20/18	20.2	18.2	32	54
22/20	22.2	20.2	36	58
25/22	25.2	22.2	40	62
28/25	28.2	25.2	44	66
32/28	32.2	28.2	50	74
36/32	36.2	32.2	56	82
40/36	40.2	36.2	62	90

4）现场安装方法。

①旋转钢筋法：按照钢筋规格取相应的套筒套住钢筋端部直螺纹，用管钳扳手旋转套筒拧紧到位后，把另 1 根钢筋端部直螺纹对准套筒，再用管钳扳手旋转后 1 根钢筋，直至拧紧为止。

②旋转套筒法：这种方法适用于弯曲钢筋或者不能旋转部位钢筋的连接。采用该方法时，应将两根待接钢筋的端头，先分别加工成右旋与左旋直螺纹。与之配套的连接套筒也应该加工成一半右旋和一半左旋的内直螺纹。安装时，先将套筒右旋内螺纹一端对准钢筋右旋外螺纹一端，并且旋进 1～2 牙，然后，再将另 1 根钢筋左旋外螺纹一端对准套筒左旋内螺纹一端，再用管钳扳手转动套筒，两端钢筋便会拧紧。

4. 剥肋滚轧直螺纹钢筋连接

（1）剥肋滚轧（也称滚压）直螺纹钢筋连接技术，是利用专用剥肋滚轧直螺纹加工设备，先把钢筋端头待接部位的纵、横肋剥成同一直径的圆柱体，然后再利用同一台设备继续滚压成直螺纹。其加工过程为：把钢筋端部夹紧在专用设备的夹钳上，扳动进给装置，对钢筋端部先进行剥肋，然后，继续滚轧成直螺纹，滚轧到位之后，自动停机回车，一次装卡便可完成剥肋和滚轧直螺纹两道工序的加工。

（2）制造工艺要求。

1）钢筋丝头。

①钢筋端面平头：宜采用砂轮切割机或者其他专用设备切割钢筋端头，严禁气割。要求钢筋端头切割面与母材轴线垂直。

②剥肋滚压直螺纹：利用剥肋滚压直螺纹机，把端面平头后的待接钢筋端头剥肋滚压成直螺纹。

③丝头质量自检：在加工丝头的过程中，操作者对加工的每一个丝头都必须要进行质量自检，如图6-46所示，质量合格者才可作为成品，否则需要切掉重新加工。

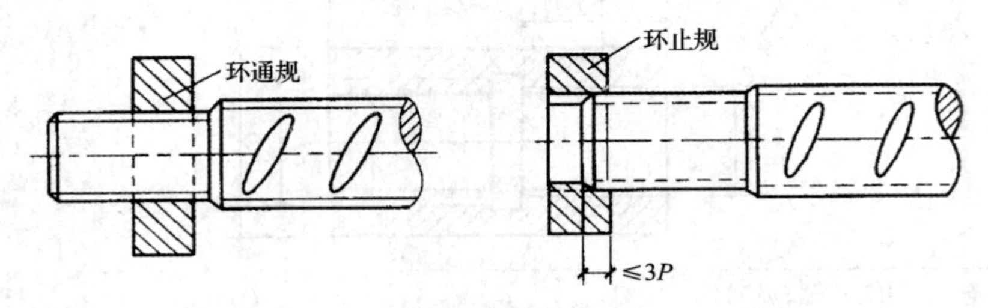

图6-46 剥肋滚丝头质量检查

④防护帽保护：对加工合格的丝头成品，应该采用专用防护帽套好丝头进行保护，以防丝头被磕碰或者被污染。

⑤丝头质量抽验：对自检合格的丝头成品，按照规定应再进行抽样检验。抽验合格的丝头成品，才可出厂和在工程中应用。

⑥存放待用：检验合格的丝头成品，应该按规格型号进行分类存放备用。

钢筋丝头剥肋滚轧加工参考尺寸见表6-51、表6-52。

表6-51 钢筋丝头剥肋滚轧加工参考尺寸表（一）

钢筋规格（mm）	剥肋直径（mm）	螺纹规格（mm）	丝头长度（mm）	完整丝扣数
16	15.1±0.2	M16.5×2	20~22.5	≥8
18	16.9±0.2	M19×2.5	25~27.5	≥7
20	18.8±0.2	M21×2.5	27~30	≥8
22	20.8±0.2	M23×2.5	29.5~32.5	≥9
25	23.7±0.2	M26×3	32~35	≥9
28	26.6±0.2	M29×3	37~40	≥10
32	30.5±0.2	M33×3	42~45	≥11
36	34.5±0.2	M37×3.5	46~49	≥9
40	38.1±0.2	M41×3.5	49~52.5	≥10

表 6－52 钢筋丝头剥肋滚轧加工参考尺寸表（二）

钢筋直径（mm）	剥肋直径（mm）	螺纹规格（mm）	剥肋长度（mm）
16	15.0	M16.5×2	18
18	16.9	M18.5×2.5	21
20	18.8	M20.5×2.5	22
22	20.8	M22.5×2.5	24
25	23.5	M25.5×3	28
28	26.6	M28.5×3	31
32	30.4	M32.5×3	35
36	31.4	M36.5×3.5	40
40	38.0	M40.5×3.5	43

2）连接套筒。套筒的几何参考尺寸应该符合表 6－53、表 6－54 的规定。

表 6－53 标准型套筒几何参考尺寸表

钢筋直径（mm）	螺纹规格（mm）	套筒外径（mm）	套筒长度（mm）
16	M16.5×2	25	43
18	M19×2.5	29	55
20	M21×2.5	31	60
22	M23×2.5	33	65
25	M26×3	39	70
28	M29×3	44	80
32	M33×3	49	90
36	M37×3.5	54	98
40	M41×3.5	59	105

表 6－54 异径套筒几何参考尺寸表

套筒规格（mm）	外径（mm）	小端螺纹（mm）	大端螺纹（mm）	套筒总长（mm）
16～18	29	M16.5×2	M19.5×2.5	50
16～20	31	M16.5×2	M21×2.5	53
18～20	31	M19×2.5	M21×2.5	58
18～22	33	M19×2.5	M23×2.5	60
20～22	33	M21×2.5	M23×2.5	63
20～25	39	M21×2.5	M26×3	65
22～25	39	M23×2.5	M26×3	68
22～28	44	M23×2.5	M29×3	73

续表 6－54

套筒规格（mm）	外径（mm）	小端螺纹（mm）	大端螺纹（mm）	套筒总长（mm）
25～28	44	M26×3	M29×3	75
25～32	49	M26×3	M33×3	80
28～32	49	M29×3	M33×3	85
28～36	54	M29×3	M37×3.5	89
32～36	54	M33×3	M37×3.5	94
32～40	59	M33×3	M41×3.5	98
36～40	59	M37×3.5	M41×3.5	102

6.3 钢筋焊接连接

6.3.1 一般规定

钢筋焊接方法分类及适用范围，见表 6－55。钢筋焊接质量检验，应符合行业标准《钢筋焊接及验收规程》JGJ 18—2012 和《钢筋焊接接头试验方法标准》JGJ/T 27—2014 的规定。

表 6－55 钢筋焊接方法分类及适用范围

焊接方法	接头型式	适用范围	
		钢筋牌号	钢筋直径（mm）
电阻点焊		HPB300 HRB335 HRBF335 HRB400 HRBF400 HRB500 HRBF500 CRB550 CDW550	6～16 6～16 6～16 6～16 4～12 3～8
闪光对焊		HPB300 HRB335 HRBF335 HRB400 HRBF400 HRB500 HRBF500 RRB400W	8～22 8～40 8～40 8～40 8～32
箍筋闪光对焊	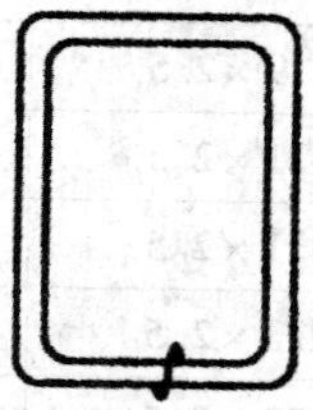	HPB300 HRB335 HRBF335 HRB400 HRBF400 HRB500 HRBF500 RRB400W	6～18 6～18 6～18 6～18 8～18

续表 6－55

焊接方法			接头型式	适用范围 钢筋牌号	钢筋直径（mm）
电弧焊	帮条焊	双面焊	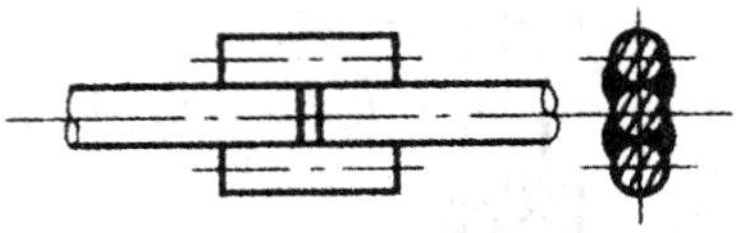	HPB300 HRB335 HRBF335 HRB400 HRBF400 HRB500 HRBF500 RRB400W	10～22 10～40 10～40 10～32 10～25
		单面焊	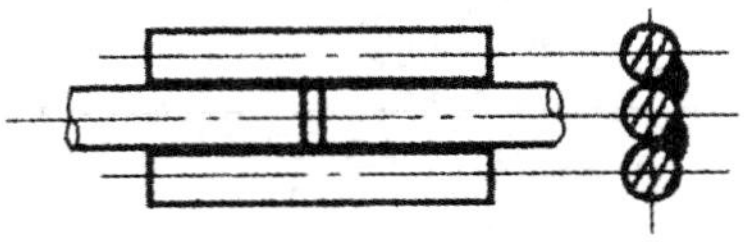	HPB300 HRB335 HRBF335 HRB400 HRBF400 HRB500 HRBF500 RRB400W	10～22 10～40 10～40 10～32 10～25
	搭接焊	双面焊	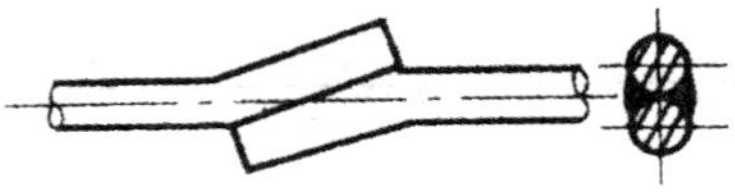	HPB300 HRB335 HRBF335 HRB400 HRBF400 HRB500 HRBF500 RRB400W	10～22 10～40 10～40 10～32 10～25
		单面焊	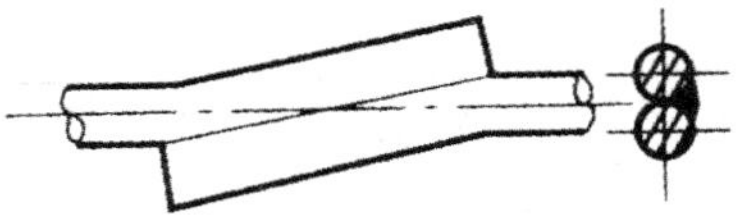	HPB300 HRB335 HRBF335 HRB400 HRBF400 HRB500 HRBF500 RRB400W	10～22 10～40 10～40 10～32 10～25
	熔槽帮条焊			HPB300 HRB335 HRBF335 HRB400 HRBF400 HRB500 HRBF500 RRB400W	20～22 20～40 20～40 20～32 20～25
	坡口焊	平焊		HPB300 HRB335 HRBF335 HRB400 HRBF400 HRB500 HRBF500 RRB400W	18～22 18～40 18～40 18～32 18～25

续表 6－55

焊接方法			接头型式	适用范围	
				钢筋牌号	钢筋直径（mm）
电弧焊	坡口焊	立焊		HPB300 HRB335 HRBF335 HRB400 HRBF400 HRB500 HRBF500 RRB400W	18~22 18~40 18~40 18~32 18~25
电弧焊	钢筋与钢板搭接焊		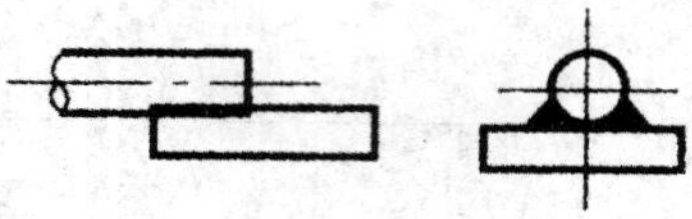	HPB300 HRB335 HRBF335 HRB400 HRBF400 HRB500 HRBF500 RRB400W	8~22 8~40 8~40 8~32 8~25
电弧焊	窄间隙焊		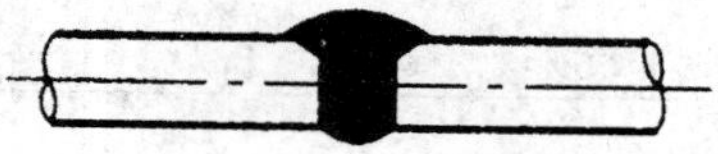	HPB300 HRB335 HRBF335 HRB400 HRBF400 HRB500 HRBF500 RRB400W	16~22 16~40 16~40 18~32 18~25
电弧焊	预埋件钢筋	角焊	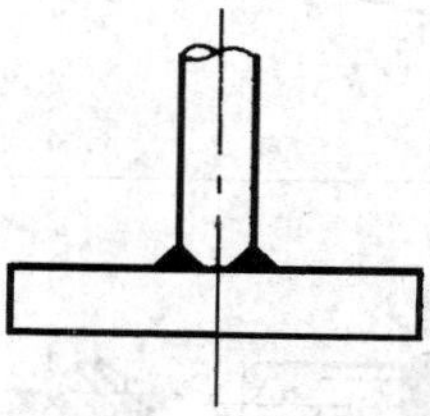	HPB300 HRB335 HRBF335 HRB400 HRBF400 HRB500 HRBF500 RRB400W	6~22 6~25 6~25 10~20 10~20
电弧焊	预埋件钢筋	穿孔塞焊	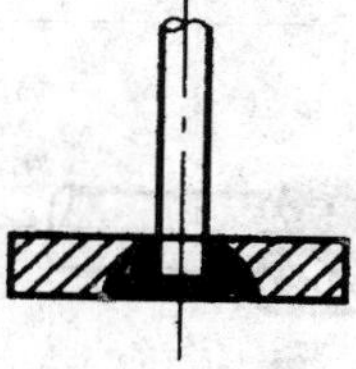	HPB300 HRB335 HRBF335 HRB400 HRBF400 HRB500 RRB400W	20~22 20~32 20~32 20~28 20~28

续表 6－55

<table>
<tr><th colspan="3" rowspan="2">焊接方法</th><th rowspan="2">接头型式</th><th colspan="2">适用范围</th></tr>
<tr><th>钢筋牌号</th><th>钢筋直径（mm）</th></tr>
<tr><td>电弧焊</td><td>预埋件钢筋</td><td>埋弧压力焊
埋弧螺柱焊</td><td></td><td>HPB300
HRB335 HRBF335
HRB400 HRBF400</td><td>6～22
6～28
6～28</td></tr>
<tr><td colspan="3">电渣压力焊</td><td></td><td>HPB300
HRB335
HRB400
HRB500</td><td>12～22
12～32
12～32
12～32</td></tr>
<tr><td rowspan="2">气压焊</td><td colspan="2">固态</td><td rowspan="2"></td><td rowspan="2">HPB300
HRB335
HRB400
HRB500</td><td rowspan="2">12～22
12～40
12～40
12～32</td></tr>
<tr><td colspan="2">熔态</td></tr>
</table>

注：1 电阻点焊时，适用范围的钢筋直径指两根不同直径钢筋交叉叠接中较小钢筋的直径。

2 电弧焊含焊条电弧焊和 CO_2 气体保护电弧焊两种工艺方法。

3 在生产中，对于有较高要求的抗震结构用钢筋，在牌号后加 E，焊接工艺可按同级别热轧钢筋施焊；焊条应采用低氢型碱性焊条。

4 生产中，如果有 HPB235 钢筋需要进行焊接时，可按 HPB300 钢筋的焊接材料和焊接工艺参数，以及接头质量检验与验收的有关规定施焊。

钢筋焊接的一般规定如下：

（1）电渣压力焊应用于柱、墙、烟囱等现浇混凝土结构中竖向受力钢筋的连接；不得用于梁、板等构件中水平钢筋的连接。

（2）在工程开工或每批钢筋正式焊接前，应进行现场条件下的焊接性能试验。合格后，方可正式生产。

（3）钢筋焊接施工之前，应清除钢筋或钢板焊接部位和与电极接触的钢筋表面上的锈斑油污、杂物等；钢筋端部若有弯折、扭曲时，应予以矫直或切除。

（4）进行电阻点焊、闪光对焊、电渣压力焊或埋弧压力焊时，应随时观察电源电压的波动情况。对于电阻点焊或闪光对焊，当电源电压下降大于5%、小于8%时，应采取提高焊接变压器级数的措施；当大于或等于8%时，不得进行焊接。对于电渣压力焊或埋弧压力焊，当电源电压下降大于5%时，不宜进行焊接。

（5）对从事钢筋焊接施工的班组及有关人员应经常进行安全生产教育，并应制定和实施安全技术措施，加强焊工的劳动保护，防止发生烧伤、触电、火灾、爆炸以及烧坏焊接设备等事故。

（6）焊机应经常维护保养和定期检修，确保正常使用。

6.3.2 钢筋电弧焊

钢筋电弧焊是以焊条作为一级、钢筋为另一级，利用焊接电流通过产生的电弧热进行焊接的一种熔焊方法，如图6-47所示。

图6-47 电弧焊

钢筋电弧焊应包括帮条焊、搭接焊、坡口焊、窄间隙焊和熔槽帮条焊5种接头形式。焊接时，应符合下列规定：

（1）应根据钢筋牌号、直径、接头形式和焊接位置，选择焊接材料，确定焊接工艺和焊接参数。

（2）焊接时，引弧应在垫板、帮条或形成焊缝的部位进行，不得烧伤主筋。

（3）焊接地线与钢筋应接触良好。

（4）焊接过程中应及时清渣，焊缝表面应光滑，焊缝余高应平缓过渡，弧坑应填满。

1. 帮条焊和搭接焊

帮条焊和搭接焊的规格与尺寸，见表6-41。帮条焊和搭接焊宜采用双面焊。当不能进行双面焊时，可采用单面焊，如图6-48、图6-49所示。当帮条牌号与主筋相同时，帮条直径可与主筋相同或小一个规格；当帮条直径与主筋相同时，帮条牌号可与主筋相同或低一个牌号等级。

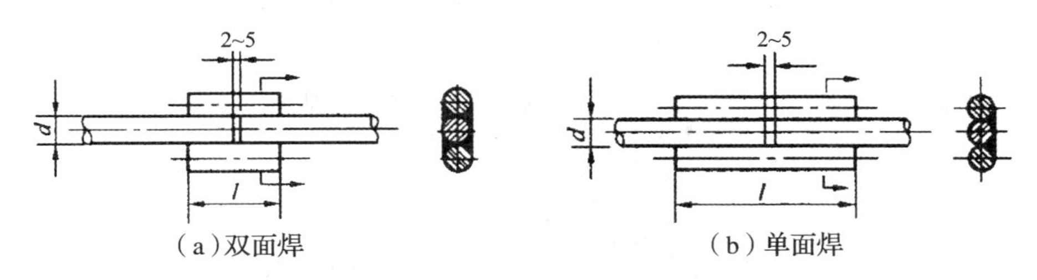

（a）双面焊　　（b）单面焊

图 6－48　钢筋帮条焊接头

d—钢筋直径；*l*—搭接长度

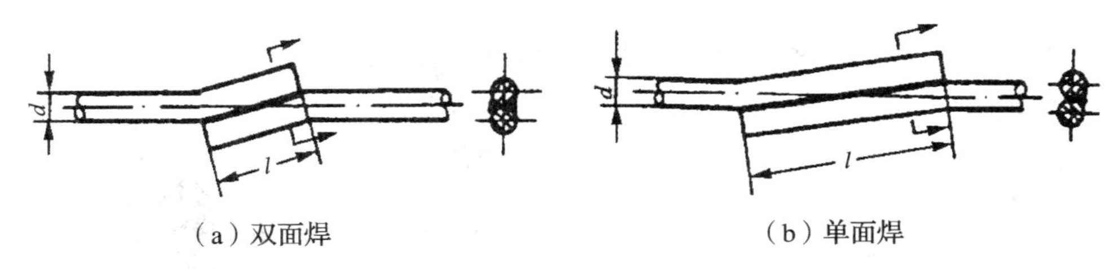

（a）双面焊　　（b）单面焊

图 6－49　钢筋搭接焊接头

d—钢筋直径；*l*—搭接长度

（1）帮条焊或搭接焊时，钢筋的装配和焊接应符合下列规定：

1）帮条焊时，两主筋端面的间隙应为 2～5mm。

2）搭接焊时，焊接端钢筋宜预弯，并应使两钢筋的轴线在同一直线上。

3）帮条焊时，帮条与主筋之间应用四点定位焊固定；搭接焊时，应用两点固定；定位焊缝与帮条端部或搭接端部的距离宜大于或等于 20mm。

4）焊接时，应在帮条焊或搭接焊形成焊缝中引弧；在端头收弧前应填满弧坑，并应使主焊缝与定位焊缝的始端和终端熔合。

（2）帮条焊接头或搭接焊接头的焊缝有效厚度 *S* 不应小于主筋直径的 30%；焊缝宽度 *b* 不应小于主筋直径的 80%（图 6－50）。

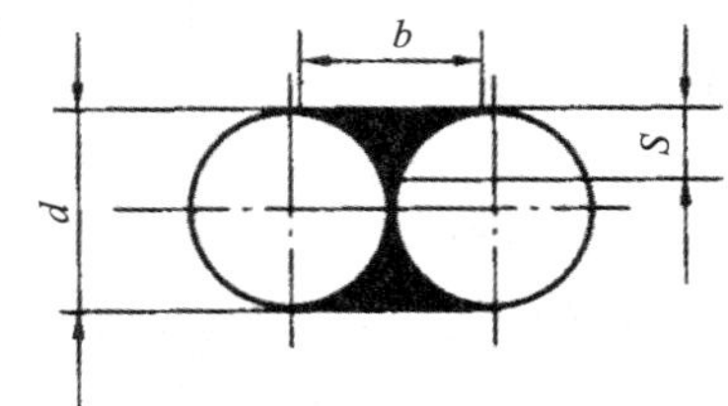

图 6－50　焊缝尺寸示意

d—钢筋直径；

b—焊缝宽度；*S*—焊缝有效厚度

（3）钢筋与钢板搭接焊时，焊缝宽度不得小于钢筋直径的 60%，焊缝有效厚度不得小于钢筋直径的 35%。

2. 熔槽帮条焊

熔槽帮条焊应用于直径 20mm 及以上钢筋的现场安装焊接。焊接时应加角钢作垫板模。接头形式（图 6－51）、角钢尺寸和焊接工艺应符合下列规定：

（1）角钢边长宜为 40～70mm。

（2）钢筋端头应加工平整。

（3）从接缝处垫板引弧后应连续施焊，并应使钢筋端部熔合，防止未焊透、产生气孔或夹渣。

（4）焊接过程中应及时停焊清渣；焊平后，再进行焊缝余高的焊接，其高度应为 2 ~ 4mm。

（5）钢筋与角钢垫板之间，应加焊侧面焊缝 1 ~ 3 层，焊缝应饱满，表面应平整。

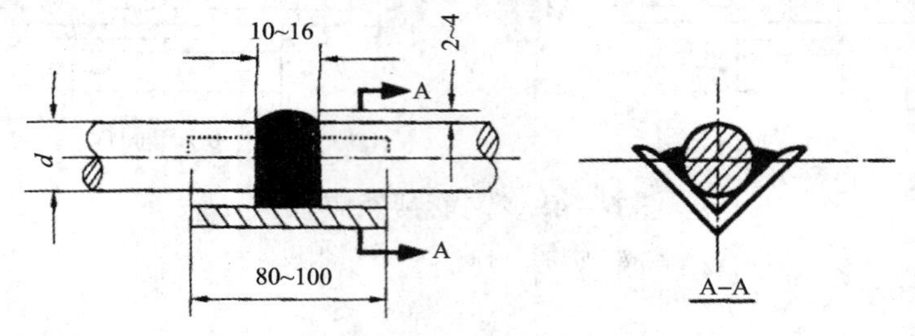

图 6 – 51　钢筋熔槽帮条焊接头型式

3. 窄间隙焊

窄间隙焊应用于直径为 16mm 及以上钢筋的现场水平连接。焊接时，钢筋端部应置于铜模中，并应留出一定间隙，连续焊接，熔化钢筋端面，使熔敷金属填充间隙并形成接头（图 6 – 52）；其焊接工艺应符合下列规定：

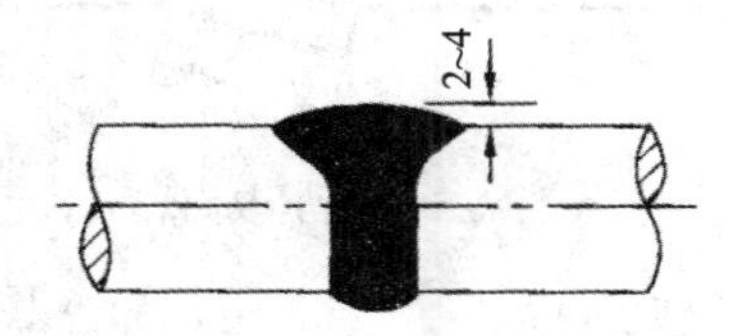

图 6 – 52　钢筋窄间隙焊接头

（1）钢筋端面应平整。

（2）选用低氢型焊接材料。

（3）从焊缝根部引弧后应连续进行焊接，左右来回运弧，在钢筋端面处电弧应少许停留，并使熔合。

（4）当焊至端面间隙的 4/5 高度后，焊缝逐渐扩宽；当熔池过大时，应改连续焊为断续焊，避免过热。

（5）焊缝余高应为 2 ~ 4mm，且应平缓过渡至钢筋表面。

4. 坡口焊

坡口焊的准备工作和焊接工艺，应符合下列要求，如图 6 – 53 所示：

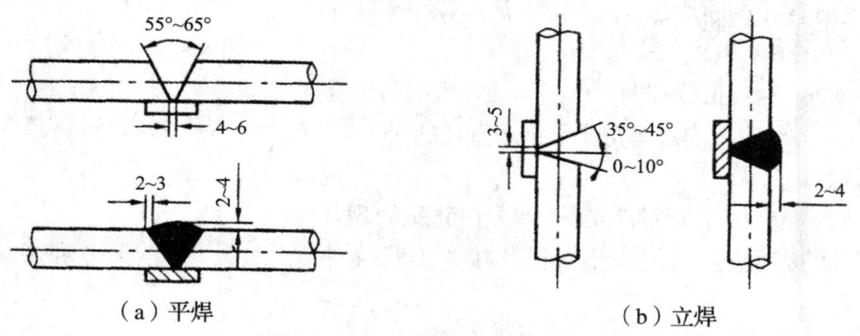

图 6 – 53　钢筋坡口焊接头

（1）坡口面应平顺，切口边缘不得有裂纹、钝边和缺棱。

（2）坡口角度应在规定范围内选用。

（3）钢垫板厚度宜为 4 ~ 6mm，长度宜为 40 ~ 60mm；平焊时，垫板宽度应为钢筋直径加 10mm；立焊时，垫板宽度宜等于钢筋直径。

（4）焊缝的宽度应大于 V 形坡口的边缘 2～3mm，焊缝余高应为 2～4mm，并平缓过渡至钢筋表面。

（5）钢筋与钢垫板之间，应加焊二层、三层侧面焊缝。

（6）当发现接头中有弧坑、气孔及咬边等缺陷时，应立即补焊。

5. 预埋件电弧焊

预埋件 T 型接头电弧焊分为角焊和穿孔塞焊两种（图 6－54）。

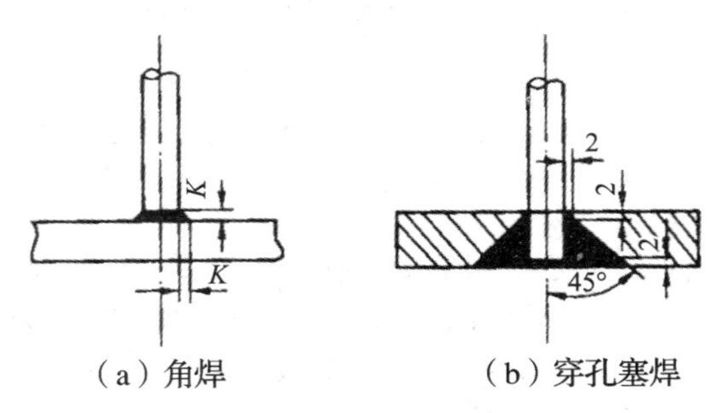

图 6－54　预埋件钢筋电弧焊 T 形接头

K—焊脚尺寸

装配和焊接时，应符合下列规定：

（1）当采用 HPB300 钢筋时，角焊缝焊脚尺寸（*K*）不得小于钢筋直径的 50%；采用其他牌号钢筋时，焊脚尺寸（*K*）不得小于钢筋直径的 60%。

（2）施焊中，不得使钢筋咬边和烧伤。

6.3.3　钢筋闪光对焊

对焊是利用对焊机使两段钢筋接触，通过低压强电流，把电能转化为热能，使钢筋加热到一定温度以后，即施以轴向压力顶锻，使两段钢筋焊合在一起。钢筋对焊常用闪光焊，如图 6－55 所示。

图 6－55　钢筋闪光对焊

钢筋闪光对焊的焊接工艺可分为连续闪光焊、预热闪光焊和闪光—预热闪光焊等，根据钢筋品种、直径、焊机功率、施焊部位等因素选用。钢筋闪光对焊的焊接工艺，见表6－56。

表6－56　钢筋闪光对焊的焊接工艺

焊接工艺	图示及内容
连续闪光焊	连续闪光焊的工艺过程包括：连续闪光和顶锻过程。 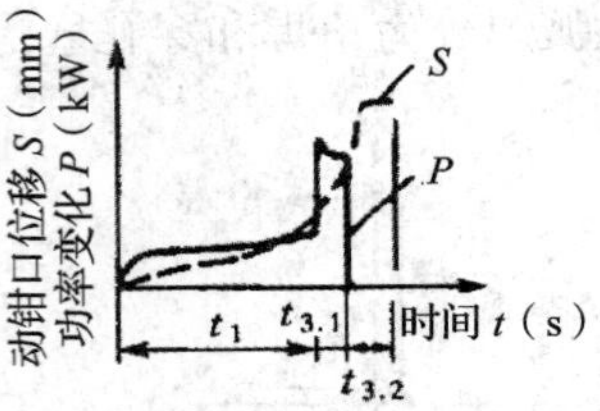 施焊时，先闭合一次电路，使两根钢筋端面轻微接触，此时端面的间隙中即喷射出火花般熔化的金属微粒——闪光，接着慢慢移动钢筋使两端面仍保持轻微接触，形成连续闪光。当闪光到预定的长度，使钢筋端头加热到将近熔点时，就以一定的压力迅速进行顶锻。先带电顶锻，再无电顶锻到一定长度，焊接接头即告完成
预热闪光焊	预热闪光焊是在连续闪光焊前增加一次预热过程，以扩大焊接热影响区。其工艺过程包括：预热、闪光和顶锻过程。 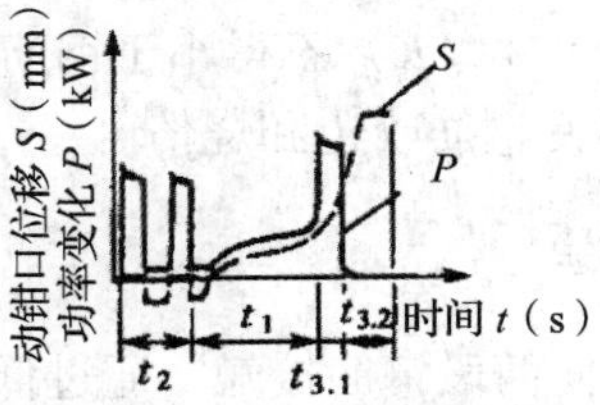 施焊时先闭合电源，然后使两根钢筋端面交替地接触和分开，这时钢筋端面的间隙中即发出断续的闪光，而形成预热过程。当钢筋达到预热温度后进入闪光阶段，随后顶锻而成
闪光—预热闪光焊	闪光—预热闪光焊是在预热闪光焊前加一次闪光过程，目的是使不平整的钢筋端面烧化平整，使预热均匀。其工艺过程包括：一次闪光、预热、二次闪光及顶锻过程。 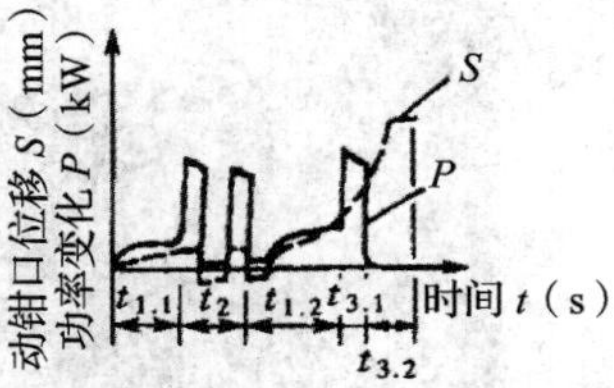 施焊时首先连续闪光，使钢筋端部闪平，然后同预热闪光焊

注：t_1—烧化时间；$t_{1.1}$—一次烧化时间；$t_{1.2}$—二次烧化时间；t_2—预热时间；$t_{3.1}$—有电顶锻时间；$t_{3.2}$—无电顶锻时间。

生产中，可按不同条件进行选用：当钢筋直径较小，钢筋强度级别较低，在表 6－56 规定的范围内，可采用“连续闪光焊”；当超过表中规定，且钢筋端面较平整，宜采用“预热闪光焊”；当超过表中规定，且钢筋端面不平整，应采用“闪光—预热闪光焊”。

连续闪光焊所能焊接的钢筋上限直径，应根据焊机容量、钢筋牌号等具体情况而定，并应符合表 6－57 的规定。

表 6－57　连续闪光焊钢筋上限直径

焊机容量（kVA）	钢 筋 牌 号	钢筋直径（mm）
160 （150）	HPB300 HRB335　HRBF335 HRB400　HRBF400	22 22 20
100	HPB300 HRB335　HRBF335 HRB400　HRBF400	20 20 18
80 （75）	HPB300 HRB335　HRBF335 HRB400　HRBF400	16 14 12

（1）闪光对焊时，应选择调伸长度、烧化留量、顶锻留量以及变压器级数等焊接参数。闪光对焊三种工艺方法留量见图 6－56。

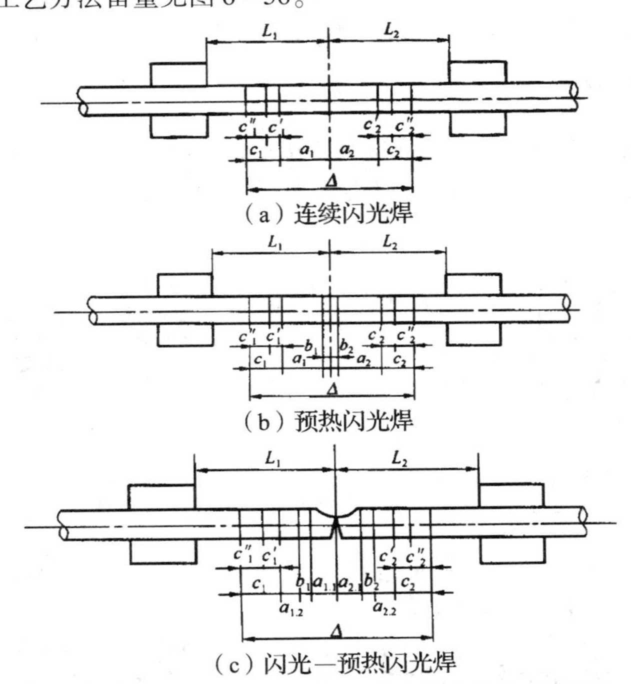

图 6－56　钢筋闪光对焊三种工艺方法留量图解

L_1、L_2—调伸长度；a_1+a_2—烧化留量；$a_{1.1}+a_{2.1}$——次烧化留量；$a_{1.2}+a_{2.2}$—二次烧化留量；b_1+b_2—预热留量；c_1+c_2—顶锻留量；$c'_1+c'_2$—有电顶锻留量；$c''_1+c''_2$—无电顶锻留量；Δ—焊接总留量

（2）调伸长度的选择，应随着钢筋牌号的提高和钢筋直径的加大而增长，主要是减缓接头的温度梯度，防止在热影响区产生淬硬组织。当焊接 HRB400、HRBF400 等牌号钢筋时，调伸长度宜在 40～60mm 内选用。

（3）烧化留量的选择，应根据焊接工艺方法确定。当连续闪光焊时，闪光过程应较长。烧化留量应等于两根钢筋在断料时切断机刀口严重压伤部分（包括端面的不平整度），再加 8～10m。

闪光—预热闪光焊时，应区分一次烧化留量和二次烧化留量。一次烧化留量不应小于 10mm。二次烧化留量不应小于 6mm。

（4）需要预热时，宜采用电阻预热法。预热留量应为 1～2mm，预热次数应为 1～4 次；每次预热时间应为 1.5～2s，间歇时间应为 3～4s。

（5）顶锻留量应为 4～10mm，并应随钢筋直径的增大和钢筋牌号的提高而增加。其中，有电顶锻留量约占 1/3，无电顶锻留量约占 2/3，焊接时必须控制得当。

焊接 HRB500 钢筋时，顶锻留量宜稍微增大，以确保焊接质量。

（6）当 HRBF335 钢筋、HRBF400 钢筋、HRBF500 钢筋或 RRB400W 钢筋进行闪光对焊时，与热轧钢筋相比，应减小调伸长度，提高焊接变压器级数、缩短加热时间，加快顶锻，形成快热快冷条件，使热影响区长度控制在钢筋直径的 60% 范围之内。

（7）变压器级数应根据钢筋牌号、直径、焊机容量以及焊接工艺方法等具体情况选择。

（8）HRB500 钢筋焊接时，应采用预热闪光焊或闪光—预热闪光焊工艺。当接头拉伸试验结果，发生脆性断裂或弯曲试验不能达到规定要求时，尚应在焊机上进行焊后热处理。

6.3.4 钢筋电阻点焊

钢筋电阻点焊是将两根钢筋安放成交叉叠接形式，压紧于两电极之间，利用电阻热熔化母材金属，加压形成焊点的一种压焊方法，如图 6－57 所示。

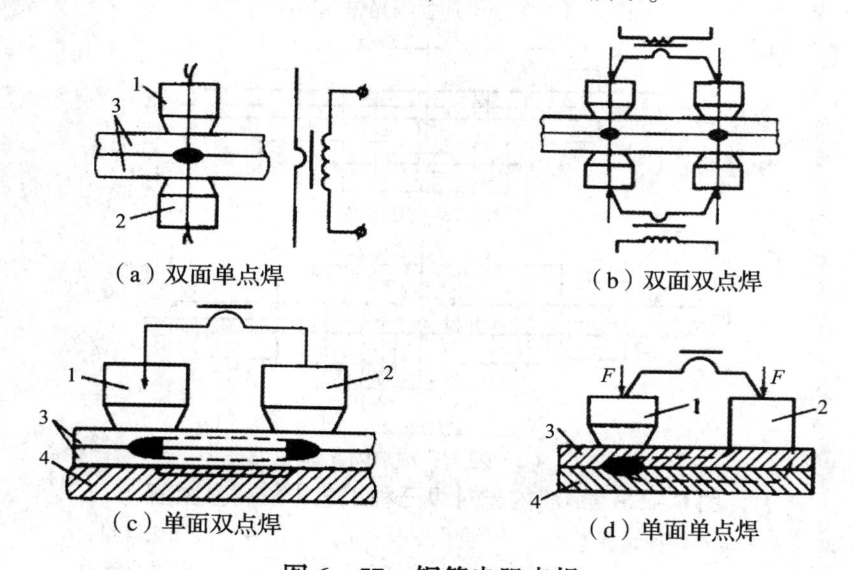

图 6－57 钢筋电阻点焊

1、2—电极；3—焊件；4—铜垫板

点焊过程可分为预压、通电、锻压三个阶段，见图6－58。在通电开始一段时间内，接触点扩大，固态金属因加热膨胀，在焊接压力作用下，焊接处金属产生塑性变形，并挤向工件间隙缝中；继续加热后，开始出现熔化点，并逐渐扩大成所要求的核心尺寸时切断电流。

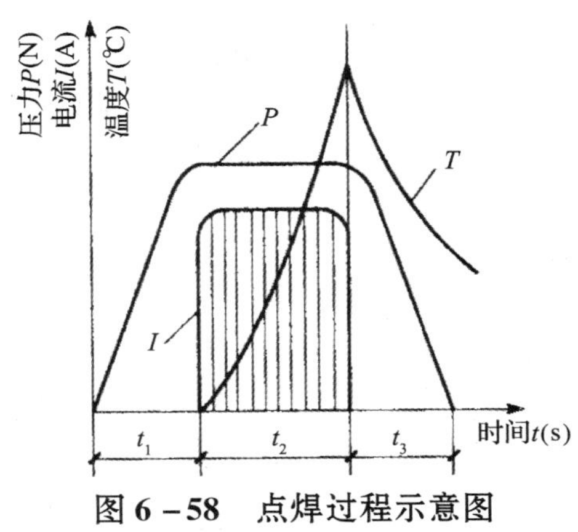

图6－58 点焊过程示意图

t_1—预压时间；t_2—通电时间；t_3—锻压时间

焊点的压入深度，应符合下列要求：

(1) 焊点的压入深度应为较小钢筋直径的18%～25%。

(2) 冷拔光圆钢丝、冷轧带肋钢筋点焊时，压入深度应为较小钢筋直径的25%～40%。

当焊接不同直径的钢筋时，焊接网的纵向与横向钢筋的直径应符合下式要求：

$$d_{min} \geqslant 0.6 d_{max} \tag{6-1}$$

电阻点焊应根据钢筋级别、直径及焊机性能等，合理选择变压器级数、焊接通电时间和电极压力。在焊接过程中应保持一定的预压时间和锻压时间。

采用DN3－75型气压式点焊机焊接HPB300级钢筋时，焊接通电时间和电极压力分别见表6－58和表6－59中的规定。

表6－58 采用DN3－75型点焊机焊接通电时间（s）

变压器级数	较小钢筋直径（mm）						
	4	5	6	8	10	12	14
1	1.10	0.12	—	—	—	—	—
2	0.08	0.07	—	—	—	—	—
3	—	—	0.22	0.70	1.50	—	—
4	—	—	0.20	0.60	1.25	2.50	4.00
5	—	—	—	0.50	1.00	2.00	3.50
6	—	—	—	0.40	0.75	1.50	3.00
7	—	—	—	—	0.50	1.20	2.50

注：点焊HRB335、HRB335F、HRB400、HRBF400、HRB500或CRB550钢筋时，焊接通电时间可延长20%～25%。

表 6－59　采用 DN3－75 型点焊机电极压力（N）

较小钢筋直径（mm）	HPB300	HRB335　HRBF335 HRB400　HRBF400 HRB500　HRBF500 CRB550　CDW550
4	980～1470	1470～1960
5	1470～1960	1960～2450
6	1960～2450	2450～2940
8	2450～2940	2940～3430
10	2940～3920	3430～3920
12	3430～4410	4410～4900
14	3920～4900	4900～5880

钢筋点焊工艺，根据焊接电流大小和通电时间长短，可分为强参数工艺和弱参数工艺。强参数工艺的电流强度较大（120～360A/mm²），而通电时间很短（0.1～0.5s）；这种工艺的经济效果好，但点焊机的功率要大。弱参数工艺的电流强度较小（80～160A/mm²），而通电时间较长（>0.5s）。点焊热轧钢筋时，除因钢筋直径较大而焊机功率不足需采用弱参数外，一般都可采用强参数，以提高点焊效率。点焊冷处理钢筋时，为了保证点焊质量，必须采用强参数。

6.3.5　钢筋电渣压力焊

钢筋电渣压力焊是将两根钢筋安放成竖向对接形成，利用焊接电流通过两根钢筋端面间隙，在焊剂层下形成电弧过程和电渣过程，产生电弧热和电阻热，熔化钢筋，加压完成的一种压焊方法，如图 6－59 所示。这种焊接方法比电弧焊节省钢材、工效高、成本低，适用于现浇钢筋混凝土结构中竖向或斜向（倾斜度不大于 10°）钢筋的连接。

图 6－59　电渣压力焊

电渣压力焊在供电条件差、电压不稳、雨季或防火要求高的场合应慎用。

焊接工艺要点如下：

（1）焊接夹具的上下钳口应夹紧于上、下钢筋上；钢筋一经夹紧，不得晃动，且两钢筋应同心。

（2）引弧可采用直接引弧法或铁丝圈（焊条芯）间接引弧法。

（3）引燃电弧后，应先进行电弧过程，然后，加快上钢筋下送速度，使上钢筋端面插入液态渣池约2mm，转变为电渣过程，最后在断电的同时，迅速下压上钢筋，挤出熔化金属和熔渣（图6－60）。

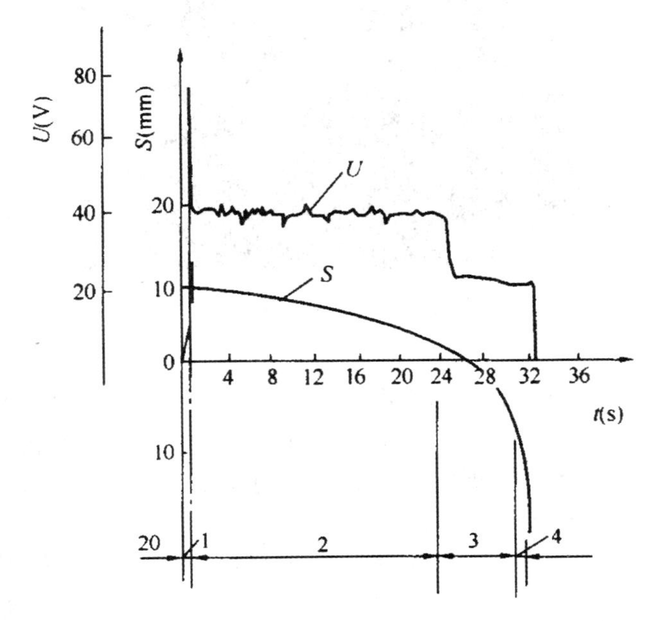

图6－60 ϕ28mm钢筋电渣压力焊工艺过程图示

U—焊接电压；S—上钢筋位移；t—焊接时间

1—引弧过程；2—电弧过程；3—电渣过程；4—顶压过程

（4）接头焊毕，应稍作停歇，方可回收焊剂和卸下焊接夹具；敲去渣壳后，四周焊包凸出钢筋表面的高度，当钢筋直径为25mm及以下时不得小于4mm；当钢筋直径为28mm及以上时不得小于6mm。

（5）在焊接生产中焊工应进行自检，当发现偏心、弯折、烧伤等焊接缺陷时，应查找原因和采取措施，及时消除。

6.3.6 钢筋气压焊

钢筋气压焊是采用一定比例的氧气和乙炔焰为热源，对需要连接的两钢筋端部接缝处进行加热，使其达到热塑状态，同时对钢筋施加30～40MPa的轴向压力，使钢筋顶锻在一起，如图6－61所示。该焊接方法使钢筋在还原气体的保护下，发生塑性流变后相互紧密接触，促使端面金属晶体相互扩散渗透、再结晶、再排列，形成牢固的焊接接头。这种方法设备投资少、施工安全、节约钢材和电能，不仅适用于竖向钢筋的连接，也适用于各种方向布置的钢筋连接。适用范围为直径 14 ~ 40mm 的 HPB300 级、HRB335 级和 HRB400 级钢筋（25MnSi HRB400 级钢筋除外）；当不同直径钢筋焊接时，两钢筋直径差不得大于 7mm。

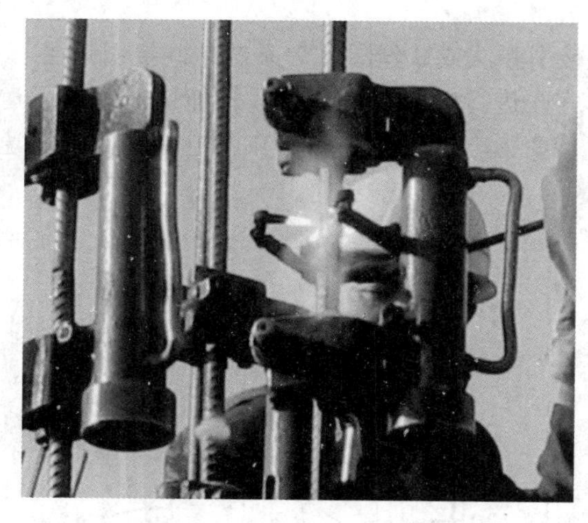

图 6 – 61　钢筋气压焊

1. 施工准备

（1）施工前应对观场有关人员和操作工人进行钢筋气压焊的技术培训。培训讲解的重点是焊接原理、工艺参数的选用、操作方法、接头检验方法、不合格接头产生的原因和防治措施等。对磨削、装卸等辅助作业工人，亦需了解有关规定和要求。焊工必须经考核并发给合格证后，方准进行操作。

（2）在正式焊接前，对所有需作焊接的钢筋，应按《混凝土结构工程施工质量验收规范》GB 50204—2015 有关规定截取试件，进行试验。试件应切取 6 根，3 根做弯曲试验，3 根做拉伸试验，并按试验合格所确定的工艺参数进行施焊。

（3）竖向压接钢筋时，应先搭好脚手架。

（4）对钢筋气压焊设备和安全技术措施进行仔细检查，以确保正常使用。

2. 焊接钢筋端部加工要求

（1）钢筋端面应切平，切割时要考虑钢筋接头的压缩量，一般为（0.6 ~ 1.0）d。断面应与钢筋的轴线相垂直，端面周边毛刺应去掉。钢筋端部若有弯折或扭曲，应矫正或切除。切割钢筋应用砂轮锯，不宜用切断机。

（2）清除压接面上的锈蚀物、油污、水泥等附着物，并打磨见新面。使其露出金属光泽，不得有氧化现象。压接端头清除的长度一般为 50 ~ 100mm。

（3）钢筋的压接接头应布置在数根钢筋的直线区段内，不得在弯曲段内布置接头。有多根钢筋压接时，接头位置应按《混凝土结构工程施工质量验收规范》GB 50204—2015 的规定错开。

（4）两钢筋安装于夹具上，在加工时应夹紧并加压顶紧。两钢筋轴线要对正，并对钢筋轴向施加 5 ~ 10MPa 初压力。钢筋之间的缝隙不得大于 3mm。压接面要求如图 6 – 62 所示。

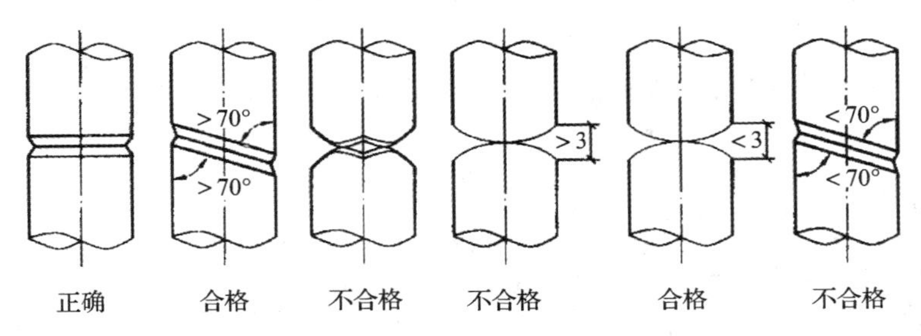

图 6－62 钢筋气压焊压接面要求

3. 气压焊焊接要求

（1）压接部位应符合有关规范及设计要求，一般可按表 6－60 进行检查。

表 6－60 压接部位

<table>
<tr><th colspan="2">项目</th><th>允许压接范围</th><th>同截面压接点数</th><th>压接点错开距离（mm）</th></tr>
<tr><td colspan="2">柱</td><td>柱净高的中间 1/3 部位</td><td rowspan="7">不超过全部接头的 1/2</td><td rowspan="7">500</td></tr>
<tr><td rowspan="2">梁</td><td>上钢筋</td><td>梁净跨的中间 1/2 部位</td></tr>
<tr><td>下钢筋</td><td>梁净跨的两端 1/4 部位</td></tr>
<tr><td rowspan="2">墙</td><td>墙端柱</td><td>同柱</td></tr>
<tr><td>墙体</td><td>底部、两端</td></tr>
<tr><td colspan="2">有水平荷载构件</td><td>同梁</td></tr>
</table>

（2）压接区两钢筋轴线的相对偏心量（e），大于钢筋直径的 0.15 倍，同时不得大于 4mm，如图 6－63 所示。钢筋直径不同相焊时，按小钢筋直径计算，且小直径钢筋不得错出大直径钢筋。当超过以上限量时，应切除重焊。

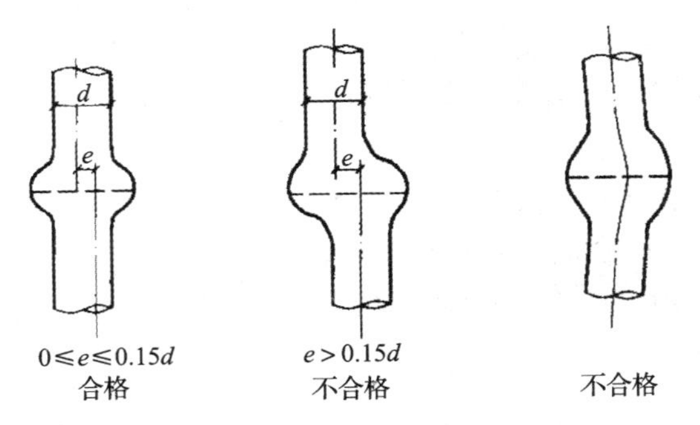

图 6－63 压接区偏心要求

（3）接头部位两钢筋轴线不在同一直线上时，其弯折角不得大于 4°。当超过限量时，应重新加热矫正。

（4）镦粗区最大直径（d_c）应为钢筋公称直径的 1.4～1.6 倍，长度（L_c）应为钢筋公称直径的0.9~1.2倍，且凸起部分平缓圆滑，如图6-64所示。否则，应重新加热加压镦粗。

（5）镦粗区应为压焊面。若有偏移，其最大偏移量（d_h）不得大于钢筋公称直径的0.2倍，如图6-65所示。

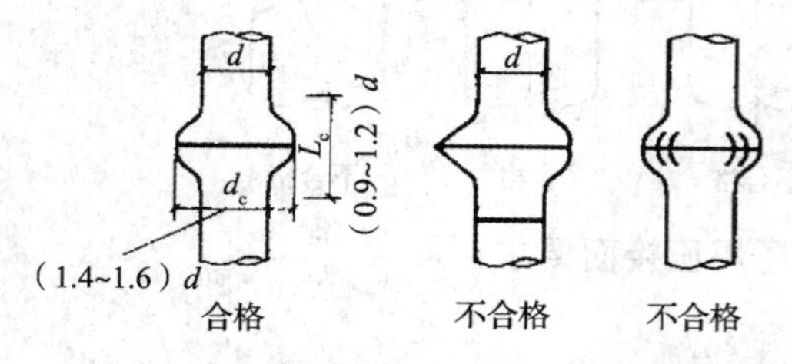

图6-64 镦粗区最大直径和长度

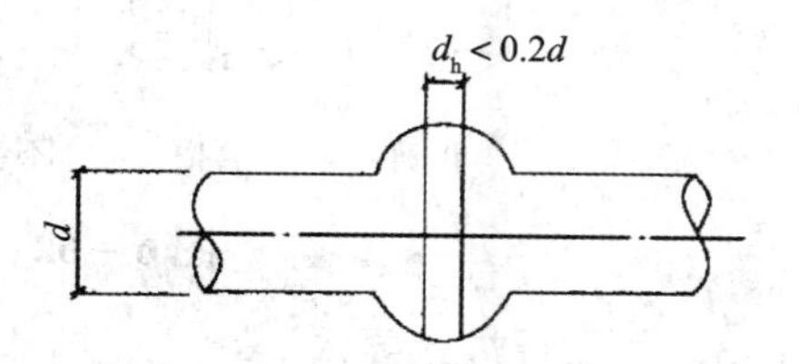

图6-65 压接面偏移要求

（6）钢筋压焊区表面不得有横向裂纹，若发现有横向裂纹，应切除重焊。

（7）钢筋压焊区表面不得有严重烧伤，否则应切除重焊。

（8）外观检查如有5%接头不合格时，应暂停作业，待找出原因并采取有效措施后，方可继续作业。

6.3.7 埋弧压力焊

预埋件钢筋埋弧压力焊是将钢筋与钢板安放成T形连接形式，利用焊接电流通过，在焊剂层下产生电弧，形成熔池，加压完成的一种压焊方法（图6-66）。这种焊接方法工艺简单、工效高、质量好、成本低。

1. 设备

预埋件钢筋埋弧压力焊设备应符合下列规定：

（1）当钢筋直径为6mm时，可选用500型弧焊变压器作为焊接电源；当钢筋直径为8mm及以上时，应选用1000型弧焊变压器作为焊接电源。

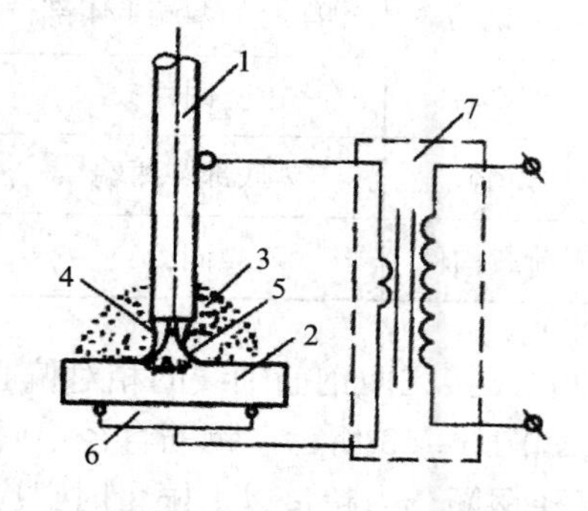

图6-66 预埋件钢筋埋弧压力焊示意

1—钢筋；2—钢板；3—焊剂；4—电弧；5—熔池；6—铜板电极；7—焊接变压器

（2）焊接机构应操作方便、灵活；宜装有高频引弧装置；焊接地线宜采取对称接地法，以减少电弧偏移；操作台面上应装有电压表和电流表。

（3）控制系统应灵敏、准确，并应配备时间显示装置或时间继电器，以控制焊接通电时间。

2. 焊接工艺

埋弧压力焊工艺过程应符合下列规定：

（1）钢板应放平，并应与铜板电极接触紧密。

（2）将锚固钢筋夹于夹钳内，应夹牢；并应放好挡圈，注满焊剂。

（3）接通高频引弧装置和焊接电源后，应立即将钢筋上提，引燃电弧，使电弧稳定

燃烧，再渐渐下送。

(4) 顶压时，用力应适度（图6-67）。

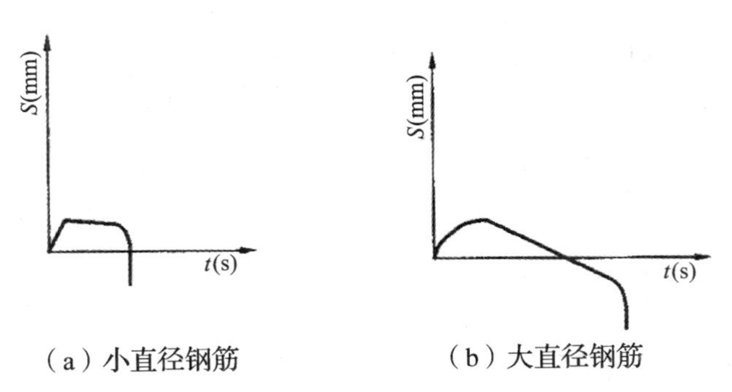

(a) 小直径钢筋　(b) 大直径钢筋

图6-67　预埋件钢筋埋弧压力焊上钢筋位移

S—钢筋位移；t—焊接时间

(5) 敲去渣壳，四周焊包凸出钢筋表面的高度，当钢筋直径为18mm及以下时，不得小于3mm，当钢筋直径为20mm及以上时，不得小于4mm。

3. 焊接参数

埋弧压力焊的焊接参数应包括引弧提升高度、电弧电压、焊接电流和焊接通电时间。

6.4 钢筋绑扎连接

钢筋绑扎连接是利用混凝土的黏结锚固作用，实现两根锚固钢筋的应力传递。为确保钢筋的应力能充分传递，必须符合施工规范规定的最小搭接长度的要求，且应将接头位置设在受力较小处。

6.4.1 材料准备

(1) 核对钢筋配料单和料牌，并检查已加工好的钢筋型号、直径、形状、尺寸、数量是否符合施工图要求，如发现有错配或漏配钢筋现象，要及时向施工员提出纠正或增补。

(2) 检查钢筋的锈蚀情况，确定是否除锈和采用哪种除锈方法等。

(3) 钢筋绑扎用的铁丝，可采用20～22号的镀锌铁丝或绑扎钢筋专用的火烧丝（图6-68），其中22号铁丝只用于绑扎直径12mm以下的钢筋。铁丝长度可参考表6-61的数值采用；因铁丝是成盘供应的，故习惯上是按每盘铁丝周长的几分之一来切断。

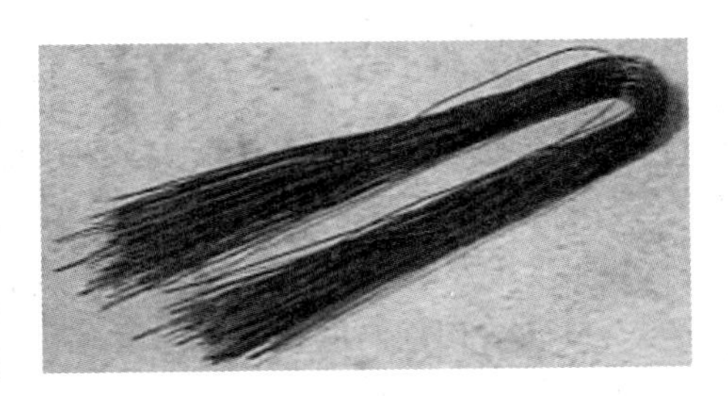

图6-68　火烧丝

表 6－61　钢筋绑扎铁丝长度参考表（mm）

钢筋直径	3~5	6~8	10~12	14~16	18~20	22	25	28	32
3~5	120	130	150	170	190	—	—	—	—
6~	—	150	170	190	220	250	270	290	320
10~12	—	—	190	220	250	270	290	310	340
14~16	—	—	—	250	270	290	310	330	360
18~20	—	—	—	—	290	310	330	350	380
22	—	—	—	—	—	330	350	370	400

（4）准备控制混凝土保护层用的水泥砂浆垫块或塑料卡。水泥砂浆垫块的厚度，应等于保护层厚度。垫块的平面尺寸，当保护层厚度小于或等于 20mm 时为 30mm×30mm，大于 20mm 时为 50mm×50mm。当在垂直方向使用垫块时，可在垫块中埋入 20 号钢丝。

塑料卡的形状有两种：塑料垫块和塑料环圈，如图 6－69 所示。塑料垫块用于水平构件（如梁、板），在两个方向均有凹槽，以便适应两种保护层厚度。塑料环圈用于垂直构件（如柱、墙），使用时钢筋从卡嘴进入卡腔；由于塑料环圈有弹性，可使卡腔的大小能适应钢筋直径的变化。

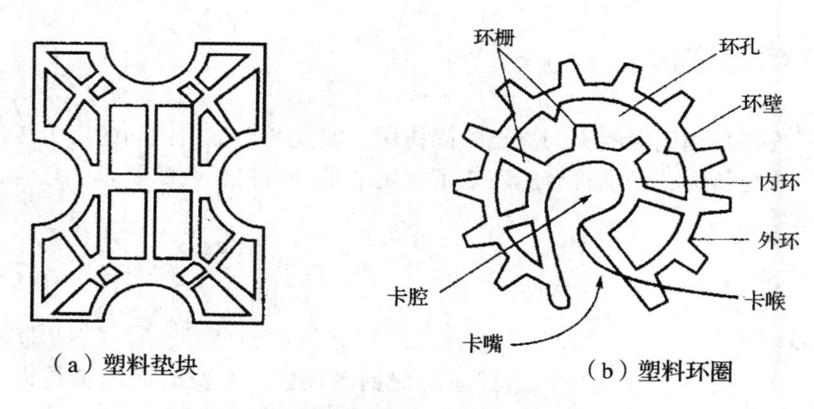

（a）塑料垫块　（b）塑料环圈

图 6－69　控制混凝土保护层用的塑料卡

6.4.2　钢筋绑扎要求

（1）钢筋接头宜设置在受力较小处；有抗震设防要求的结构中，梁端、柱端箍筋加密区范围内不宜设置钢筋接头，且不应进行钢筋搭接。同一纵向受力钢筋不宜设置两个或两个以上接头。接头末端至钢筋弯起点的距离，不应小于钢筋直径的 10 倍。

（2）同一构件内的接头宜分批错开。同一连接区段内，纵向受力钢筋接头面积百分率及箍筋配置要求如下：

同一连接区段内，纵向受力钢筋接头面积百分率为该区段内有接头的纵向受力钢筋截面面积与全部纵向受力钢筋截面面积的比值。

接头连接区段的长度为1.3倍搭接长度，凡接头中点位于该连接区段长度内的接头均应属于同一连接区段（图6－70）。

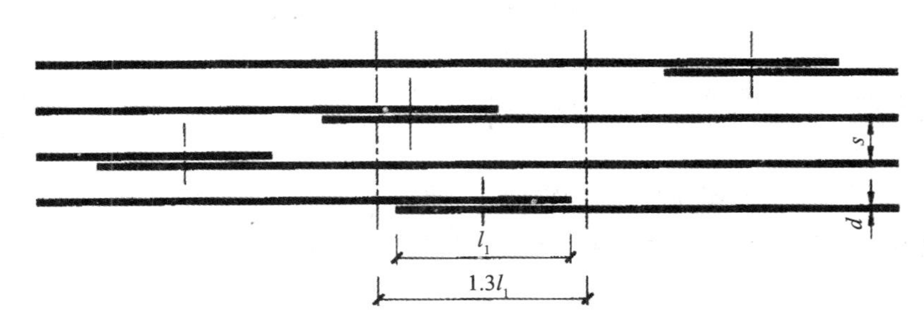

图6－70 钢筋绑扎搭接接头连接区段及接头面积百分率

注：图中所示搭接接头同一连接区段内的搭接钢筋为两根，当各钢筋直径相同时，接头面积百分率为50%。

同一连接区段内，纵向受压钢筋的接头面积百分率可不受限制，纵向受拉钢筋的接头面积百分率应符合下列规定：

1）梁类、板类及墙类构件，不宜超过25%；基础筏板，不宜超过50%。

2）柱类构件，不宜超过50%。

3）当工程中确有必要增大接头面积百分率时，对梁类构件，不应大于50%；对其他构件，可根据实际情况适当放宽。

各接头的横向净间距s不应小于钢筋直径，且不应小于25mm。

（3）当纵向受拉钢筋的绑扎搭接接头面积百分率不大于25%时，其最小搭接长度应符合表6－62的规定。

表6－62 纵向受拉钢筋的最小搭接长度

钢筋类型		混凝土强度等级								
		C20	C25	C30	C35	C40	C45	C50	C55	≥C60
光面钢筋	300级	48d	41d	37d	34d	31d	29d	28d	—	—
带肋钢筋	335级	46d	40d	36d	33d	30d	29d	27d	26d	25d
	400级	—	48d	43d	39d	36d	34d	33d	31d	30d
	500级	—	58d	52d	47d	43d	41d	39d	38d	36d

注：d为搭接钢筋直径。两根直径不同钢筋的搭接长度，以较细钢筋的直径计算。

（4）当纵向受拉钢筋搭接接头面积百分率为50%时，其最小搭接长度应按表6－62中的数值乘以系数1.15取用；当接头面积百分率为100%时，应按表6－62中的数值乘以系数1.35取用；当接头面积百分率为25%～100%的其他中间值时，修正系数可按内插取值。

（5）当出现下列情况，如钢筋直径大于25mm，施工过程中受力钢筋易受扰动，带肋钢筋末端采用弯钩或机械锚固措施，混凝土保护层厚度大于钢筋直径的3倍，抗震结构构件等宜采用焊接方法。

（6）在绑扎接头的搭接长度范围内，应采用钢丝绑扎三点。

7 钢筋绑扎安装

7.1 钢筋绑扎和安装的准备工作

在混凝土工程中，模板安装，钢筋绑扎与混凝土浇筑是立体交叉作业的，为了保证质量、提高效率、缩短工期，必须在钢筋绑扎安装前认真做好以下准备工作：

1. 图纸、资料的准备

（1）熟悉施工图。施工图是钢筋绑扎安装的依据。熟悉施工图的目的：是弄清各个编号钢筋形状、标高、细部尺寸，安装部位，钢筋的相互关系，确定各类结构钢筋正确合理的绑扎顺序。同时若发现施工图有错漏或不明确的地方，应及时与有关部门联系解决。

（2）核对配料单及料牌。依据施工图，结合规范对接头位置、数量、间距的要求，核对配料单及料牌是否正确，校核已加工好的钢筋的品种、规格、形状、尺寸及数量是否合乎配料单的规定，有无错配、漏配。

（3）确定施工方法。根据施工组织设计中对钢筋安装时间和进度的要求，研究确定相应的施工方法。例如，哪些部位的钢筋可以预先绑扎好，工地模内组装；哪些钢筋在工地模内绑扎安装；钢筋成品和半成品的进场时间、进场方法、劳动力组织等。

2. 工具、材料的准备

（1）工具准备。应备足扳手、铁丝、小撬棍、马架、钢筋钩、划线尺、水泥（混凝土）垫块、撑铁（骨架）等常用工具。

（2）了解现场施工条件。包括运输路线是否畅通，材料堆放地点是否安排的合理等。

（3）检查钢筋的锈蚀情况，确定是否除锈和采用哪种除锈方法等。

3. 现场施工的准备

（1）施工图放样。正式施工图一般仅一两份，一个工程往往有几个不同部位同时进行，所以，必须按钢筋安装部位绘出若干草图，草图经校核无误后，才可作为绑扎依据。

（2）钢筋位置放线。若梁、板、柱类型较多时，为避免混乱和差错，还应在模板上标示各种型号构件的钢筋规格、形状和数量。为使钢筋绑扎正确，一般先在结构模板上用粉笔按施工图标明的间距画线，作为摆料的依据。通常平板或墙板钢筋在模板上划线；柱箍筋在两根对角线主筋上划点；梁箍筋在架立钢筋上划点；基础的钢筋则在固定架上划线或在两向各取一根钢筋上划点。钢筋接头按规范对于位置、数量的要求，在模板上划出。

（3）做好互检、自检及交检工作。在钢筋绑扎安装前，应会同施工员、木工、水电安装工等有关工种，共同检查模板尺寸、标高，确定管线、水电设备等的预埋和预留工作。

4. 混凝土施工过程中的注意事项

在混凝土浇筑过程中，混凝土的运输应有自己独立的通道。运输混凝土不能损坏成品钢筋骨架。应在混凝土浇筑时派钢筋工现场值班，及时修整移动的钢筋或扎好松动的绑扎点。

7.2 钢筋绑扎用具

钢筋绑扎工具一般有：铅丝钩、小撬棒、起拱扳子、绑扎架等。

1. 铅丝钩

铅丝钩是主要的钢筋绑扎工具，是用直径12~16mm、长度为160~200mm圆钢筋制作的。根据工程需要，可在其尾部加上套管、小扳口等形式的钩子，如图7-1所示。

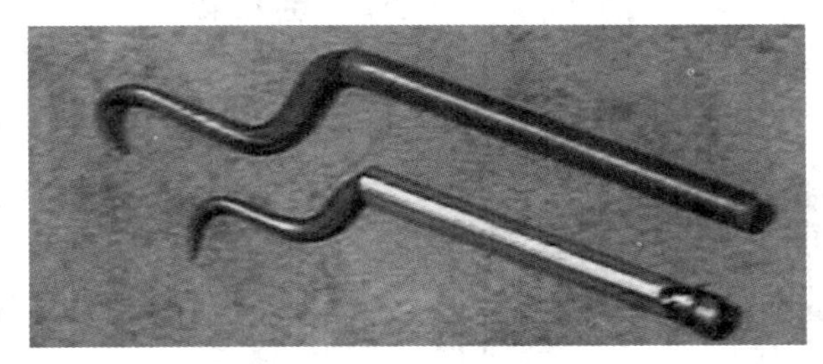

图7-1 铅丝钩

2. 小撬棒

小撬棒用来调整钢筋间距，矫直钢筋的部分弯曲，垫保护层水泥垫块等，如图7-2所示。

图7-2 小撬棒

3. 起拱扳子

起拱扳子是在绑扎现浇楼板钢筋时，用来弯制楼板弯起钢筋的工具。楼板的弯起钢筋不是预先弯曲成型好再绑扎，而是待弯起钢筋和分布钢筋绑扎成网片后用起拱扳子来操作的，如图7-3所示。

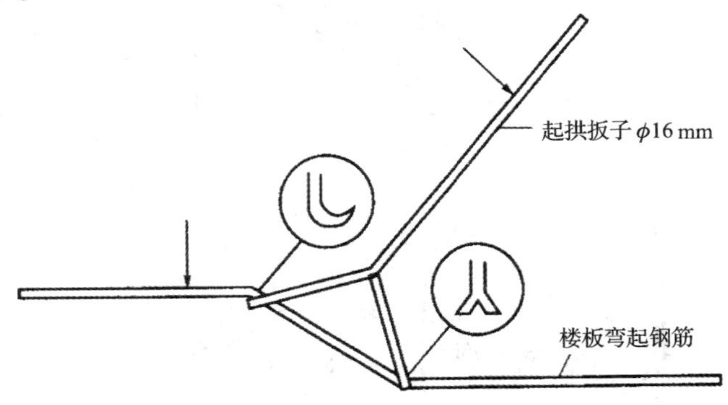

图7-3 起拱扳子及操作

4. 绑扎架

绑扎钢筋骨架需用钢筋绑扎架，根据绑扎骨架的轻重、形状可选用不同规格的轻型、重型、坡式等各式钢筋骨架，如图7-4~图7-6所示。

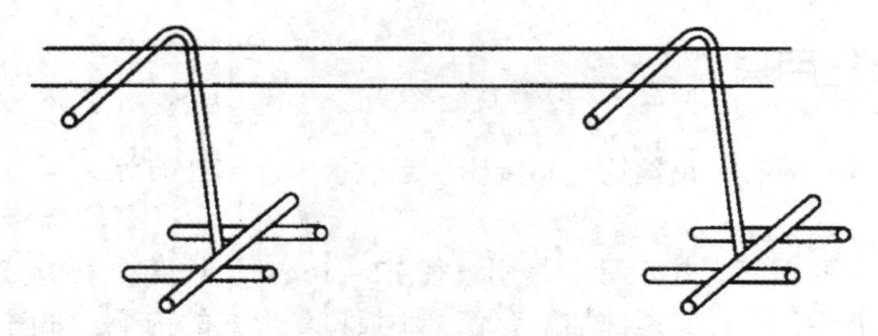

图 7－4　轻型骨架绑扎架

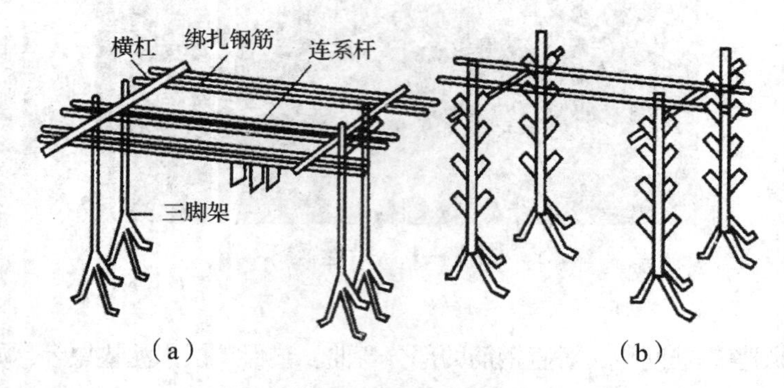

图 7－5　重型骨架绑扎架

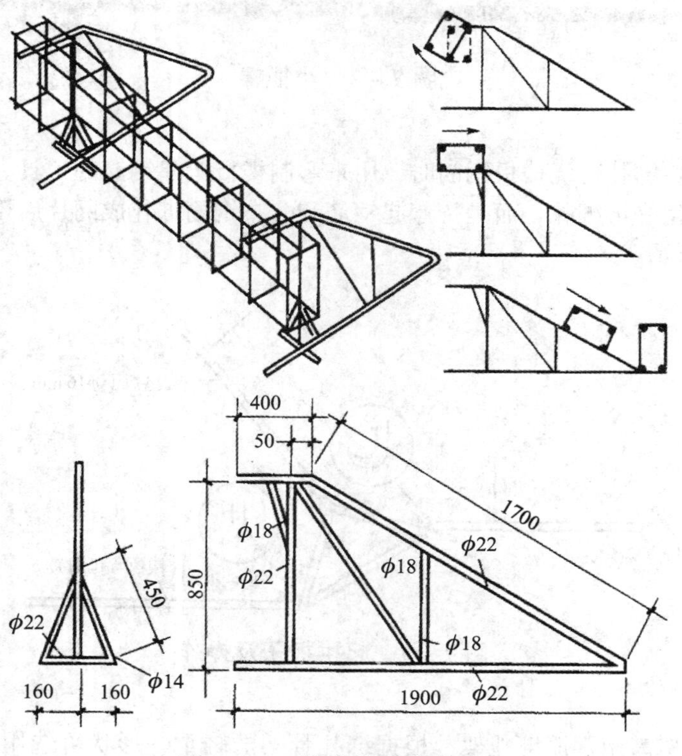

图 7－6　坡式钢筋绑扎架

7.3 钢筋绑扎方法

绑扎钢筋是借助钢筋钩用铁线把各种单根钢筋绑扎成整体骨架或网片。绑扎钢筋的扎扣方法按稳固、顺势等操作的要求可分为若干种，其中，最常用的是一面顺扣绑扎方法。

1. 一面顺扣绑扎法

如图 7－7 所示，绑扎时先将钢丝扣穿套钢筋交叉点，接着用钢筋钩钩住钢丝弯成圆圈的一端，旋转钢筋钩，一般旋 1.5～2.5 转即可。操作时，扎扣要短，才能少转快扎。这种方法操作简便，绑点牢靠，适用于钢筋网、骨架各个部位的绑扎。

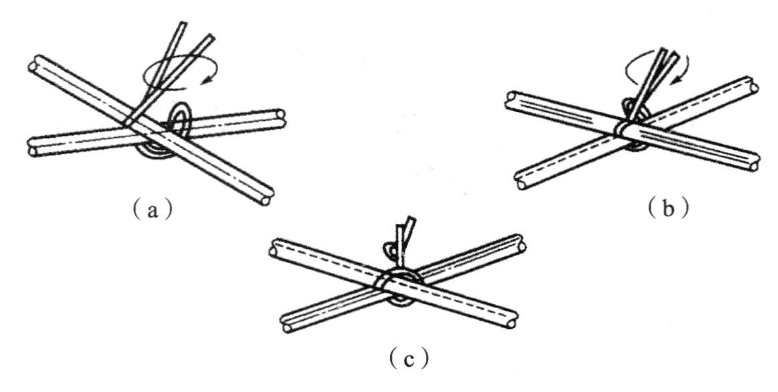

图 7－7 钢筋一面顺扣绑扎法

2. 其他扎扣方法

钢筋绑扎除一面顺扣操作法之外，还有十字花扣、反十字花扣、兜扣、缠扣、兜扣加缠、套扣等，这些方法主要根据绑扎部位的实际需要进行选择，如图 7－8 所示为其他几种扎扣方式。其中，十字花扣、兜扣适用于平板钢筋网和箍筋处绑扎；缠扣主要用于混凝土墙体和柱子箍筋的绑扎；反十字花扣、兜扣加缠适用于梁骨架的箍筋与主筋的绑扎；套扣用于梁的架立钢筋和箍筋的绑扎点处。

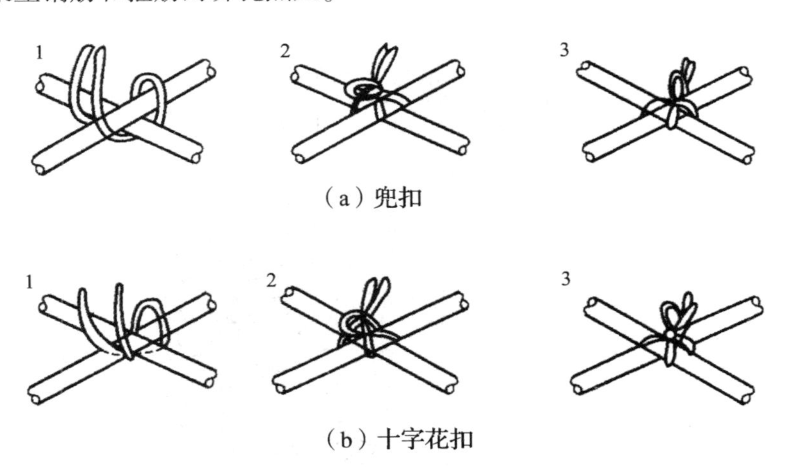

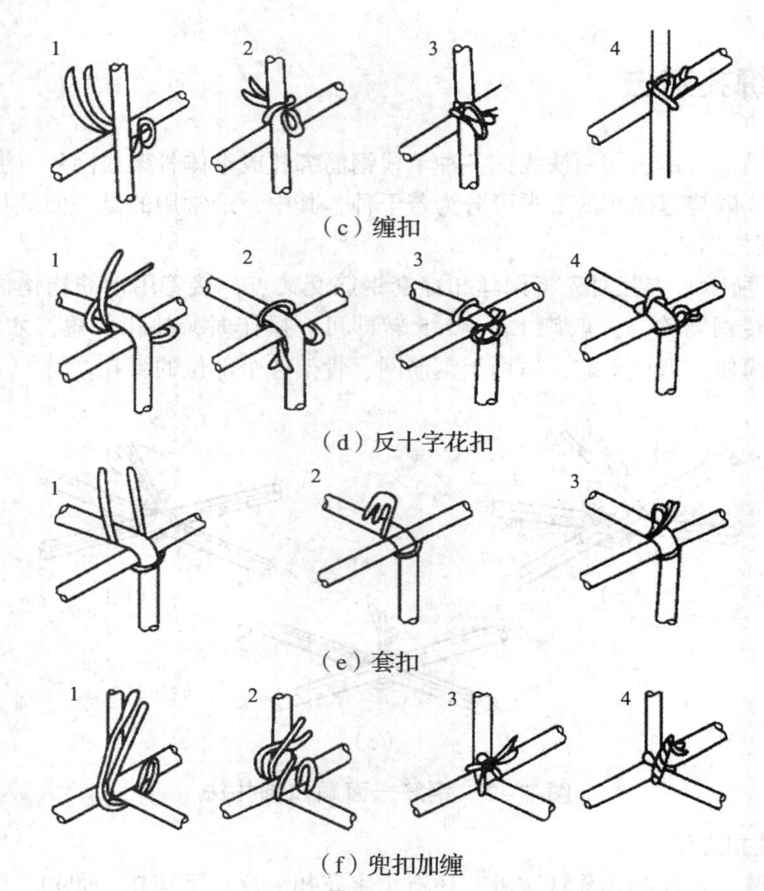
（c）缠扣

（d）反十字花扣

（e）套扣

（f）兜扣加缠

图 7 – 8　钢筋的其他绑扎方法

7.4　钢筋骨架绑扎施工

钢筋骨架绑扎施工见表 7 – 1。

表 7 – 1　钢筋骨架绑扎施工

项　　目	图示及内容
基础钢筋绑扎	(1) 将基础垫层清扫干净，用石笔和墨斗在上面弹放钢筋位置线。

续表 7－1

<table>
<tr><th>项　　目</th><th>图示及内容</th></tr>
<tr><td>基础钢筋绑扎</td><td>（2）按钢筋位置线布放基础钢筋。

（3）绑扎钢筋。基础四周两行钢筋交叉点应逐点绑扎牢。中间部分交叉点可相隔交错扎牢，但必须保证受力钢筋不位移。双向主筋的钢筋网，则需将全部钢筋相交点扎牢。相邻绑扎点的钢丝扣成八字形，以免网片歪斜变形。
（4）基础底板采用双层钢筋网时，在上层钢筋网下面应设置钢筋撑脚或混凝土撑脚，以保证钢筋位置正确，钢筋撑脚应垫在下片钢筋网上。

钢筋撑脚的形式和尺寸如下图所示。图（a）所示类型撑脚每隔 1m 放置 1 个。其直径选用：当板厚 $h \leq 300$mm 时为 8 ~ 10mm；当板厚 $h = 300 \sim 500$mm 时为 12 ~ 14mm；当板厚 $h > 500$mm 时选用图（b）所示撑脚，钢筋直径为 16 ~ 18mm 时，沿短向通常布置，间距以能保证钢筋位置为准。
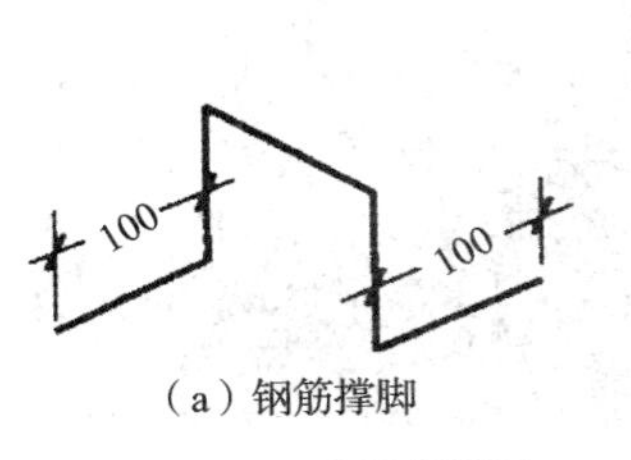

（a）钢筋撑脚
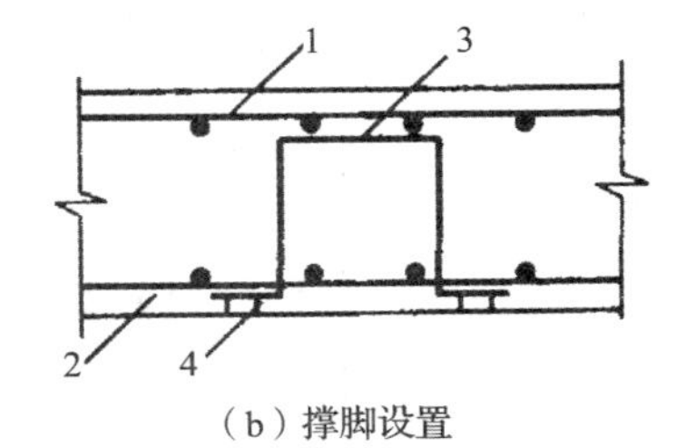

（b）撑脚设置
1—上层钢筋网；2—下层钢筋网；3—撑脚；4—水泥垫块</td></tr>
</table>

续表 7－1

项　　目	图示及内容
基础钢筋绑扎	（5）现浇柱与基础连接用的插筋，其箍筋应比柱的箍筋缩小一个柱筋直径，以便连接。插筋位置一定要固定牢靠，以免造成柱轴线偏移。 （6）对厚筏板基础上部钢筋网片，可采用钢管临时支撑体系。如下图（a）所示为绑扎上部钢筋网片用的钢管支撑。在上部钢筋网片绑扎完毕后，需置换出水平钢管；为此另取一些垂直钢管通过直角扣件与上部钢筋网片的下层钢筋连接起来（该处需另用短钢筋段加强），替换了原支撑体系，如下图（b）所示。在混凝土浇筑过程中，逐步抽出垂直钢管，如下图（c）所示。此时，上部荷载可由附近的钢管及上、下端均与钢筋网焊接的多个拉结筋来承受。由于混凝土不断浇筑与凝固，拉结筋细长比减少，从而提高了承载力。 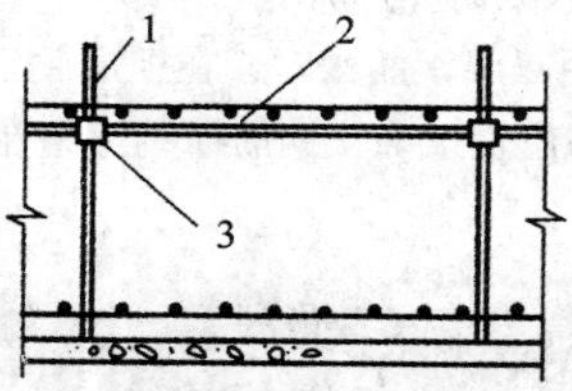 （a）绑扎上部钢筋网片时 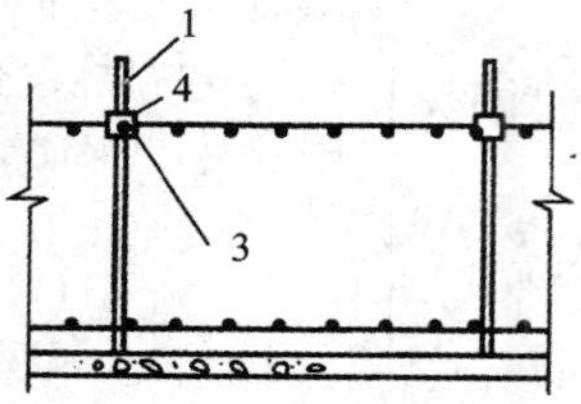　（b）浇筑混凝土前 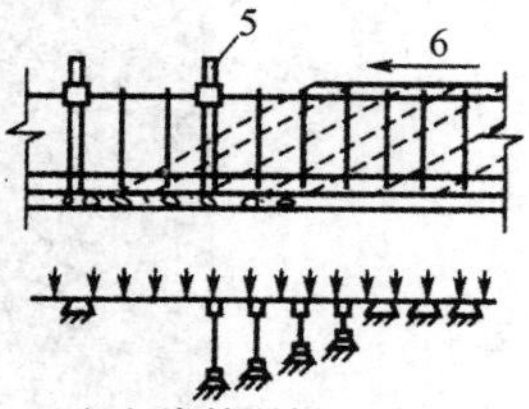 （c）浇筑混凝土时 1—垂直钢管；2—水平钢管；3—直角扣件； 4—下层水平钢筋；5—待拔钢管；6—混凝土浇筑方向 （7）钢筋的弯钩应朝上，不要倒向一边；双层钢筋网的上层钢筋弯钩应朝下。独立柱基础为双向弯曲，其底面短向的钢筋应放在长向钢筋的上面。 

续表 7－1

项　　目	图示及内容
基础钢筋绑扎	（8）基础中纵向受力钢筋的混凝土保护层厚度不应小于 40mm，当无垫层时不应小于 70mm
墙钢筋绑扎	（1）将预留钢筋调直理顺，并将表面砂浆等杂物清理干净。先立 2～4 根纵向筋，并划好横筋分档标志，然后于下部及齐胸处绑两根定位水平筋，并在横筋上划好分档标志，然后绑扎其余纵向筋，最后绑扎剩余横筋。如墙中有暗梁、暗柱时，应先绑暗梁、暗柱再绑周围横筋。 （2）墙的纵向钢筋每段钢筋长度不宜超过 4m（钢筋的直径≤12mm）或 6m（直径＞12mm），水平段每段长度不宜超过 8m，以利绑扎。 （3）墙的钢筋网绑扎同基础，钢筋的弯钩应朝向混凝土内。  （4）采用双层钢筋网时，在两层钢筋间应设置撑铁，以固定钢筋间距。撑铁可用直径 6～10mm 的钢筋制成，长度等于两层网片的净距如图所示，间距约为 1m，相互错开排列。 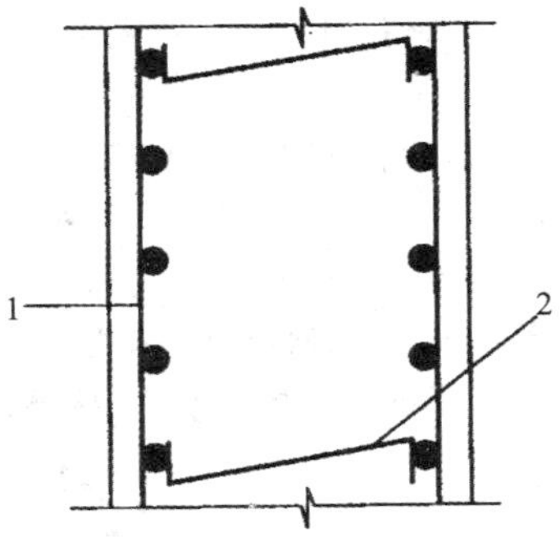 1—钢筋网；2—撑铁 （5）墙的钢筋网绑扎。全部钢筋的相交点都要扎牢，绑扎时相邻绑扎点的钢丝扣成八字形，以免网片歪斜变形。 （6）为控制墙体钢筋保护层厚度，宜采用比墙体竖向钢筋大一个型号的钢筋梯子凳，在原位替代墙体钢筋，间距约为 1500mm。

续表 7－1

项　　目	图示及内容
墙钢筋绑扎	 （7）墙的钢筋，可在基础钢筋绑扎之后浇筑混凝土前插入基础内。 （8）墙钢筋的绑扎，也应在模板安装前进行
柱子钢筋绑扎	（1）套柱箍筋。按图纸要求间距，计算好每根柱箍筋数量，先将箍筋套在下层伸出的搭接筋上，然后立柱子钢筋，在搭接长度内，绑扣不少于3个，绑扣要向柱中心。如果柱子主筋采用光圆钢筋搭接时，角部弯钩应与模板成45°角，中间钢筋的弯钩应与模板成90°角。  （2）搭接绑扎竖向受力筋。柱子主筋立起后，绑扎接头的搭接长度、接头面积百分率应符合设计要求。 （3）画箍筋间距线。在立好的柱子竖向钢筋上，按图纸要求用粉笔划箍筋间距线。 （4）柱箍筋绑扎。 1）按已划好的箍筋位置线，将已套好的箍筋往上移动，由上往下绑扎，宜采用缠扣绑扎。 2）箍筋与主筋要垂直，箍筋转角处与主筋交点均要绑扎，主筋与箍筋非转角部分的相交点成梅花交错绑扎。 3）箍筋的弯钩叠合处应沿柱子竖筋交错布置，并绑扎牢固。 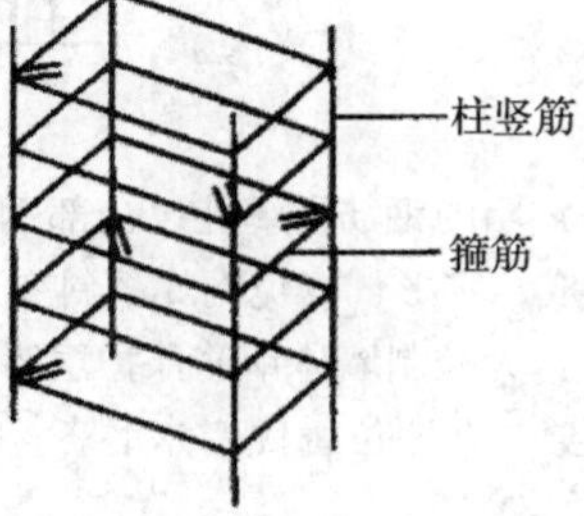 柱竖筋 箍筋

续表 7－1

项　目	图示及内容
柱子钢筋绑扎	4）有抗震要求的地区，柱箍筋端头应弯成135°，平直部分长度不小于10d（d为箍筋直径）。如箍筋采用90°搭接，搭接处应焊接，焊缝长度单面焊缝不小于10d。 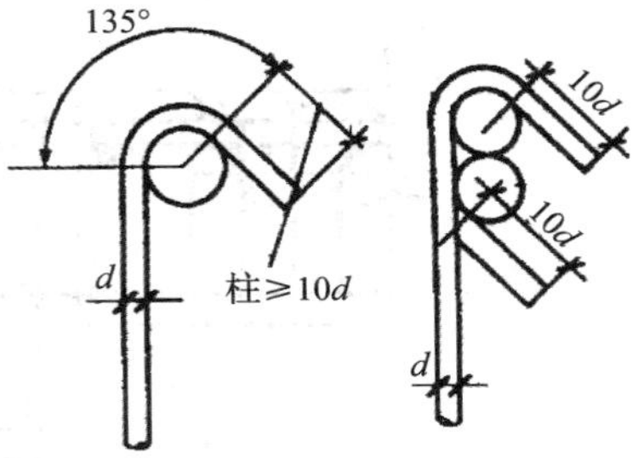 135° 柱≥10d d 10d 10d d 5）柱基、柱顶、梁柱交接处箍筋间距应按设计要求加密。柱上下两端箍筋应加密，加密区长度及加密区内箍筋间距应符合设计图纸要求。如设计要求箍筋设拉筋时，拉筋应钩住箍筋。 拉筋 拉筋 箍筋 拉筋 柱竖筋 拉筋勾住箍筋 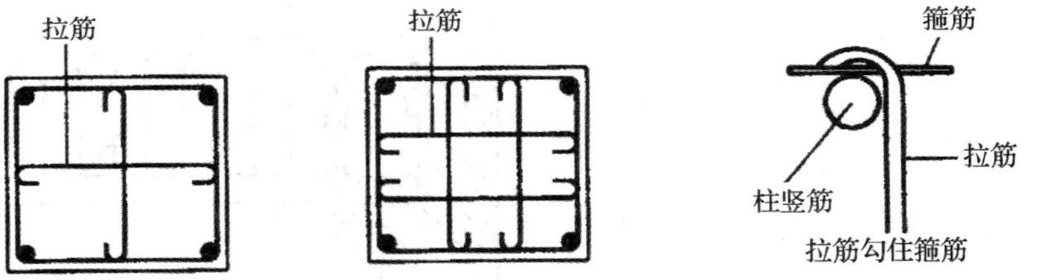 6）柱筋保护层厚度应符合规范要求，主筋外皮为25mm，垫块应绑在柱竖筋外皮上，间距一般为1000mm，（或用塑料卡卡在外竖筋上）以保证主筋保护层厚度准确。当柱截面尺寸有变化时，柱应在板内弯折，弯后的尺寸要符合设计要求
梁钢筋绑扎	（1）核对图纸，严格按施工方案组织绑扎工作。 （2）在梁侧模板上画出箍筋间距，摆放箍筋。 （3）先穿主梁的下部纵向受力钢筋及弯起钢筋，将箍筋按已画好的间距逐个分开；穿次梁的下部纵向受力钢筋及弯起钢筋，并套好箍筋；放主次梁的架立筋；隔一定间距将架立筋与箍筋绑扎牢固；调整箍筋间距使间距符合设计要求，绑架立筋，再绑主筋，主次梁同时配合进行。 （4）框架梁上部纵向钢筋应贯穿中间节点，梁下部纵向钢筋伸入中间节点锚固长度及伸过中心线的长度要符合设计要求。框架梁纵向钢筋在端节点内的锚固长度也要符合设计要求。 （5）梁上部纵向筋的箍筋，宜用套扣法绑扎。 （6）梁钢筋的绑扎与模板安装之间的配合关系。 1）梁的高度较小时，梁的钢筋架空在梁顶上绑扎，然后再落位。 2）梁的高度较大（大于或等于1.0m）时，梁的钢筋宜在梁底模上绑扎，其两侧模或一侧模后装。

续表 7－1

项　　目	图示及内容
梁钢筋绑扎	（7）梁板钢筋绑扎时应防止水电管线将钢筋抬起或压下。 （8）板、次梁与主梁交叉处，板的钢筋在上，次梁的钢筋居中，主梁的钢筋在下；当有圈梁或垫梁时，主梁的钢筋在上。 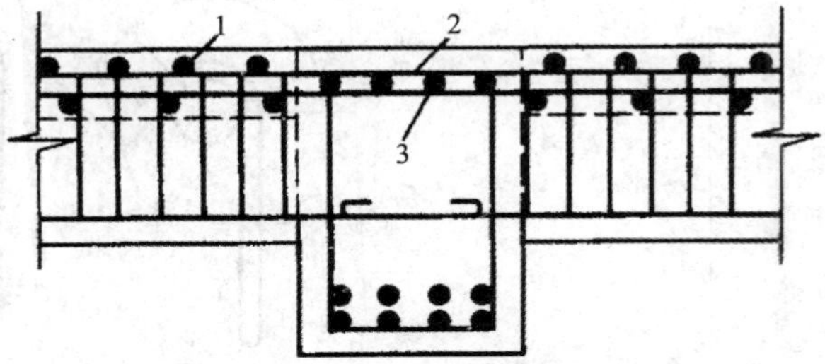 1—板的钢筋；2—次梁钢筋；3—主梁钢筋 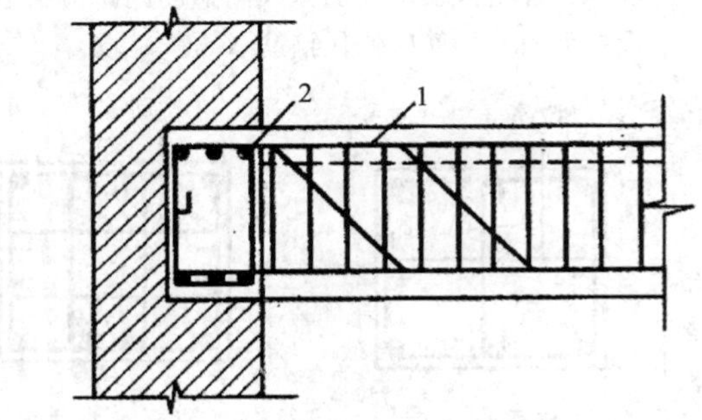 1—主梁钢筋；2—垫梁钢筋 （9）框架节点处钢筋穿插十分稠密时，应特别注意梁顶面主筋间的净距要达到 30mm，以利浇筑混凝土。 （10）箍筋在叠合处的弯钩，在梁中应交错绑扎，箍筋弯钩为 135°，平直部分长度为 $10d$，如做成封闭箍时，单面焊缝长度为 $5d$。  （11）梁端第一个箍筋应设置在距离柱节点边缘 50mm 处。梁端与柱交接处箍筋应加密，其间距与加密区长度均要符合设计要求。 （12）在主、次梁受力筋下均应垫垫块（或塑料卡），保证保护层的厚度。受力筋为双排时，可用短钢筋垫在两层钢筋之间，钢筋排距应符合设计要求

续表 7－1

项　　目	图示及内容
现浇悬挑雨篷钢筋绑扎	雨篷板为悬挑式构件，其板的上部受拉、下部受压。所以，雨篷板的受力筋配置在构件断面的上部，并将受力筋伸进雨篷梁内。 （1）主、负筋位置应摆放正确，不可放错。 （2）雨篷梁与板的钢筋应保证锚固尺寸。 （3）雨篷钢筋骨架在模内绑扎时，严禁脚踩在钢筋骨架上进行绑扎。 （4）钢筋的弯钩应全部向内。 （5）雨篷板的上部受拉，故受力筋在上，分布筋在下，切勿颠倒。 （6）雨篷板双向钢筋的交叉点均应绑扎，钢丝方向成八字形。 （7）应垫放足够数量的钢筋撑脚，确保钢筋位置的准确。 （8）高处作业时要注意安全
板钢筋绑扎	（1）清理模板上面的杂物，用粉笔在模板上划好主筋、分布筋间距。 （2）按划好的间距，先摆放受力主筋、后放分布筋。预埋件、电线管、预留孔等及时配合安装。 （3）在现浇板中有板带梁时，应先绑板带梁钢筋，再摆放板钢筋。 （4）绑扎板筋时一般用顺扣或八字扣，除外围两根钢筋的相交点应全部绑扎外，其余各点可交错绑扎（双向板相交点需全部绑扎）。如板为双层钢筋，两层钢筋之间须加钢筋撑脚。以确保上部钢筋的位置。负弯矩钢筋每个相交点均要绑扎。 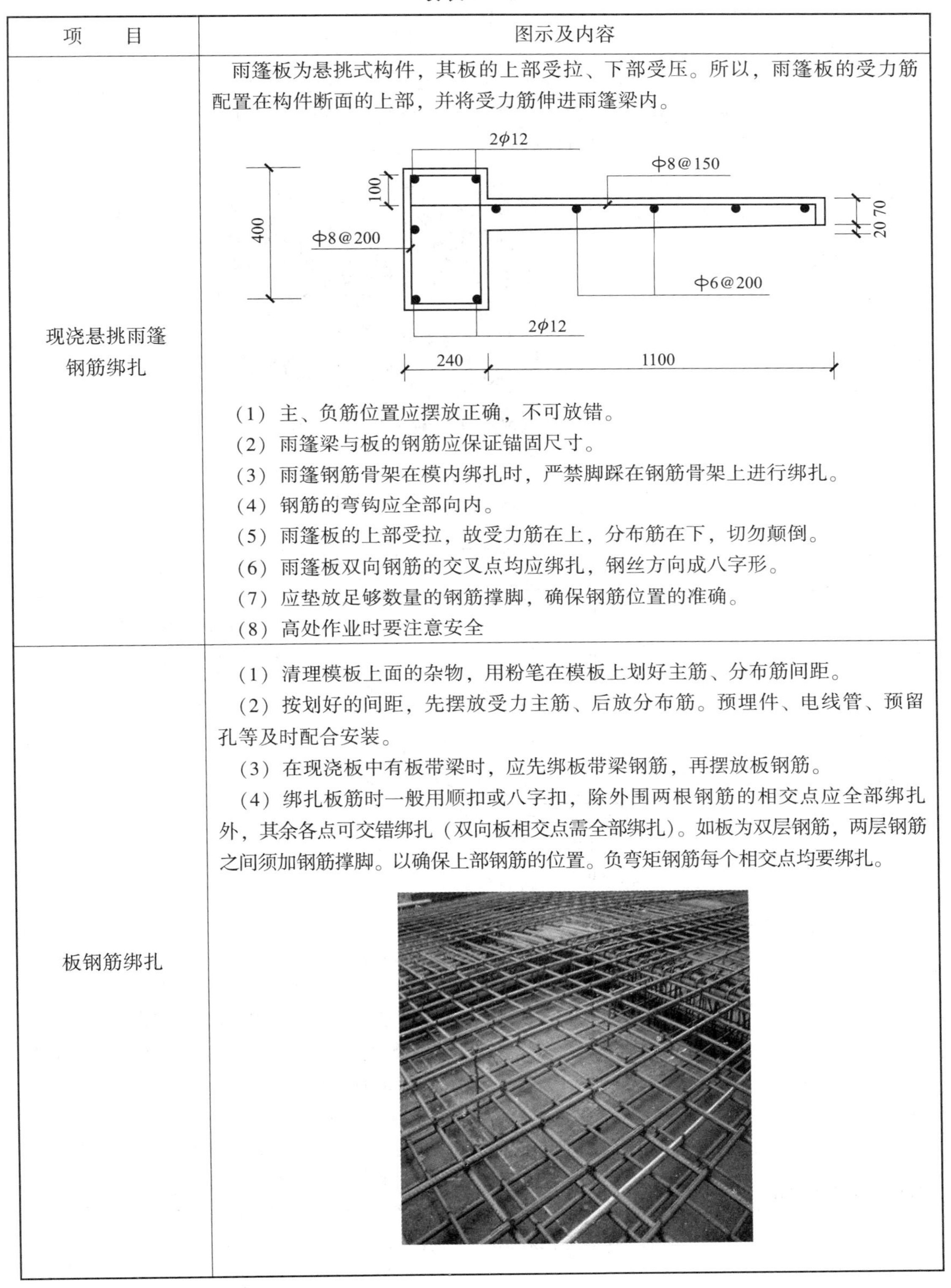

续表 7－1

<table>
<tr><th>项　　目</th><th>图示及内容</th></tr>
<tr><td>板钢筋绑扎</td><td>（5）在钢筋的下面垫好砂浆垫块，间距为 1.5m。垫块的厚度等于保护层厚度，应满足设计要求，如设计无要求时，板的保护层厚度应为 15mm。钢筋搭接长度与搭接位置的要求与前面所述梁相同 </td></tr>
<tr><td>楼梯钢筋绑扎</td><td>楼梯钢筋骨架一般是在底模板支设后进行绑扎 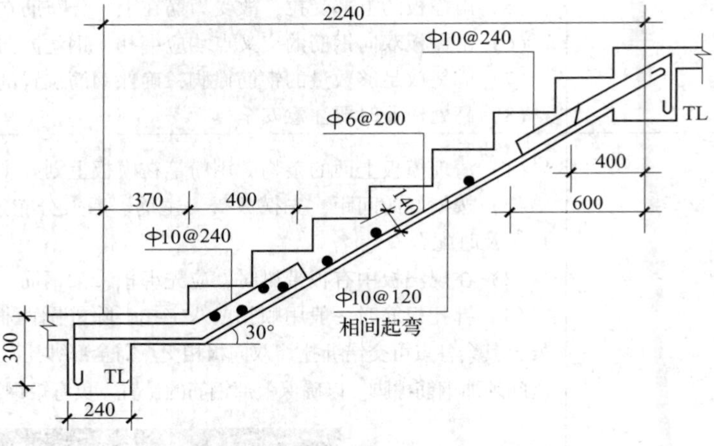
2240 Φ10@240 TL Φ6@200 400 600 370 400 140 Φ10@240 Φ10@120 相间起弯 30° 300 TL 240
（1）在楼梯底板上划主筋和分布筋的位置线。
（2）钢筋的弯钩应全部向内，不准踩在钢筋骨架上进行绑扎。
（3）根据设计图纸中主筋、分布筋的方向，先绑扎主筋后绑扎分布筋，每个交点均应绑扎。如有楼梯梁时，先绑梁后绑板筋。板筋要锚固到梁内。
（4）底板筋绑完，待踏步模板吊绑支好后，再绑扎踏步钢筋。主筋接头数量和位置均要符合设计和施工质量验收规范的规定</td></tr>
<tr><td>钢筋网片预制绑扎</td><td>钢筋网片的预制绑扎多用于小型构件。此时，钢筋网片的绑扎多在平地上或工作台上进行。为防止在运输、安装过程中发生歪斜、变形，大型钢筋网片的预制绑扎，应采用加固钢筋在斜向拉结。一般大型钢筋网片预制绑扎的操作程序为：平地上画线→摆放钢筋→绑扎→临时加固钢筋的绑扎。</td></tr>
</table>

续表 7－1

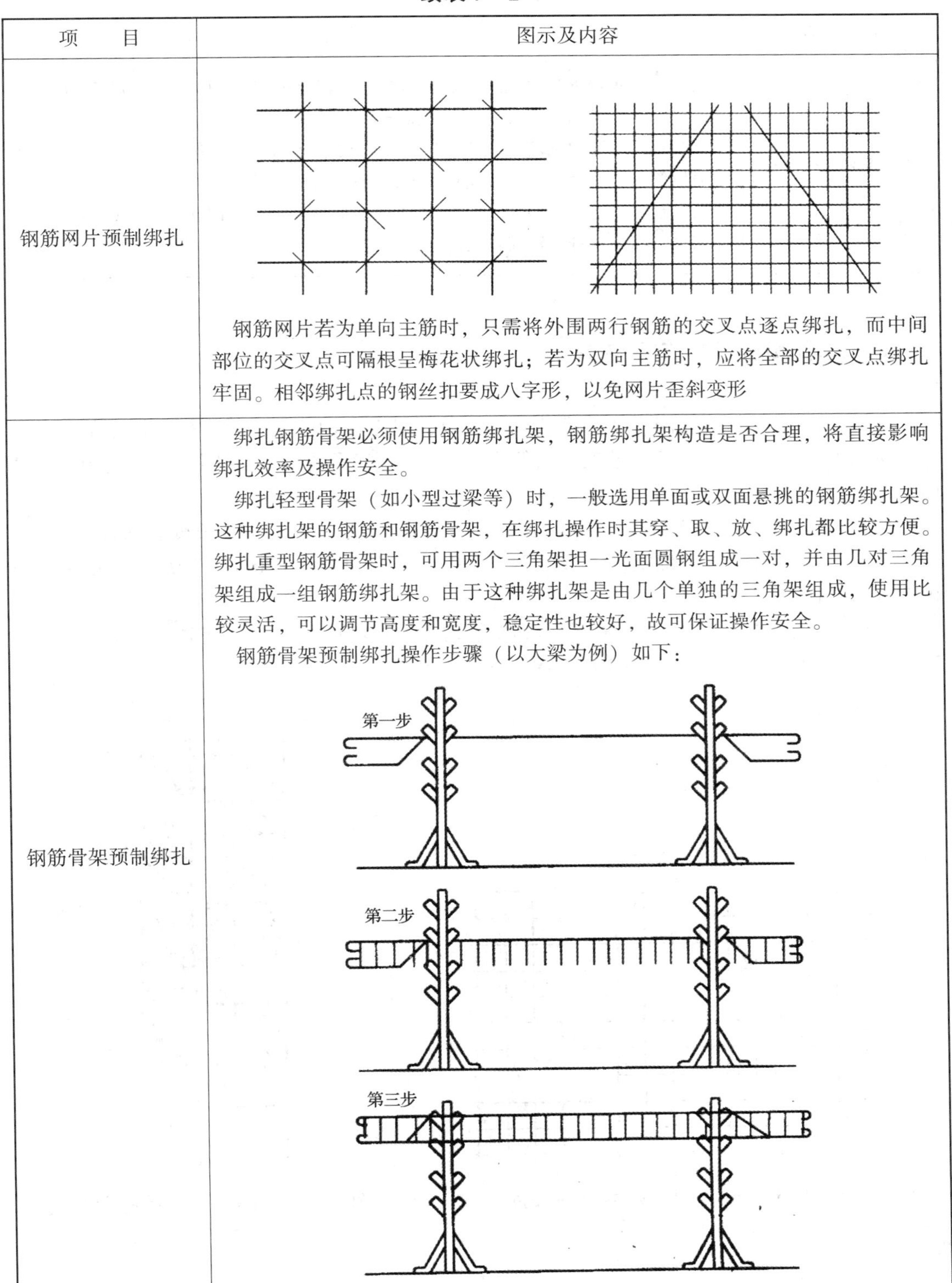

项　　目	图示及内容
钢筋网片预制绑扎	钢筋网片若为单向主筋时，只需将外围两行钢筋的交叉点逐点绑扎，而中间部位的交叉点可隔根呈梅花状绑扎；若为双向主筋时，应将全部的交叉点绑扎牢固。相邻绑扎点的钢丝扣要成八字形，以免网片歪斜变形
钢筋骨架预制绑扎	绑扎钢筋骨架必须使用钢筋绑扎架，钢筋绑扎架构造是否合理，将直接影响绑扎效率及操作安全。 绑扎轻型骨架（如小型过梁等）时，一般选用单面或双面悬挑的钢筋绑扎架。这种绑扎架的钢筋和钢筋骨架，在绑扎操作时其穿、取、放、绑扎都比较方便。绑扎重型钢筋骨架时，可用两个三角架担一光面圆钢组成一对，并由几对三角架组成一组钢筋绑扎架。由于这种绑扎架是由几个单独的三角架组成，使用比较灵活，可以调节高度和宽度，稳定性也较好，故可保证操作安全。 钢筋骨架预制绑扎操作步骤（以大梁为例）如下： 第一步 第二步 第三步

续表 7－1

项　　目	图示及内容
钢筋骨架预制绑扎	第一步，布置钢筋绑扎架，安放横杆，并将梁的受拉钢筋和弯起筋置于横杆上。受拉钢筋弯钩和弯起筋的弯起部分朝下。 第二步，从受力钢筋中部往两边按设计要求标出箍筋的间距，将全部箍筋自受力钢筋的一端套入，并按间距摆开，与受力钢筋绑扎好。 第三步，绑扎架立钢筋。升高钢筋绑扎架，穿入架立钢筋，并随即与箍筋绑扎牢固。抽去横杆，钢筋骨架落地、翻身即为预制好的大梁钢筋骨架

7.5　绑扎钢筋网、架安装

单片或单个预制钢筋网、架的安装比较简单，只需在钢筋入模后，按照规定的保护层厚度垫好垫块，便可进行下一道工序。但当多片或是多个预制的钢筋网架在一起组合使用时，则需注意节点相交处的交错和搭接。

钢筋网与钢筋骨架宜分段（块）安装，其分段（块）的大小、长度宜按结构配筋、施工条件、起重运输能力确定。一般，钢筋网的分块面积为 6～20m^2；钢筋骨架的分段长度为 6～12m。

预制好的钢筋网、架，从绑扎点运到安装地点的过程中，为防止钢筋网、架产生较大变形，应采取临时加固措施，如图 7－9、图 7－10 所示。

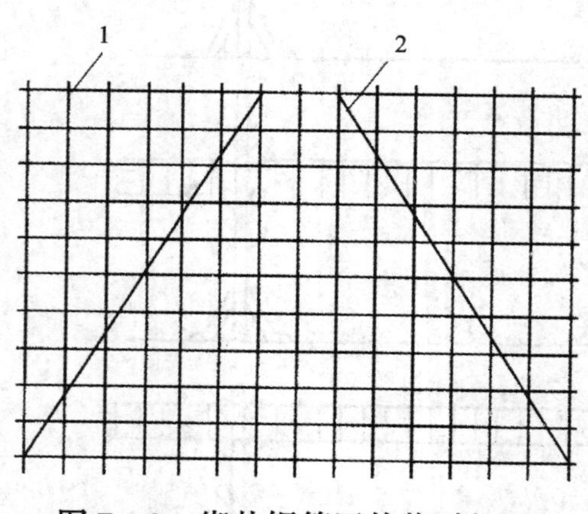

图 7－9　绑扎钢筋网的临时加固

1—钢筋网；2—加固筋

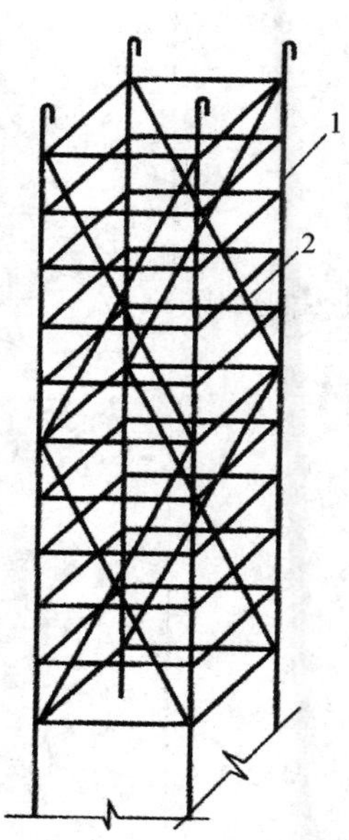

图 7－10　绑扎骨架的临时加固

1—钢筋骨架；2—加固筋

可采用钢筋运输车（图7－11）运输钢筋骨架，车型长为6m，宽约0.8m，车轮是用架子车底盘加固改装的，载重量大，车架用钢管焊制而成，如果运输更长的钢筋，车架两端还可插上"∏"形钢管，使车身接长。可见该车适合于钢筋骨架和长钢筋的运输，如果横向再作临时加宽（绑几根横杆即可），则还可运输较大的预制钢筋网片。

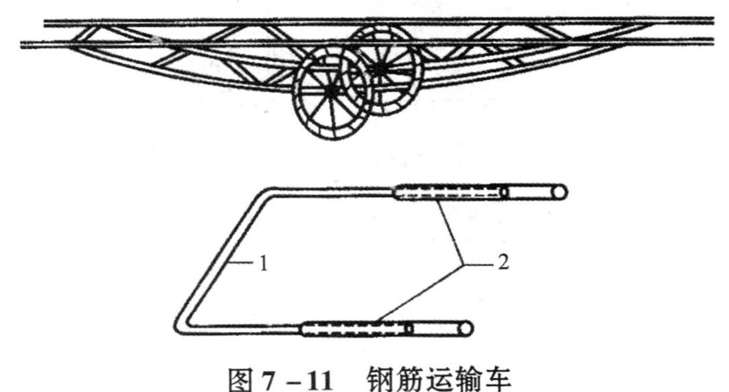

图7－11　钢筋运输车

1—"∏"形钢管；2—车架

确定好节点和吊装方法。吊装节点应根据钢筋骨架的大小、形状、重量及刚度来确定；起吊节点由施工员确定。宽度大于1m的水平钢筋网应采用四点起吊；跨度小于6m的钢筋骨架应采用二点起吊。跨度大、刚度差的钢筋骨架应采用横吊梁（铁扁担）四点起吊，如图7－12所示。

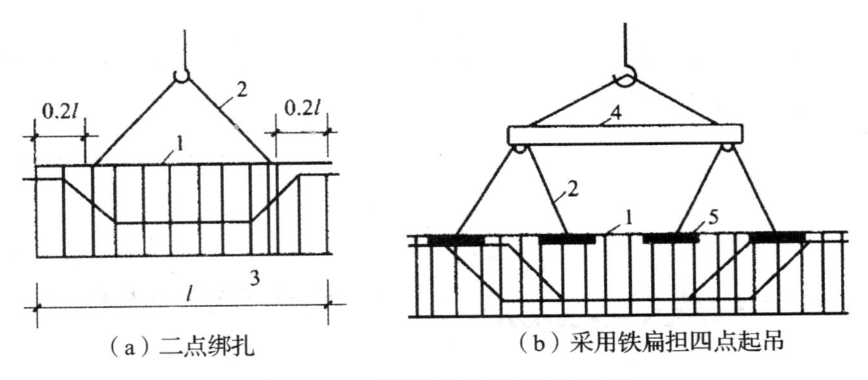

图7－12　钢筋骨架的绑扎起吊

1—钢筋骨架；2—吊索；3—兜底索；4—铁扁担；5—短钢筋

为了保证在吊运钢筋骨架时，吊点处钩挂的钢筋不变形，应在钢筋骨架内的挂吊钩处设短钢筋，将吊钩挂在短钢筋上，这样既可以有效地防止骨架变形，又能防止骨架中局部钢筋的变形，如图7－13所示。

另外，在搬运大钢筋骨架时，还需根据骨架的刚度情况，决定骨架在运输过程中的临时加固措施。如截面高度较大的骨架，为了防止其歪斜，可以采用细钢筋进行拉结；柱骨架的刚度比较小，故除了采用上述方法之外，还可以用细竹竿、杉杆等临时绑扎加固。

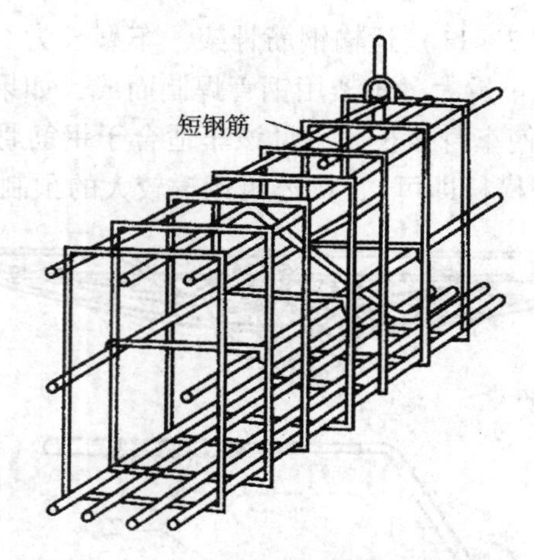

图 7-13　加短钢筋起吊钢筋骨架

7.6　钢筋焊接网搭接、安装

7.6.1　钢筋焊接网的搭接

1. 叠搭法

叠搭法是指一张网片叠在另一张网片上的搭接方法，如图 7-14 所示。

2. 平搭法

平搭法是指一张网片的钢筋镶入另一张网片，使两张网片的纵向及横向钢筋各自在同一平面内的搭接方法，如图 7-15 所示。

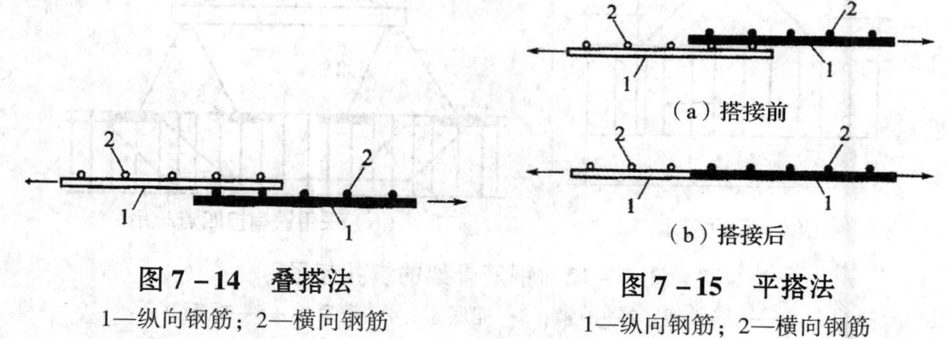

图 7-14　叠搭法
1—纵向钢筋；2—横向钢筋

图 7-15　平搭法
1—纵向钢筋；2—横向钢筋

3. 扣搭法

扣搭法是指一张网片扣在另一张网片上，使横向钢筋在一个平面内，纵向钢筋在两个不同平面内的搭接方法，如图 7-16 所示。

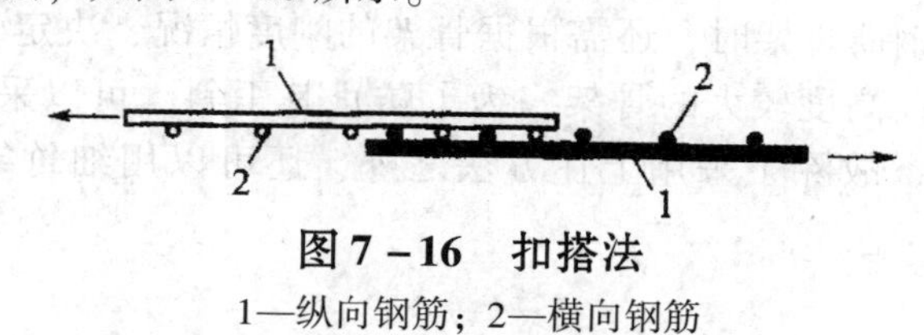

图 7-16　扣搭法
1—纵向钢筋；2—横向钢筋

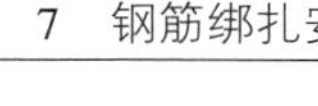

7.6.2　钢筋焊接网的安装

（1）钢筋焊接网运输时需捆扎整齐、牢固，每捆质量不应超过 2t，必要时还应加刚性支撑或支架。

（2）进场的钢筋焊接网应按施工要求堆放，并应有明显的标志。

（3）附加钢筋应在现场绑扎，并符合现行国家标准《混凝土结构工程施工质量验收规范》GB 50204—2015 的有关规定。

（4）对两端均须插入梁内锚固的焊接网，当网片纵向钢筋较细时，可以利用网片弯曲变形性能，先将焊接网中部向上弯曲，使两端能够先后插入梁内，然后铺平网片；若钢筋较粗焊接网不能弯曲，可将焊接网的一端少焊 1～2 根横向钢筋，先插入该端，然后再退插另一端，必要时还可采用绑扎方法补回所减少的横向钢筋。

（5）钢筋焊接网安装时，下部网片应设与保护层厚度相当的塑料卡或水泥砂浆垫块；板的上部网片宜在接近短向钢筋两端，沿长向钢筋方向每隔 600～900mm 设置一个钢筋支架（图 7－17）。

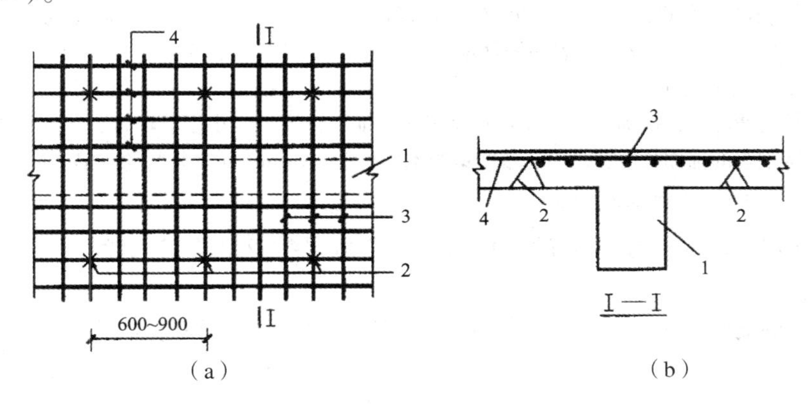

图 7－17　上部钢筋焊接网的支墩

1—梁；2—支墩；3—短向钢筋；4—长向钢筋

（6）板、墙、壳类构件纵向受力钢筋的混凝土保护层厚度（从钢筋外边缘算起）不宜小于钢筋的公称直径，应符合表 7－2 的规定。

表 7－2　混凝土保护层最小厚度（mm）

环境类别	板、墙、壳	梁、柱、杆
一	15	20
二 a	20	25
二 b	25	30
三 a	30	40
三 b	40	50

注：1　混凝土强度等级不大于 C25 时，表中保护层厚度数值应增加 5mm；

2　钢筋混凝土基础宜设置混凝土垫层，基础中钢筋的混凝土保护层厚度应从垫层顶面算起，且不应小于 40mm。

（7）锚固长度内无横向钢筋时，钢筋的最小锚固长度 l_a 应符合表 7－3 的规定。

表 7－3 纵向受拉带肋钢筋焊接网最小锚固长度 l_a（mm）

钢筋焊接网类型		混凝土强度等级				
		C20	C25	C30	C35	≥C40
CRB550 级钢筋焊接网	锚固长度内无横筋	40*d*	35*d*	30*d*	28*d*	25*d*
	锚固长度内有横筋	30*d*	26*d*	23d	21*d*	20*d*
HRB400 级钢筋焊接网	锚固长度内无横筋	45*d*	40*d*	35*d*	32*d*	30*d*
	锚固长度内有横筋	35*d*	31*d*	28*d*	25*d*	23*d*

注：1　当焊接网中的纵向钢筋为并筋时，其锚固长度应按表中数值乘以系数 1.4 后取用。

2　当锚固区内无横筋、焊接网的纵向钢筋净距不小于 5*d*（*d* 为纵向钢筋直径）且纵向钢筋保护层厚度不小于 3*d* 时，表中钢筋的锚固长度可乘以 0.8 的修正系数，但不应小于本表注 3 规定的最小锚固长度值。

3　在任何情况下，锚固区内有横筋的焊接网的锚固长度不应小于 200mm；锚固区内无横筋时焊接网钢筋的锚固长度，对冷轧带肋钢筋不应小于 200mm，对热轧带肋钢筋不应小于 250mm。

4　*d* 为纵向受力钢筋直径（mm）。

（8）钢筋焊接网在受压方向的搭接长度，宜取受拉钢筋搭接长度的 0.7 倍，且不宜小于 150mm。

（9）带肋钢筋焊接网在非受力方向的分布钢筋的搭接，若采用的是叠搭法［图 7－18（a）］

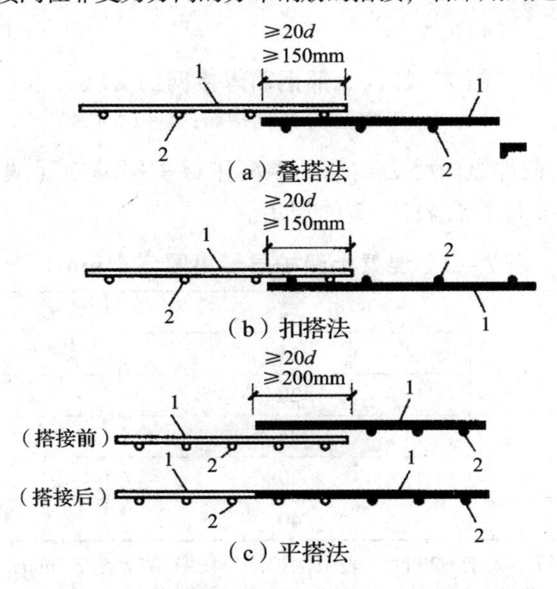

图 7－18 钢筋焊接网在非受力方向的搭接

1—分布钢筋；2—受力钢筋

或扣搭法［图7－18（b）］，在搭接范围内每个网片至少要有一根受力主筋，搭接长度不宜小于20d（d为分布钢筋直径）且不宜小于150mm；若采用的是平搭法［图7－18（c）］且一张网片在搭接区内无受力主筋，其搭接长度不宜小于20d，且不宜小于200mm。

若搭接区内分布钢筋的直径$d>8$mm时，其搭接长度宜按以上的规定值增加5d取用。

（10）带肋钢筋焊接网双向配筋的面网应采用平搭法。搭接应设置在距梁边1/4净跨区段以外，其搭接长度不宜小于30d（d为搭接方向钢筋直径），且不宜小于250mm。

（11）对于嵌固在承重砌体墙内的现浇板，其上部焊接网钢筋伸入支座的长度不应小于110mm，并在网端要有一根横向钢筋，如图7－19（a）所示。或将上部受力钢筋弯折，如图7－19（b）所示。

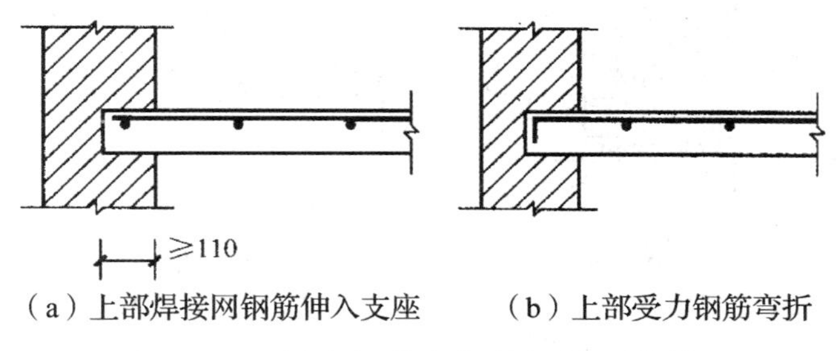

（a）上部焊接网钢筋伸入支座　　（b）上部受力钢筋弯折

图7－19　板上部受力钢筋焊接网的锚固

（12）在端跨板与混凝土梁连接处，按照构造要求设置上部钢筋焊接网时，其钢筋伸入梁内的长度不宜小于30d；当梁宽较小，不满足30d时，应将上部钢筋弯折，如图7－20所示。

（13）对于布置有高差板的带肋钢筋面网，当高差大于30mm时，面网应在有高差处断开，分别锚入梁中，如图7－21所示。

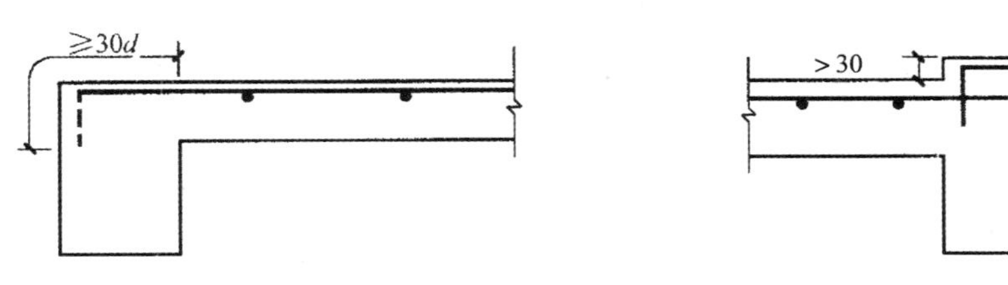

图7－20　板上部钢筋焊接网与混凝土梁（边跨的连接）

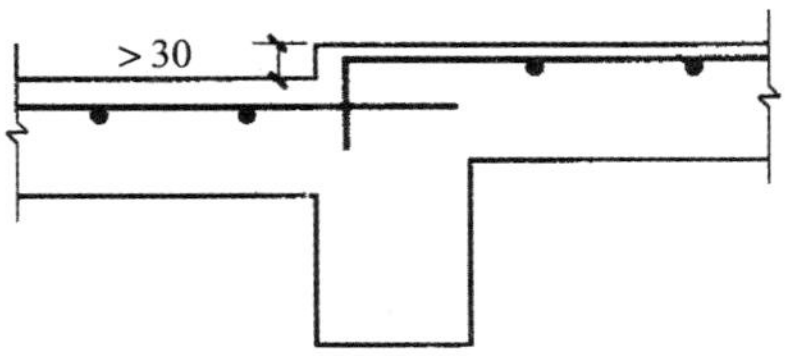

图7－21　高差板的面网布置

（14）当梁两侧板的带肋钢筋焊接网的面网配筋不同时，若配筋相差不大，则可按较大配筋布置设计面网；若配筋相差很大，梁两侧的面网应分别布置，如图7－22所示。

（15）若梁突出于板的上表面（反梁），则梁两侧的带肋钢筋焊接网的面网和底网应分别布置，见图7－23。

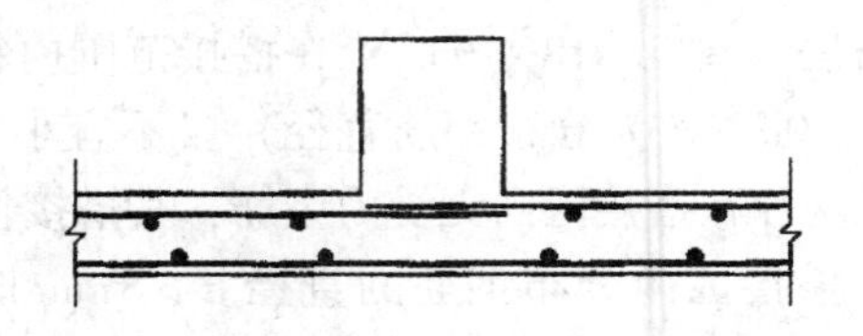

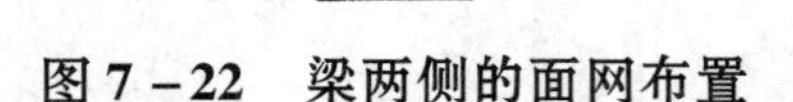

图 7-22 梁两侧的面网布置　　**图 7-23 钢筋焊接网在反梁的布置**

(16) 楼板面网与柱的连接可以采用整张网片套在柱上，如图 7-24 (a) 所示，然后再和其他网片搭接；也可将面网在两个方向铺到柱边，其余部分按照等强度设计原则用附加钢筋补足，如图 7-24 (b) 所示。楼板面网同钢柱的连接可采用附加钢筋的连接方式。

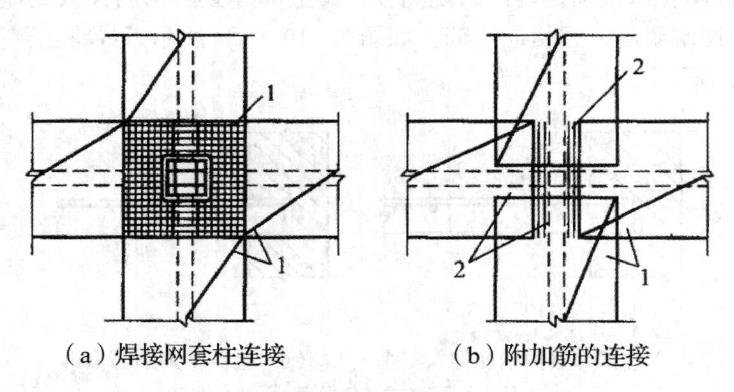

(a) 焊接网套柱连接　　(b) 附加筋的连接

图 7-24 楼板焊接网与柱的连接

1—焊接网的面网；2—附加锚固筋

楼板底网与柱的连接应符合设计的规定。

(17) 当楼板开洞时，可以把通过洞口的钢筋切断，按照等强度设计的原则增设附加绑扎短钢筋加强，并参照普通绑扎钢筋构造的有关规定。

8 钢筋工程质量与安全

8.1 钢筋工程质量验收标准

8.1.1 一般规定

（1）浇筑混凝土之前，应进行钢筋隐蔽工程验收。隐蔽工程验收应包括下列主要内容：

1）纵向受力钢筋的牌号、规格、数量、位置。

2）钢筋的连接方式、接头位置、接头质量、接头面积百分率、搭接长度、锚固方式及锚固长度。

3）箍筋、横向钢筋的牌号、规格、数量、间距、位置，箍筋弯钩的弯折角度及平直段长度。

4）预埋件的规格、数量和位置。

（2）钢筋、成型钢筋进场检验，当满足下列条件之一时，其检验批容量可扩大一倍：

1）获得认证的钢筋、成型钢筋。

2）同一厂家、同一牌号、同一规格的钢筋，连续三批均一次检验合格。

3）同一厂家、同一类型、同一钢筋来源的成型钢筋，连续三批均一次检验合格。

8.1.2 材料

1. 主控项目

（1）钢筋进场时，应按国家现行标准《钢筋混凝土用钢 第1部分：热轧光圆钢筋》GB 1499.1—2008、《钢筋混凝土用钢 第2部分：热轧带肋钢筋》GB 1499.2—2007、《钢筋混凝土用余热处理钢筋》GB 13014—2013、《钢筋混凝土用钢 第3部分：钢筋焊接网》GB/T 1499.3—2010、《冷轧带肋钢筋》GB 13788—2008、《高延性冷轧带肋钢筋》YB/T 4260—2011、《冷轧扭钢筋》JG 190—2006及《冷轧带肋钢筋混凝土结构技术规程》JGJ 95—2011、《冷轧扭钢筋混凝土构件技术规格》JGJ 115—2006、《冷拔低碳钢丝应用技术规程》JGJ 19—2010抽取试件作屈服强度、抗拉强度、伸长率、弯曲性能和重量偏差检验，检验结果应符合相应标准的规定。

检查数量：按进场批次和产品的抽样检验方案确定。

检验方法：检查质量证明文件和抽样检验报告。

（2）成型钢筋进场时，应抽取试件作屈服强度、抗拉强度、伸长率和重量偏差检验，检验结果应符合国家现行相关标准的规定。

对由热轧钢筋制成的成型钢筋，当有施工单位或监理单位的代表驻厂监督生产过程，并提供原材钢筋力学性能第三方检验报告时，可仅进行重量偏差检验。

检查数量：同一厂家、同一类型、同一钢筋来源的成型钢筋，不超过30t为一批，每批中每种钢筋牌号、规格均应至少抽取1个钢筋试件，总数不应少于3个。

检验方法：检查质量证明文件和抽样检验报告。

（3）对按一、二、三级抗震等级设计的框架和斜撑构件（含梯段）中的纵向受力普通钢筋应采用 HRB335E、HRB400E、HRB500E、HRBF335E、HRBF400E 或 HRBF500E 钢筋，其强度和最大力下总伸长率的实测值应符合下列规定：

1）抗拉强度实测值与屈服强度实测值的比值不应小于 1.25。

2）屈服强度实测值与屈服强度标准值的比值不应大于 1.30。

3）最大力下总伸长率不应小于 9%。

检查数量：按进场的批次和产品的抽样检验方案确定。

检验方法：检查抽样检验报告。

2. 一般项目

（1）钢筋应平直、无损伤，表面不得有裂纹、油污、颗粒状或片状老锈。

检查数量：全数检查。

检验方法：观察。

（2）成型钢筋的外观质量和尺寸偏差应符合国家现行相关标准的规定。

检查数量：同一厂家、同一类型的成型钢筋，不超过 30t 为一批，每批随机抽取 3 个成型钢筋试件。

检验方法：观察，尺量。

（3）钢筋机械连接套筒、钢筋锚固板以及预埋件等的外观质量应符合国家现行相关标准的规定。

检查数量：按国家现行相关标准的规定确定。

检验方法：检查产品质量证明文件；观察，尺量。

8.1.3 钢筋加工

1. 主控项目

（1）钢筋弯折的弯弧内直径应符合下列规定：

1）光圆钢筋，不应小于钢筋直径的 2.5 倍。

2）335MPa 级、400MPa 级带肋钢筋，不应小于钢筋直径的 4 倍。

3）500MPa 级带肋钢筋，当直径为 28mm 以下时不应小于钢筋直径的 6 倍，当直径为 28mm 及以上时不应小于钢筋直径的 7 倍。

4）箍筋弯折处尚不应小于纵向受力钢筋的直径。

检查数量：按每工作班同一类型钢筋、同一加工设备抽查不应少于 3 件。

检验方法：尺量。

（2）纵向受力钢筋的弯折后平直段长度应符合设计要求。光圆钢筋末端作 180°弯钩时，弯钩的平直段长度不应小于钢筋直径的 3 倍。

检查数量：按每工作班同一类型钢筋、同一加工设备抽查不应少于 3 件。

检验方法：尺量。

（3）箍筋、拉筋的末端应按设计要求作弯钩，并应符合下列规定：

1）对一般结构构件，箍筋弯钩的弯折角度不应小于 90°，弯折后平直段长度不应小

于箍筋直径的5倍；对有抗震设防要求或设计有专门要求的结构构件，箍筋弯钩的弯折角度不应小于135°，弯折后平直段长度不应小于箍筋直径的10倍。

2）圆形箍筋的搭接长度不应小于其受拉锚固长度，且两末端弯钩的弯折角度不应小于135°，弯折后平直段长度对一般结构构件不应小于箍筋直径的5倍，对有抗震设防要求的结构构件不应小于箍筋直径的10倍。

3）梁、柱复合箍筋中的单肢箍筋两端弯钩的弯折角度均不应小于135°，弯折后平直段长度应符合1）对箍筋的有关规定。

检查数量：按每工作班同一类型钢筋、同一加工设备抽查不应少于3件。

检验方法：尺量。

（4）盘卷钢筋调直后应进行力学性能和重量偏差检验，其强度应符合国家现行有关标准的规定，其断后伸长率、重量偏差应符合表8－1的规定。力学性能和重量偏差检验应符合下列规定：

表8－1　盘卷钢筋调直后的断后伸长率、重量偏差要求

钢筋牌号	断后伸长率 A（%）	重量偏差（%）	
		直径6～12mm	直径14～16mm
HPB300	≥21	≥－10	—
HRB335、HRBF335	≥16	≥－8	≥－6
HRB400、HRBF400	≥15		
RRB400	≥13		
HRB500、HRBF500	≥14		

注：断后伸长率 A 的量测标距为5倍钢筋直径。

1）应对3个试件先进行重量偏差检验，再取其中2个试件进行力学性能检验。

2）重量偏差应按下式计算：

$$\Delta = \frac{W_d - W_0}{W_0} \times 100 \tag{8－1}$$

式中：Δ——重量偏差（%）；

W_d——3个调直钢筋试件的实际重量之和（kg）；

W_0——钢筋理论重量（kg），取每米理论重量（kg/m）与3个调直钢筋试件长度之和（m）的乘积。

3）检验重量偏差时，试件切口应平滑并与长度方向垂直，其长度不应小于500mm；长度和重量的量测精度分别不应低于1mm和1g。

采用无延伸功能的机械设备调直的钢筋，可不进行本条规定的检验。

检查数量：同一加工设备、同一牌号、同一规格的调直钢筋，重量不大于30t为一批，每批见证抽取3个试件。

检验方法：检查抽样检验报告。

2. 一般项目

钢筋加工的形状、尺寸应符合设计要求，其加工的允许偏差应符合表8－2的规定。

表 8－2 钢筋加工的允许偏差

项 目	允许偏差（mm）
受力钢筋沿长度方向的净尺寸	±10
弯起钢筋的弯折位置	±20
箍筋外廓尺寸	±5

检查数量：按每工作班同一类型钢筋、同一加工设备抽查不应少于 3 件。

检验方法：尺量。

8.1.4 钢筋连接

1. 主控项目

（1）钢筋的连接方式应符合设计要求。

检查数量：全数检查。

检验方法：观察。

（2）钢筋采用机械连接或焊接连接时，钢筋机械连接接头、焊接接头的力学性能、弯曲性能应符合国家现行相关标准的规定。接头试件应从工程实体中截取。

检查数量：按现行行业标准《钢筋机械连接技术规程》JGJ 107—2010 和《钢筋焊接及验收规程》JGJ 18—2012 的规定确定。

检验方法：检查质量证明文件和抽样检验报告。

（3）螺纹接头应检验拧紧扭矩值，挤压接头应量测压痕直径，检验结果应符合现行行业标准《钢筋机械连接技术规程》JGJ 107—2010 的相关规定。

检查数量：按现行行业标准《钢筋机械连接技术规程》JGJ 107—2010 的规定确定。

检验方法：采用专用扭力扳手或专用量规检查。

2. 一般项目

（1）钢筋接头的位置应符合设计和施工方案要求。有抗震设防要求的结构中，梁端、柱端箍筋加密区范围内不应进行钢筋搭接。接头末端至钢筋弯起点的距离不应小于钢筋直径的 10 倍。

检查数量：全数检查。

检验方法：观察，尺量。

（2）钢筋机械连接接头、焊接接头的外观质量应符合现行行业标准《钢筋机械连接技术规程》JGJ 107—2010 和《钢筋焊接及验收规程》JGJ 18—2012 的规定。

检查数量：按现行行业标准《钢筋机械连接技术规程》JGJ 107—2010 和《钢筋焊接及验收规程》JGJ 18—2012 的规定确定。

检验方法：观察，尺量。

（3）当纵向受力钢筋采用机械连接接头或焊接接头时，同一连接区段内纵向受力钢筋的接头面积百分率应符合设计要求；当设计无具体要求时，应符合下列规定：

1）受拉接头，不宜大于 50%；受压接头，可不受限制。

2）直接承受动力荷载的结构构件中，不宜采用焊接；当采用机械连接时，不应超过50%。

检查数量：在同一检验批内，对梁、柱和独立基础，应抽查构件数量的10%，且不应少于3件；对墙和板，应按有代表性的自然间抽查10%，且不应少于3间；对大空间结构，墙可按相邻轴线间高度5m左右划分检查面，板可按纵横轴线划分检查面，抽查10%，且均不应少于3面。

检验方法：观察，尺量。

注：1. 接头连接区段是指长度为35d且不小于500mm的区段，d为相互连接两根钢筋的直径较小值。

2. 同一连接区段内纵向受力钢筋接头面积百分率为接头中点位于该连接区段内的纵向受力钢筋截面面积与全部纵向受力钢筋截面面积的比值。

（4）当纵向受力钢筋采用绑扎搭接接头时，接头的设置应符合下列规定：

1）接头的横向净间距不应小于钢筋直径，且不应小于25mm。

2）同一连接区段内，纵向受拉钢筋的接头面积百分率应符合设计要求；当设计无具体要求时，应符合下列规定：

①梁类、板类及墙类构件，不宜超过25%；基础筏板，不宜超过50%。

②柱类构件，不宜超过50%。

③当工程中确有必要增大接头面积百分率时，对梁类构件，不应大于50%。

检查数量：在同一检验批内，对梁、柱和独立基础，应抽查构件数量的10%，且不应少于3件；对墙和板，应按有代表性的自然间抽查10%，且不应少于3间；对大空间结构，墙可按相邻轴线间高度5m左右划分检查面，板可按纵横轴线划分检查面，抽查10%，且均不应少于3面。

检验方法：观察，尺量。

注：1. 接头连接区段是指长度为1.3倍搭接长度的区段。搭接长度取相互连接两根钢筋中较小直径计算。

2. 同一连接区段内纵向受力钢筋接头面积百分率为接头中点位于该连接区段内的纵向受力钢筋截面面积与全部纵向受力钢筋截面面积的比值。

（5）梁、柱类构件的纵向受力钢筋搭接长度范围内箍筋的设置应符合设计要求；当设计无具体要求时，应符合下列规定：

1）箍筋直径不应小于搭接钢筋较大直径的1/4。

2）受拉搭接区段的箍筋间距不应大于搭接钢筋较小直径的5倍，且不应大于100mm。

3）受压搭接区段的箍筋间距不应大于搭接钢筋较小直径的10倍，且不应大于200mm。

4）当柱中纵向受力钢筋直径大于25mm时，应在搭接接头两个端面外100mm范围内各设置二个箍筋，其间距宜为50mm。

检查数量：在同一检验批内，应抽查构件数量的10%，且不应少于3件。

检验方法：观察，尺量。

8.1.5 钢筋安装

1. 主控项目

(1) 钢筋安装时，受力钢筋的牌号、规格和数量必须符合设计要求。

检查数量：全数检查。

检验方法：观察，尺量。

(2) 受力钢筋的安装位置、锚固方式应符合设计要求。

检查数量：全数检查。

检验方法：观察，尺量。

2. 一般项目

钢筋安装偏差及检验方法应符合表8-3的规定。

表8-3 钢筋安装允许偏差和检验方法

<table>
<tr><th colspan="2">项 目</th><th>允许偏差（mm）</th><th>检验方法</th></tr>
<tr><td rowspan="2">绑扎钢筋网</td><td>长、宽</td><td>±10</td><td>尺量</td></tr>
<tr><td>网眼尺寸</td><td>±20</td><td>尺量连续三档，取最大偏差值</td></tr>
<tr><td rowspan="2">绑扎钢筋骨架</td><td>长</td><td>±10</td><td>尺量</td></tr>
<tr><td>宽、高</td><td>±5</td><td>尺量</td></tr>
<tr><td rowspan="3">纵向受力钢筋</td><td>锚固长度</td><td>-20</td><td>尺量</td></tr>
<tr><td>间距</td><td>±10</td><td rowspan="2">尺量两端、中间各一点，取最大偏差值</td></tr>
<tr><td>排距</td><td>±5</td></tr>
<tr><td rowspan="3">纵向受力钢筋、箍筋的混凝土保护层厚度</td><td>基础</td><td>±10</td><td>尺量</td></tr>
<tr><td>柱、梁</td><td>±5</td><td>尺量</td></tr>
<tr><td>板、墙、壳</td><td>±3</td><td>尺量</td></tr>
<tr><td colspan="2">绑扎箍筋、横向钢筋间距</td><td>±20</td><td>尺量连续三档，取最大偏差值</td></tr>
<tr><td colspan="2">钢筋弯起点位置</td><td>20</td><td>尺量，沿纵、横两个方向量测，并取其中偏差折较大值</td></tr>
<tr><td rowspan="2">预埋件</td><td>中心线位置</td><td>5</td><td>尺量</td></tr>
<tr><td>水平高差</td><td>+3，0</td><td>塞尺量测</td></tr>
</table>

梁板类构件上部受力钢筋保护层厚度的合格点率应达到90%及以上，且不得有超过表中数值1.5倍的尺寸偏差。

检查数量：在同一检验批内，对梁、柱和独立基础，应抽查构件数量的10%，且不应少于3件；对墙和板，应按有代表性的自然间抽查10%，且不应少于3间；对大空间结构，墙可按相邻轴线间高度5m左右划分检查面，板可按纵横轴线划分检查面，抽查10%，且均不应少于3面。

8.2　钢筋工安全操作

钢筋工安全操作见表8－4。

表8－4　钢筋工安全操作

项　　目	图示及内容
钢筋工程安全技术交底	（1）进入现场应遵守安全生产六大纪律，即： 1）进入现场应戴好安全帽、系好帽带，并正确使用个人劳动防护用品。 2）2m以上的高处作业，无安全措施的必须系好安全带、扣好保险钩。 3）高处作业时，不准往下或向上乱抛材料和工具等。 4）各种电动机械设备应有可靠的安全接地和防雷装置，才可启动使用。 5）不懂电气和机械的人员，严禁使用和摆弄机电设备。 6）吊装区域非操作人员严禁入内，吊装机械性能应完好，拔杆垂直下方不准站人。 （2）钢筋断料、配料、弯料等工作应在地面进行，不准在高处操作。 （3）切割机使用前，应检查机械运转是否正常，是否漏电；电源线须连接剩余电流断路器，切割机后方不准堆放易燃物品。 （4）搬运钢筋要注意附近有无障碍物、架空电线和其他临时电气设备，防止钢筋在回转时碰撞电线或发生触电事故。 （5）起吊钢筋骨架时，下方禁止站人，待骨架降至距模板1m以下后才准靠近；就位支撑好后，方可摘钩。 （6）起吊钢筋时，钢筋规格应统一，不得长短参差不一，不准一点吊。

续表 8-4

<table>
<tr><th>项　　目</th><th>图示及内容</th></tr>
<tr><td>钢筋工程安全技术交底</td><td>（7）现场绑扎悬空大梁钢筋时，不得站在模板上操作，应在脚手板上操作；绑扎独立柱头钢筋时，不准站在钢箍上绑扎，也不准将木料、管子、钢模板穿在钢箍内作为立人板。 
（8）钢筋头子应及时清理，成品堆放要整齐，工作台要稳，钢筋工作棚的照明灯应加网罩。
（9）高处作业时，不得将钢筋集中堆在模板和脚手板上，也不要把工具、钢箍、短钢筋随意放在脚手板上，以免滑下伤人。
（10）在雷雨时应暂停露天操作，以防雷击钢筋伤人。
（11）钢筋骨架不论其固定与否，不得在上面行走，禁止从柱子上的钢箍上下。 
（12）钢筋冷拉时，冷拉线两端必须安装防护设施。冷拉时严禁在冷拉线两端站人或跨越、触动正在冷拉的钢筋。
（13）钢筋焊接应注意以下几个方面：
1）焊机应接地，以保证操作人员安全。
2）大量焊接时，焊接变压器不得超负荷，变压器升温不得超过 60℃，为此要特别注意遵守焊机负载持续率的规定，以避免过分发热而损坏。
3）室内电弧焊时，应有排气通风装置。焊工操作地点相互之间应设挡板，以防弧光刺伤眼睛。
4）焊工应穿戴防护用具，电弧焊焊工要戴防护面罩，焊工应站立在干木垫或其他绝缘垫上。</td></tr>
</table>

续表 8 –4

项　目	图示及内容
钢筋工程安全技术交底	5）焊接过程中，如焊机发出不正常响声，变压器绝缘电阻过小，导线破裂、漏电等，均应立即进行检修
钢筋施工机械安全防护要求	（1）钢筋机械。安装平稳、牢固，场地条件满足安全操作要求，切断机有上料架。切断机应在机械运转正常后方可送料切断。弯曲钢筋时，扶料人员应站在弯曲方向的反侧。 （2）电焊机。电焊机摆放应平稳，不得靠近边坡或被土埋。电焊机一次侧首端必须使用剩余电流断路器进行控制，一次电源线不得超过5m，焊机机壳需做可靠接零保护。电焊机一、二次侧接线应使用铜质鼻夹压紧，接线点有防护罩。焊机二次侧必须安装同长度焊把线和回路零线，长度不宜超过30m。严禁将建筑物钢筋或管道作为焊机二次回路零线。焊钳必须完好绝缘。电焊机二次侧应装防触电装置。 （3）气焊用氧气瓶、乙炔瓶。气瓶储量应按有关规定加以限制，需有专用储存室，由专人管理。吊运气瓶到高处作业时应专门制作笼具。现场使用的压缩气瓶严禁暴晒或油渍污染。气焊操作人员应保证瓶、火源之间的距离在10m以上。应为气焊人员提供乙炔瓶防回火装置，防振胶圈应完整无缺。应为冬季气焊作业提供预防气带子受冻的设施，受冻气带子严禁用火烤。   （4）机械加工设备。机械加工设备传动部位的安全防护罩、盖、板应齐全有效。机械加工设备的卡具应安装牢固。机械加工设备操作人员的劳动防护用品应按规定配备齐全，合理使用。机械加工设备不许超范围使用

续表 8－4

<table>
<tr><th>项　　目</th><th>图示及内容</th></tr>
<tr><td>钢筋制作安装安全要求</td><td>（1）钢筋加工机械应保证安全装置齐全有效。
（2）钢筋加工场地应由专人看管，各种加工机械在作业人员下班后应拉闸断电，非钢筋加工制作人员不得擅自进入钢筋加工场地。
（3）冷拉钢筋时，卷扬机前应设置防护挡板，或将卷扬机与冷拉方向成 90°，且应用封闭式的导向滑轮，冷拉场地禁止人员通行或停留。
（4）起吊钢筋骨架时，下方禁止站人，待骨架降落至距安装标高 1m 以内时方准靠近；就位支撑好后，方可摘钩。 
（5）在高处、深坑绑扎钢筋和安装骨架时，应搭设脚手架和马道。绑扎 3m 以上的柱钢筋应搭设操作平台，已绑扎的柱骨架应采用临时支撑拉牢，以防倾倒。绑扎圈梁、挑檐、外墙、边柱钢筋时，应搭设外脚手架或悬挑架，并按规定挂好安全网  </td></tr>
</table>

参考文献

[1] 中华人民共和国住房和城乡建设部. GB/T 5223—2014 预应力混凝土用钢丝[S]. 北京：中国标准出版社，2015.

[2] 中华人民共和国住房和城乡建设部. GB/T 5224—2014 预应力混凝土用钢绞线[S]. 北京：中国标准出版社，2015.

[3] 中华人民共和国住房和城乡建设部. GB/T 50001—2010 房屋建筑制图统一标准[S]. 北京：中国计划出版社，2010.

[4] 中华人民共和国住房和城乡建设部. GB/T 50105—2010 建筑结构制图标准[S]. 北京：中国建筑工业出版社，2010.

[5] 中华人民共和国住房和城乡建设部. GB 50204—2015 混凝土结构工程施工质量验收规范[S]. 北京：中国建筑工业出版社，2015.

[6] 中华人民共和国住房和城乡建设部. GB 13788—2008 冷轧带肋钢筋[S]. 北京：中国标准出版社，2008.

[7] 中华人民共和国住房和城乡建设部. GB 13014—2013 钢筋混凝土用余热处理钢筋[S]. 北京：中国标准出版社，2013.

[8] 中华人民共和国住房和城乡建设部. JG 190—2006 冷轧扭钢筋[S]. 北京：中国标准出版社，2006.

[9] 中华人民共和国住房和城乡建设部. JGJ 18—2012 钢筋焊接及验收规程[S]. 北京：中国建筑工业出版社，2010.

[10] 中华人民共和国住房和城乡建设部. JGJ 107—2010 钢筋机械连接技术规程[S]. 北京：中国建筑工业出版社，2010.

[11] 中华人民共和国住房和城乡建设部. JGJ/T 314—2016 建筑工程施工职业技能标准[S]. 北京：中国建筑工业出版社，2016.

[12] 傅钟鹏. 钢筋工手册（2版）[M]. 北京：中国建筑工业出版社，2002.

[13] 叶刚. 钢筋工基本技术[M]. 北京：金盾出版社，2000.

[14] 高忠民. 钢筋工[M]. 北京：金盾出版社，2009.

[15] 刘钦平. 钢筋工初级技能[M]. 北京：高等教育出版社，2005.

[16] 邓向阳. 钢筋工基本技能[M]. 成都：成都时代出版社，2007.

[17] 陈洪刚. 图解钢筋工30天快速上岗[M]. 武汉：华中科技大学出版社，2013.